未来へつなぐ
デジタルシリーズ

データベース応用
―データモデリングから実装まで―

片岡信弘
宇田川佳久
工藤　司
五月女健治　著

34

共立出版

Connection to the Future with Digital Series
未来へつなぐ デジタルシリーズ

編集委員長： 白鳥則郎（東北大学）

編集委員： 水野忠則（愛知工業大学）
高橋　修（公立はこだて未来大学）
岡田謙一（慶應義塾大学）

編集協力委員：片岡信弘（東海大学）
松平和也（株式会社 システムフロンティア）
宗森　純（和歌山大学）
村山優子（岩手県立大学）
山田圀裕（東海大学）
吉田幸二（湘南工科大学）

（50音順）

未来へつなぐ デジタルシリーズ　刊行にあたって

　デジタルという響きも，皆さんの生活の中で当たり前のように使われる世の中となりました．20世紀後半からの科学・技術の進歩は，急速に進んでおりまだまだ収束を迎えることなく，日々加速しています．そのようなこれからの21世紀の科学・技術は，ますます少子高齢化へ向かう社会の変化と地球環境の変化にどう向き合うかが問われています．このような新世紀をより良く生きるためには，20世紀までの読み書き（国語），そろばん（算数）に加えて「デジタル」（情報）に関する基礎と教養が本質的に大切となります．さらには，いかにして人と自然が「共生」するかにむけた，新しい科学・技術のパラダイムを創生することも重要な鍵の1つとなることでしょう．そのために，これからますますデジタル化していく社会を支える未来の人材である若い読者に向けて，その基本となるデジタル社会に関連する新たな教科書の創設を目指して本シリーズを企画しました．

　本シリーズでは，デジタル社会において必要となるテーマが幅広く用意されています．読者はこのシリーズを通して，現代における科学・技術・社会の構造が見えてくるでしょう．また，実際に講義を担当している複数の大学教員による豊富な経験と深い討論に基づいた，いわば"みんなの知恵"を随所に散りばめた「日本一の教科書」の創生を目指しています．読者はそうした深い洞察と経験が盛り込まれたこの「新しい教科書」を読み進めるうちに，自然とこれから社会で自分が何をすればよいのかが身に付くことでしょう．さらに，そういった現場を熟知している複数の大学教員の知識と経験に触れることで，読者の皆さんの視野が広がり，応用への高い展開力もきっと身に付くことでしょう．

　本シリーズを教員の皆さまが，高専，学部や大学院の講義を行う際に活用して頂くことを期待し，祈念しております．また読者諸賢が，本シリーズの想いや得られた知識を後輩へとつなぎ，元気な日本へ向けそれを自らの課題に活かして頂ければ，関係者一同にとって望外の喜びです．最後に，本シリーズ刊行にあたっては，編集委員・編集協力委員，監修者の想いや様々な注文に応えてくださり，素晴らしい原稿を短期間にまとめていただいた執筆者の皆さま方に，この場をお借りし篤くお礼を申し上げます．また，本シリーズの出版に際しては，遅筆な著者を励まし辛抱強く支援していただいた共立出版のご協力に深く感謝いたします．

　　　　「未来を共に創っていきましょう．」

編集委員会
白鳥則郎
水野忠則
高橋　修
岡田謙一

はじめに

　データベースとは，コンピュータを利用して大量のデータをまとめ，さまざまな用途に活用できるよう，保存，管理されたデータの集まりである．コンピュータの普及拡大にともなって，コンピュータが扱うデータ量は急激に増大しており，データベースの役割はますます重要になっている．蓄積された膨大なデータ「ビッグデータ」が，企業の意思決定に利用され始めているが，これも重要なデータベースの用途の1つである．

　本書は，データベースの中で最も利用されているリレーショナルデータベースを対象としており，本シリーズ26巻『データベース─ビッグデータ時代の基礎─』（以下，本シリーズ『データベース』）の第8章（データモデリング）をさらに深く掘り下げ，実際の業務システムの実装の演習まで行う内容となっている．本シリーズ『データベース』でデータベースの基礎理論を学び，本書『データベース応用─データモデリングから実装まで─』で，データベースの実践的な応用方法を演習によって学ぶことで，リレーショナルデータベースの理論から実践までの習得を目指す．

　本書は，必要となるデータベースの基礎を学習した後に，本題の演習に入る構成になっており，データベースの基本の習得と演習ができる．本書の学習中や学習後，さらにデータベース全体または個別のテーマを深く知りたいときは，本シリーズ『データベース』を学習することをお勧めする．

　本書の対象者は，大学理系学部の学生だけでなく，大学文系学部の学生や社会人など，多くの読者を対象とする．システムの開発者は必ずしも業務を知っているわけでなく，企業のシステム開発には，そのシステムの業務を知る利用者の参加を求められることがある．その意味で，大学文系学部の学生や社会人が本書を学習する価値は大きい．

　本書の特徴として次のものがあげられる．

(1) 誰もが利用したことがあるカジュアルウェアショップを想定した商品販売システムという具体的なシステムを事例として，データモデリングから開発・運用までの一連のシステム開発のプロセスを解説している．
(2) 本書で利用するデータベースツールとして，理系学生向けにMySQL（MySQL for Excel含む）を，文系学生または社会人向けにマイクロソフト社のMS Accessを使用しており，スキルや目的に応じたシステム開発の学習が可能となっている．
(3) 各章末には，演習問題を配置しており，本文の理解を深めることができる．本文のデータ

は，出版社のサイトからダウンロードできる．また，第 15 章には本文の例題とは別のシステム開発を課題とする総合演習問題を提供して，知識の定着を図っている．

本書は，以下のような構成になっている．

- 第 1 章は，データベースの役割と機能の概要，本書の事例として利用する「カジュアルウェアショップシステム」について解説する．
- 第 2 章は，データベースの基本概念について解説する．SQL (Structured Query Language) の基本的な機能を使用して，データベースの操作（選択，射影，結合，集計）を解説する．
- 第 3 章から第 5 章は，事例に基づいて，データモデリングを実施する．データモデリングの表記方法である ER 図の作成，データモデリングの手順（実体の抽出，関連の設定，属性の設定，正規化，最適化）によるデータベースの設計を演習する．
- 第 6 章から第 13 章は，前章で設計したデータベースを使用して，システム機能を実装し，最後に業務全体の運用テストを行う．これらの章を順次学習することで，本書で取り上げる業務のシステムを完成することができる．データベースツールは，MySQL (MySQL for Excel) または MS Access を使用して作成する．
- 第 14 章と第 15 章は，データの活用方法と総合演習問題からなる．
- 付録 1 から付録 6 は，MySQL，MS Access，本書で使用するその他のツールについて，インストール方法や使用方法を記述している．

本書は，大学の 15 回の授業に合わせて各章の内容をまとめ，1 章ごとに 1 回の授業で講義できるようにしている．また，各章には，学習のポイントや演習問題をあげると共に，第 15 章に全体の演習問題をあげ，さらに巻末に用語集を入れて活用しやすくした．なお，本文記載のシステムを動作確認するためのデータ，および演習問題の解答例とそのデータを用意しており，教員が出版社の Web サイトからダウンロードして活用できるようにしている．

ぜひ，本書を多くの大学の情報系や経営系などの学科での講義や演習などで，ご活用いただけるよう，何卒よろしくお願い申し上げます．

また，本書をまとめるにあたって，大変ご協力を戴きました，未来へつなぐデジタルシリーズの編集委員長の白鳥則郎先生，編集委員の水野忠則先生，高橋修先生，岡田謙一先生，および編集協力委員の松平和也先生，宗森純先生，村山優子先生，山田茴裕先生，吉田幸二先生，ならびに共立出版の編集部の島田誠氏，他の方々に深くお礼を申し上げます．

2016 年 7 月

執筆者　片岡　信弘
宇田川佳久
工藤　　司
五月女健治

本書を有効に活用いただくために

授業を担当される教員の方々のための補足説明を示します．

1. 授業方法について

(1) 第1章から第14章まで，14回で実施するよう構成している．なお，各章末には演習問題を設定しているので，1回2時限，または1年間28回で実施するときは，1時限目を講義，2時限目を演習にするなどの方法がある．

(2) 第6章から第13章は，MySQLとAccessで独立した構成としているので，いずれか一方だけの学習も可能である．

(3) 本書のねらいは，「演習」によって実践的なデータベースの知識を学習することである．以下のような3段階の演習によって知識が確実なものになるよう構成されている．
- 本文の「カジュアルウェアショップシステム」を，本文に従って構築することで，設計・実装の方法・手順を学ぶ．
- 第15.5節「成績管理システム」を第3章から第13章の各章の演習問題として実施して，設計・実装の方法・手順を習得する．
- 本書の15.1節〜15.4節の総合演習問題のシステムを構築して，実践的な応用力を付ける．

(4) MySQLで演習する場合は，授業を始める前に，付録1と付録5を参照してインストールと環境の構築を行っておくこと．

(5) 第15章の総合演習問題は，期末レポートまたはゼミなどにおける発展課題として利用する．各演習問題の設問とその解答の特徴を以下の表1に示すので，目的や難易度に応じて問題を選択できる．解答の文書とデータの入手方法は，以下の3.(2)を参照とする．

(6) 15.5節の「成績管理システム」は，第3章から第13章までの各章ごとに問題を配分しているので，各章の演習問題としても利用できる．

(7) 本書では，できるだけ容易にシステムの実装を行うことができるよう，以下の方針で実装例を作成している．
- MySQLにおいてはMySQL for Excelを利用する．MySQL for Excelは，Excelで対話的に，テーブルデータの登録・参照・更新・削除，集計などの検索結果の表示を可能にするツールである．本書では，MySQL for Excelと，入力データのチェックや集計結果の取得などのためにSQL文を使用する．通常のシステムの実装にはプログラミング言語を必要とするが，本書の例は，MySQL for ExcelとSQL文だけで，システムの

表1　総合演習問題

節	システム名	MySQL/Access	設問と解答の特徴	難易度
15.1	スケジュール調整	MySQL	比較的簡単．問題の中に解答の多くが示されている．	易
		Access	比較的簡単．問題の中に解答の多くが示されている．	易
15.2	所要量計算	MySQL	レポートのための Select 文が充実している．	難
		Access	レポート機能を使った帳票が充実している．	中
15.3	履修管理	MySQL	比較的簡単なシステムである．	易
		Access	比較的簡単なシステムである．	易
15.4	図書館	MySQL	データモデリングの解答が充実している．	中
		Access	データモデリングとフォーム機能が充実している．	難
15.5	成績管理	MySQL	本文のシステムの基礎的な機能を使用したシステムである．	中
		Access	本文のシステムの基礎的な機能を使用したシステムである．	中

実装ができることを示す実装例である．このシステムの実装方法をさらに演習したいときは，第15章の総合演習問題「15.2 所要量計算システム（MySQL 版）」を実施する．
- Access においては，標準的なクエリ作成機能，フォーム機能，レポート機能を使用して実装する．Access のシステムでは，プログラミング言語 VBA (Visual Basic for Applications) を使用することがあるが，本書の例は，標準的な機能だけを使用して，システムの実装ができることを示す実装例である．なお，必要な個所でマクロを補完的に使用する．このシステムの実装方法をさらに演習したいときは，第15章の総合演習問題「15.4 図書館システム（Access 版）」を実施する．

2. 本書で使用するソフトウェアについて

(1) OS 環境

本書で使用する PC の OS（オペレーティングシステム）は，MS Windows を前提とする．

(2) MySQL 利用環境

本書に示す MySQL 利用環境は，MySQL for Excel を含む MySQL Community Server（無償で利用できる GPL ライセンス）を使用する．
- MySQL は，以下から入手する．
    http://dev.mysql.com/downloads/mysql/
- インストール方法を付録1，環境設定と使用方法を付録5に示す．

(3) MS Access 2013

本書に示す Access 2013 の製品版を利用できない場合は，一時的に Microsoft Office Professional Plus 2013（60日間の評価版）を使用することができる．
- Microsoft Office Professional Plus 2013（60日間の評価版）は，以下から入手する．
    https://www.microsoft.com/ja-jp/office/2013/trial/default.aspx
- Microsoft 教育機関向け DreamSpark の DreamSpark Premium サブスクリプションに登録すると，MS Access 2013 の製品版の入手が可能である．

https://www.dreamspark.com/Default.aspx
- Microsoft Office Professional Plus 2013 のインストール方法を付録 4，使用方法を付録 6 に示す．

(4) ER 図

本書に示す ER 図は，A5:SQL Mk-2（フリーソフト）を使用する．
- A5:SQL Mk-2 は，以下から入手する．
  http://www.wind.sannet.ne.jp/m_matsu/developer/a5m2/
- インストールおよび使用方法を付録 2 に示す．

(5) MS Excel

本書で使用している Excel は，Excel 2013 である．

(6) テキストエディタ

SQL 文などの作成・編集を行うために適切なテキストエディタを使用することが望ましい．本書では，Mery（フリーソフト）を使用する．
- Mery は，以下から入手する．
  http://www.haijin-boys.com/
- インストールおよび使用方法は，付録 3 に示す．

3. データなどの入手方法について

(1) 本文記載のシステムを動作確認するためのデータ（誰でも入手可能である）

出版社ホームページ (http://www.kyoritsu-pub.co.jp/) で図書検索し入手する．

入手できるデータの概要は以下である．
- ER 図（A5:SQL Mk-2 ファイル）
- MySQL 用入力データ（excel ファイル）
- MySQL 用 SQL 文（テキストファイル）
- MySQL 用完成システム作成 SQL 文（テキストファイル）
- Access 用入力データ（excel ファイル）
- Access 用完成システム（Access ファイル）

(2) 演習問題解答

本書を教科書として採用した教員は，共立出版教科書課へメール (mail!text@kyoritsu-pub.co.jp) で請求することで入手する．

目次

はじめに　v

本書を有効に活用いただくために　vii

第1章 データベースとは　1

- 1.1 データベースの目的　1
- 1.2 データベース管理システム (DBMS) が実現する機能　2
- 1.3 データベース操作のための機能　4
- 1.4 データベース管理システムの種類　4
- 1.5 例題業務の説明　4
- 1.6 本書の流れ　8
- 1.7 本書での演習環境　8

第2章 リレーショナルデータモデル　10

- 2.1 データベースとリレーショナルモデル　10
- 2.2 リレーショナルモデルの構成　11
- 2.3 標準言語としてのSQL　15
- 2.4 SQLの基本機能　16
- 2.5 ビュー　25

第3章
データモデリング　28

- 3.1 データモデリングとは　28
- 3.2 データモデリングの手順　29
- 3.3 実体関連図（ER図）　30
- 3.4 実体の抽出　31
- 3.5 関連の設定　34
- 3.6 属性の設定　36
- 3.7 業務の視点でのデータモデルの完成　37
- 3.8 データモデルの確認作業　39

第4章
データモデルパターン　40

- 4.1 データモデルパターンとは　40
- 4.2 1対多　41
- 4.3 1対1　46
- 4.4 1対多の連鎖（1対多対多）　47
- 4.5 1対多対1　48
- 4.6 多対1対多　50

| | 4.7 多対多 | 50 |
| | 4.8 集計値をもつ実体のパターン | 52 |

第 5 章
正規化と最適化　55

	5.1 正規化	55
	5.2 正規化の反映と多対多の解消	61
	5.3 最適化	63

第 6 章
商品管理サブシステム その 1　66

	6.1 商品管理サブシステムとは	66
	6.2 テーブル設計	67
	6.3 MySQL による実装	69
	6.4 MS Access による実装	75

第 7 章
商品管理サブシステム その 2　80

	7.1 この章の範囲	80
	7.2 MySQL による実装	80
	7.3 MS Access による実装	86

第 8 章
販売管理サブシステム その 1　91

- 8.1 販売管理サブシステムの機能と構造　91
- 8.2 テーブル設計　93
- 8.3 MySQL による実装　94
- 8.4 MS Access による実装　98

第 9 章
販売管理サブシステム その 2　103

- 9.1 販売管理情報入力機能における入力誤りの検出　103
- 9.2 MySQL による実装　104
- 9.3 MS Access による実装　114

第 10 章
販売管理サブシステム その 3　122

- 10.1 レポート一覧　122
- 10.2 MySQL による実装　123
- 10.3 MS Access による実装　126

第 11 章
在庫管理サブシステム その 1　132

- 11.1 在庫管理サブシステムとは　132
- 11.2 在庫管理サブシステムの要件とデータベース設計　133

| | 11.3 MySQL による実装 | 134 |
| | 11.4 MS Access による実装 | 138 |

第12章 在庫管理サブシステム その2　142

	12.1 この章の範囲	142
	12.2 MySQL による実装	143
	12.3 MS Access による実装	147

第13章 システム運用方式と運用テスト　155

	13.1 システム運用方式	155
	13.2 運用テストとは	156
	13.3 MySQL による実装システムの運用テスト	157
	13.4 MS Access で実装したシステムの運用テスト	163

第14章 データの活用　168

	14.1 データ活用とは	168
	14.2 データの取込み	169
	14.3 ピボットテーブルによる集計	171
	14.4 ピボットテーブルによる分析	174

第15章
総合演習問題　181

15.1 スケジュール調整システム	181
15.2 所要量計算システム	184
15.3 履修管理システム	188
15.4 図書館システム	190
15.5 成績管理システム（各章演習問題）	194

付録1
MySQLのインストール方法　199

1.1 概要	199
1.2 ダウンロード	199
1.3 インストール	200
1.4 Pathの設定	201
1.5 MySQL for Excelのパスワードの設定	202
1.6 MySQLのアンインストール	203

付録2
A5M2インストール方法と使用方法　204

2.1 概要	204
2.2 インストール	204
2.3 起動	204

	2.4 実体の作成	205
	2.5 リレーションシップの作成	207
	2.6 本文のER図に表記を合わせる方法	208
	2.7 図の調整	210
	2.8 DDLの作成	211
付録3 Meryのインストールと使用方法 212	3.1 Meryのインストールと設定	212
	3.2 MySQL文での利用方法	213
付録4 MS Access評価版インストール方法 214	4.1 概要	214
	4.2 評価版の入手	214
	4.3 インストール	215
	4.4 Accessの最初の起動	216
付録5 MySQLの使い方 217	5.1 MySQLによる実装環境	217
	5.2 SQL文の実行方法	218

5.3	データベースの保存と復元	222
5.4	ビューによる検索	223
5.5	MySQL for Excel による入出力	223
5.6	本書で使用している高度な SQL 文	225

付録6 MS Access の使い方　231

6.1	データベースの作成	231
6.2	テーブル新規作成	231
6.3	テーブルのデザインビュー表示	232
6.4	テーブルのフィールド作成	232
6.5	テーブル間のリレーションシップ設定	233
6.6	テーブルのフォーム作成とレイアウト調整	235
6.7	クエリ作成	236
6.8	拡張フォームの作成（クエリに対するフォーム）	237
6.9	項目へのプルダウンメニュー設定	238
6.10	Excel シートからのインポートによる新規テーブル作成	241

6.11 既存のテーブルに Excel シートからデータを追加	242
6.12 レポート作成	243
6.13 テーブルのレコード一覧フォーム作成	245
6.14 レコード一覧表示フォームと関連する他のフォームの連携作成	247
6.15 メインメニュー作成	249
6.16 レコードの操作ボタン設定	250
6.17 フィルターの設定によるレコードの選択	251
6.18 テーブルに対する複数の主キー (PK) の設定方法	252
6.19 サブフォームの追加方法	253

参考文献	254
用語解説表	255
索　引	257

第1章
データベースとは

―□ 学習のポイント ―――――――――――――――――――――――

　世の中には，さまざまなデータが存在するが，これを有効活用するためには，収集し蓄積することが必要である．データが蓄積されたものが，データベースであり，データの蓄積や蓄積したものを管理するシステムがデータベース管理システムである．大量のデータを効率よく管理するためには各種の機能が必要であり，データベース管理システムはこれのための機能を提供している．

- 本書が対象としているのは，定型データであることを理解する．
- データベース管理システム (DBMS) が実現する機能を理解する．
- 利用者がデータベースを操作する機能を理解する．
- 本書の流れと演習中心に授業が進められることを理解する．
- 本書の演習で想定するカジュアルウェアショップシステムの概要を理解する．
- 本書の演習環境として MySQL と MS Access の 2 つが存在するが，通常はどちらか一方のみを利用するため他方のことは考慮する必要がないことを理解する．

―□ キーワード ―――――――――――――――――――――――

　データベース，定型データ，非定型データ，データベース管理システム (DBMS)，外部スキーマ，概念スキーマ，内部スキーマ，MySQL，MS Access

1.1 データベースの目的

　世の中のデータには，定型データと非定型データがある．定型データとは，構造化データとも呼ばれ，伝票などに記載された「商品名」，「単価」，「販売個数」などのデータや，住民票に記載されている「氏名」，「生年月日」，「住所」など，データの構造が事前に定義されているデータである．一方の非定型データとは，非構造化データとも呼ばれ，文書，画像，動画，音声などがこれに相当する．これらは，アプリケーションソフトなどを用いて解釈しないと内容が確認できない点が，特徴である．また，インターネット上のブログやビッグデータなども非定型データである．非定型データの処理は，最近目覚ましい進歩を遂げているが，コンピュータでの処理の基本は，定型データであり，本書では，定型データを対象としている．

データを有効活用するためには，収集し蓄積することが必要である．データが蓄積されたものが，データベースであり，データの蓄積や蓄積したものを管理するシステムがデータベース管理システムである．定型データの場合は，各項目やデータの型式などを予め設定し，これに合うデータを収集しデータベースを作成する．また，データは集められているだけでは価値がなく，データの価値はその利用のされ方により決まる．したがって，どのようにデータを利用するかを考慮してデータベースを作成する必要がある．重要な意思決定に必要なデータがデータベースのどこかにあっても，それが必要なときに取り出すことができないとそのデータの価値はないに等しい．

一方，データベースは多目的に共同で使用される．各利用者は，データベースの中のデータをすべて理解する必要はなく，自分に必要なデータだけを理解すればよい．一人のユーザが認識するデータの範囲を設定する機能をデータベース管理システムがもつことにより，利用者の利用するデータベースをより理解しやすくすることができる．

また，データベースに蓄積されるデータには，リソース系のデータとイベント系のデータが存在する．リソース系のデータとは，「商品」，「会員」などといった比較的変動の少ないデータである．イベント系のデータとは，「注文」，「在庫」などといった企業活動により，日々発生し，変化するデータである．これらのデータが処理されることにより，企業活動の結果がデータベースに反映される．また，これらのデータは，販売動向把握などのための分析にも利用される．

1.2 データベース管理システム (DBMS) が実現する機能

大量のデータを効率よく管理するためにデータベース管理システムが必要であるが，これが実現しなければならない機能としては次のものがある．

(1) 大量のデータを効率よく管理すること

企業活動の多くのデータがデータベースとして管理されるが，取引件数，顧客数が多くなればなるほどデータの件数は増大する．したがって，これらのデータを効率よく管理できる必要がある．

(2) データの同時アクセス制御ができること

通常のファイルでは，複数の人や複数のアプリケーションソフトウェア（アプリケーション）が同時に利用することはない．しかし，データベースでは，複数の人や複数のアプリケーションが同時に利用することが必要である．例えば，複数の端末から同時に販売処理がなされるときは，複数の販売処理アプリケーションにより同時に販売関連のデータベースが同時に参照，更新される．また，このデータは，別のアプリケーション，例えば，在庫管理のアプリケーションからも同時に参照，更新される可能性がある．これらの複数の同時の参照や更新に対して矛盾なく処理ができる機能が必要である．

(3) 使いやすく機能の高い言語の実現

データベースを利用したアプリケーションを実現するためには，アプリケーション開発言語からデータベース管理システムを通じてデータベースを利用するための手段が必要である．現在，広く利用されており，本書で取り上げるリレーショナルデータベース (RDB) では，SQL (Structured Query Language) が利用されるが，シンプルな構文で効率よく目的とするデータをアクセスすることが可能である．また，これは，ISO（国際標準化機構）により世界の標準規格となっている．

(4) データをコンピュータで扱うための方式の確立

実世界のデータをコンピュータで扱うためモデル化が行われる．このモデル化は，図1.1に示すように，外部レベル，概念レベル，内部レベルの3層で定義されるのが一般的である．

- 外部レベルは，外部スキーマで定義されるが，利用者やアプリケーションから見たデータ構造の定義である．MySQLのビューあるいはAccessのクエリに対応するものである．
- 概念レベルは，概念スキーマで定義されるが，これは，テーブルに対応する．本書では，データモデリングによって，概念スキーマを作成する．また，その表記法にER図を利用する．
- 内部レベルは，内部スキーマで定義されるが，記憶装置やデータファイル上での物理的データの配置や格納方法について定義するものであり，通常利用者からは見えない世界である．これは，MySQLあるいはAccessの設定をそのまま使用するので，本書では，特に説明しない．

また，これらの3つのレベルは互いに独立しており，一方が変化しても，他方が変化する必要がないことが求められる．

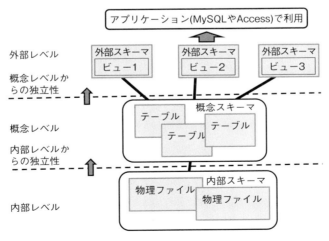

図 1.1　3層のスキーマ構造

(5) データの安全性を保障する

　障害でのデータの消滅防止や，権利のないものからのデータのアクセスを防止する必要がある．このため，データベース全体のバックアップを取る機能や，データを更新したときにその更新履歴（ジャーナル）を取る機能などが必要である．また，利用者ごとにアクセス可能なデータを設定するなど，よりきめ細かなデータアクセス管理機能が必要である．

1.3 データベース操作のための機能

　利用者がデータベースを利用するためには，次の機能が必要である．

(1) データベース定義機能

　データベース定義機能は，データを登録するテーブルの定義，データの項目あるいはキーとなる項目およびテーブル間の関連の定義である．これらの機能は通常，データベースをアクセスする言語機能を通じて行われる．また，これは，概念スキーマに基づき行われる．

(2) データ操作機能

　データの登録，更新，削除，参照は，通常，概念スキーマを利用してデータベースをアクセスする言語機能により行われる．外部スキーマを利用してデータを参照する場合は，この外部スキーマの定義に基づくアクセスとなる．

1.4 データベース管理システムの種類

　世の中には，ネットワーク型データベース，階層型データベース，リレーショナルデータベース，オブジェクト指向データベースなどさまざまなものがあるが，本書で扱うのは，現在最も一般的に利用されているリレーショナルデータベースである．

　リレーショナルデータベースは，データを表形式で所持し，この表の関係により管理するものである．商用データベース管理システムの代表的なものには，IBM社のDB2，オラクル社のORACLE，マイクロソフト社のSQL ServerやMS Accessがある．また，オープンソースとしては，MySQL，PostgreSQLなどがある．

1.5 例題業務の説明

　本書の演習の例題として利用する「カジュアルウェアショップシステム」について説明する．

1.5.1 概要

　商店街でカジュアルウェアを扱う小さな衣料品販売店を営んできた．若者向けカジュアルウェアの販売は，店舗よりインターネット上で販売する方が売り上げを伸ばすことができると考え，ネットショップによる規模の拡大を目指すこととした．

　ネットショップの開店は，クラウドサービスとして提供されるネットショップ開設サービス

を利用する．システムを独自開発するには大きな費用と時間を有するが，このサービスを利用すると，安価な初期費用で，ショップを短期間に立ち上げられるというメリットがある．採用したサービスには，決済代行の機能があり，クレジットカード決済と後払いに対応している．

　ネットショップサービスは，顧客から注文を受けて，代金を回収する．カジュアルウェアショップは，ネットショップサービスから，注文情報を受けて，自社の倉庫から商品を顧客に発送する．倉庫の設置に伴って，取り扱う商品の種類を増やすことにする．現在の衣料品販売店の業務をコンピュータ化して業務効率を上げる．図 1.2 は，ネットショップ運用時の商品，情報，金の流れを示す．

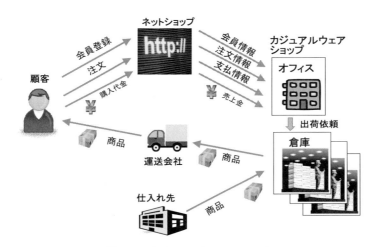

図 1.2　カジュアルウェアショップ

1.5.2　現在の業務内容

　現在は，通常の店頭販売を行っており，POS 端末以外は特にコンピュータは利用していない．業務で管理する情報には，商品台帳，レシート（控え）がある．倉庫はもっておらず，店頭の商品が在庫商品である．在庫数量は，商品台帳に記載している．顧客が商品を購入するとき，POS 端末を使用し，POS 端末が出力したレシートの控え（図 1.3）を保管している．

1.5.3　ネットショップ開店までの作業

(1)　倉庫の準備と商品の仕入れ

　全国からの注文に対して，できるだけ商品が早く届くこと，および輸送コストを抑えるために，札幌，東京，大阪，福岡に，倉庫を設置する．現在の在庫商品と新しく仕入れた商品を各倉庫に入庫する．

```
        カジュアル衣料品販売店
              レシート

    伝票番号：0101

    日付：2014年11月16日15時30分
    ------------------------------------
    商品ID  商品名  サイズ  数量  価格
    MT08M   Tシャツ    M     1  ¥1,500
    WT28M   ブラウス   M     2  ¥6,000

    ------------------------------------
                 合計：    ¥7,500
                 現金：   ¥10,000
                 釣銭：    ¥2,500
```

図 1.3 現在業務のレシート

(2) ネットショップへの商品の登録

ネットショップサービスに対して，ネットショップ開店の諸手続きを実施し，商品を登録して，開店する．

1.5.4 カジュアルウェアショップシステムの業務

カジュアルウェアショップのシステムに関わる業務とその内容は，以下である．実際の商品の販売や代金の受取は，ネットショップサービスで行われ，当システムは，そのバックボーンとして動作するものである．商品の登録は，当システムで行われ，ネットショップサービスに反映される．会員登録は，ネットショップサービスの機能で行い，そのデータを当該システムが受け取るものとする．売上金や支払金の管理も，別の方法で行うものとする．

(1) 商品管理部門業務

商品管理サブシステムを利用して商品の登録を下記のような分類で行う．

(a) カテゴリー登録

取扱商品の種類を増やしたため，商品の対象者の分類情報であるカテゴリーを導入する．カテゴリーは，男性，女性，子供からなる．この業務は，新しいカテゴリーを設定するとき，カテゴリー情報を登録する作業である．カテゴリー情報を参照，更新，削除する作業も含む．カテゴリー情報は，カテゴリーID，カテゴリー名からなる．

(b) グループ登録

カテゴリーに属する商品をさらに衣類の種類ごとに分類するグループを導入する．グループには，トップス，ボトムス，アウターなどがある．商品をカテゴリーおよびグループで分類することによって，商品の種類による売り上を確認して，次の仕入れの判断材料にすること

が狙いである．この業務は，新しいグループを設定するとき，グループ情報を登録する作業である．グループ情報を参照，更新，削除する作業も含む．グループ情報は，グループID，グループ名，所属するカテゴリーIDからなる．

(c) 商品登録

新しい商品を取り扱うとき，商品情報を登録する作業である．商品情報を参照，更新，削除する作業も含む．商品情報は，商品ID，商品名，サイズ，標準価格，所属するグループIDからなる．商品名としては，ハーフコート，Tシャツなどがある．サイズは，S，M，Lからなる．

(2) 販売管理部門業務

販売管理サブシステムを利用して下記の業務を行う．

(a) 会員登録

顧客がネットショップで会員登録を行うと，ネットショップから会員情報が送付されるので，その会員情報を登録する作業である．会員情報を参照，更新，削除する作業も含む．

会員情報は，会員ID，会員名，性別，メールアドレス，郵便番号，住所からなる．

(b) 注文処理

顧客がネットショップで商品の注文を行うと，ネットショップから注文情報が送付されるので，その注文情報をカジュアルウェアショップシステムに登録する．注文情報は，注文ID，会員ID，会員名，メールアドレス，郵便番号，住所，注文日，合計，1つ以上の注文商品の情報（商品ID，商品名，サイズ，販売価格，数量，小計）からなる．

注文がされると，商品の発送指示のため，在庫管理部門へ注文IDを通知する．

(c) 支払処理

顧客がネットショップで支払いを行うと，ネットショップから支払情報が送付されるので，その支払情報をカジュアルウェアショップシステムに登録する．支払情報は，注文ID，支払日からなる．

(3) 在庫管理部門業務

在庫管理部門は，在庫管理サブシステムを利用して下記の業務を行う．

(a) 倉庫管理

倉庫ID，倉庫名，倉庫住所を倉庫情報として倉庫の管理を行う．

(b) 在庫管理

各倉庫の在庫管理を行う．在庫情報は，倉庫ID，商品ID，在庫数量からなる．販売部門から商品の注文通知が来ると，注文会員の住所に最も近い倉庫の在庫を確認する．その倉庫に在庫がないときは，その次に近い倉庫の在庫を確認する．在庫が確認できると，在庫数量の削減を行い，当該倉庫に出荷指示のため注文IDを受け渡す．

(4) その他の業務

その他の業務とし，入金一覧や在庫一覧など各種の帳票の作成がある．

1.6 本書の流れ

本書の流れは，次のとおりである．最初に本書が対象としているリレーショナルデータベースの基本やデータモデリングについて説明する．1.5 節で説明した「カジュアルウェアショップシステム」を順次実装するステップに対応して各章が記述されている．具体的には，商品管理サブシステム，販売管理サブシステム，在庫管理サブシステムを順次実装し，最後に完成したシステムの運用テストを行うという演習を中心とした流れとなる．

1.7 本書での演習環境

本書の演習で利用するリレーショナルデータベースは下記の 2 つであり，この 2 つの説明は独立しており，他方を特に意識する必要がないような記述としている．受講者に応じて 2 つを使い分けることができる．

(1) MySQL

MySQL は，フリーソフトでは，最も広く利用されているリレーショナルデータベース管理システムである．Windows や各種 UNIX 系 OS など，多くのプラットフォームで動作する．高速で使いやすいことが特徴であり，本格的なデータベース管理システムとして利用可能である（本書の演習は，Windows を前提としている）．

MySQL には以下の 2 種類がある．

- MySQL Community Server 版：GPL[1] 方式のフリーソフト（本書はこれを利用する）
- MySQL Enterprise 版：商用利用版

MySQL のダウンロードやインストールについては，付録 1 参照のこと．

(2) マイクロソフト社 Access (MS Access)

Access は，マイクロソフト社が提供しているデータベース管理システムである．リレーショナルデータベースの機能と共に，その上で動作するアプリケーションを作成する機能を提供している．利用者は，プログラムを作成することなく，ビジブルなインタフェースで，データベースを作成し，データベースをアクセスするアプリケーションを作成することができるのが特徴である．

---

[1] GPL とは，General Public License のことで，ソフトウェアのコピーや再配布，ソースコードの改変などを第三者に認めるが，ソフトウェアの著作権は開発者に帰属しているとする．GPL に基づいて公開されたソフトウェアを改変して再頒布する場合は，GPL に従ってそのソースコードを公開することが求められる．

演習問題

設問1 データベースはなぜ必要かを 2 点挙げ，簡単に説明せよ．

設問2 データベース管理システムが果たさなければならない機能を 3 点上げて，簡単に説明せよ．

第2章
リレーショナルデータモデル

□ 学習のポイント

本章では，本書で対象とするリレーショナルデータモデルについて学習する．リレーショナルデータモデルでは，1件のデータを複数の属性の集合として表現し，これをタプル（組み，tuple）と呼ぶ．リレーションはタプルの集合として定義される．リレーションを構成するタプルを一意に識別する属性の集合をキーと呼ぶ．リレーションを操作するためにリレーショナル代数と呼ばれる演算の体系がある．

リレーショナル代数を，実務的な観点から言語として体系化したものが ISO 規格である SQL であり，多くのデータベース管理システムが SQL に準拠している．

- リレーショナルモデルの概念を理解する．
- リレーショナル代数を理解する．
- リレーショナルモデルをコンピュータ上に実装したものがリレーショナルデータベースであることを理解する．
- SQL を使ったデータベースの操作方法を理解する．

□ キーワード

リレーション，タプル，属性，キー，リレーショナル代数，テーブル，行，列，キー制約，参照整合性制約，第1正規形，SQL，create table，insert，select，update，delete

2.1 データベースとリレーショナルモデル

第1章では，データベースの概要について述べた．データベースとは，データを有効活用するために蓄積したものである．そのためには，データやデータ同士の結びつきを蓄えるための枠組みを用意しなければならない．この枠組みをデータモデルと呼ぶが，第2章では，この枠組みの論理的な仕組みの説明を行い，データベースの理解を深める．リレーショナルモデルは，現実世界のデータを n 項のリレーション（関係）で表現するものである．直感的には n 個の項目で構成されている2次元の表を使ってデータを管理する．

リレーショナルモデルをコンピュータで稼動させ，データベースを有効活用するために，数

多くのデータベース管理システムが開発されてきた．狭義には，データベース管理システムによって管理されたデータ群をデータベースと呼ぶ．なお，リレーショナルモデルによって蓄積されたデータベースであることを明示するために，リレーショナルデータベースという用語を使うことがある．

データベース管理システムでは，SQLと呼ばれる標準言語が採用されている．したがって，SQL言語は，リレーショナルデータベースを開発・運用するために必須のものである．

2.2節では，リレーショナルモデルの構成について述べる．2.3節では，SQLの標準化の経緯について，2.4節ではSQLの基本機能について述べる．

2.2 リレーショナルモデルの構成

2.2.1 リレーション，属性，タプル

リレーショナルデータモデルは，1970年に米国IBM社のE. F. Codd博士によって発表されたリレーショナルデータモデルに関する論文（参考文献9）に端を発している．Codd博士は，この論文で，リレーショナルデータモデルを数学における関係 (Relation) の概念を使って定式化しているが，ここでは例を示しながら，リレーショナルデータモデルの概要を説明する．リレーショナルデータモデルには主に2つの特徴がある．

- データは2次元の表形式（リレーション）で表現される．
- リレーションに対する演算が定義されている．

リレーショナルデータモデルでは，すべてのデータを2次元の表形式で表現する．リレーションは属性（列）とタプル（行）で構成される．図2.1は，1.5.4項で説明したカジュアルウェアショップに関連するデータをリレーションとして示したものである．

図2.1の商品リレーションは，現実世界の事象である「商品」を{商品ID, 商品名, サイズ, 標準価格}という属性の集合で表現している．一般に，リレーションは属性の集合で定義され

会員

会員ID	会員名	メールアドレス	住所
M001	今井 美紀	imai@to.ac.jp	東京都千代田区千代田
M002	本田 圭	honda@fu.ac.jp	福岡県福岡市博多区太井

商品

商品ID	商品名	サイズ	標準価格
KB55S	ハーフパンツ	S	1800
KO41L	ポンチョ	L	1700
KT48M	カットソー	M	2900
MB15S	チノパンツ	S	5900
MO01L	ダウンジャケット	L	15000
MT08M	Tシャツ	M	1500
WB35S	ショートパンツ	S	1700
WO21L	テーラードジャケット	L	4000
WT28M	ブラウス	M	3000

明細

注文ID	商品ID	販売価格	数量
C001	KO41L	1700	2
C002	KB55S	1800	3
C002	MO01L	15000	1
C003	KO41L	1700	1
C003	MO01L	15000	2
C003	WO21L	4000	1

図 2.1 商品リレーション，明細リレーション，会員リレーションの例

ており，属性が現れる順番に意味はない．すなわち，図 2.1 の商品リレーションを {商品 ID, 標準価格，サイズ，商品名} という属性の集合で表現しても等価である．また，リレーションはタプルの集合として定義されており，タプルが現れる順番に意味はない．例えば，図 2.1 の商品リレーションは 9 行で定義されているが，それらのタプルの順番を入れ替えても等価である．

2.2.2 第 1 正規形

リレーションを構成する具体的な値 (entry) は，1 つの数値または 1 つの文字列といった単純な値でなければならない．この条件を満たすリレーションを第 1 正規形 (first normal form, 1NF) のリレーションと呼ぶ．図 2.1 に示した 3 つのリレーションは第 1 正規形である．図 2.2 は，明細リレーションに関するデータを商品 ID，販売価格，数量について，区切り記号として ;（セミコロン）を使って 1 つの文字列または数値列としてまとめたものである．図 2.2 では，リレーションを構成する値が 1 つの数値または 1 つの文字列ではないことから，第 1 正規形の制約を満たしていない．このようなリレーションは，非第 1 正規形リレーションと呼ばれる．

明細

注文ID	商品ID	販売価格	数量
C001	KO41L	1700	2
C002	KB55S; MO01L	1800; 15000	3; 1
C003	KO41L; MO01L; WO21L	1700; 15000; 4000	1; 2; 1

図 2.2　非第 1 正規形リレーションの例

一般に，第 1 正規形のリレーションは，データを登録，更新，削除したときにデータの操作が煩雑になる問題がある．例えば，図 2.2 の非第 1 正規形リレーションにおいて，'MO01L' の販売価格を 15000 から 18000 に更新する場合，「商品 ID」から 'MO01L' を検索し，対応するデータを「販売価格」から見つけ出し，15000 を 18000 に更新するという処理を実行しなければならない．図 2.2 では，区切り記号として ; を使ったが，区切り記号として何を使うかという点でも任意性がある．このような煩雑なデータ操作を回避するため，リレーションをさらに分解してこれらの問題点を解消することが一般的に行われている．リレーションの正規形についてはいくつかの段階があり，第 5 章で詳しく述べる．

2.2.3 定義域，次数，濃度

属性の値が取り得る範囲を定義域と呼ぶ．理論的には，属性に応じて定義域が定義される．例えば，属性「商品 ID」に対応する値は，店舗で独自に定めたルールに準拠する必要がある．一方，現実世界には数多くの属性が存在することから，これらの属性に対応するすべての定義域を準備することは現実的ではない．データベース管理システムでは，数値型，文字型など，コンピュータで実装可能なデータ型で定義域を表現している．属性の数を次数 (degree)，タプルの数を濃度 (cardinality) と呼ぶ．図 2.1 の商品リレーションの次数は 4，濃度は 9 である．

2.2.4 キー，候補キー，主キー，外部キー

リレーショナルモデルでは，現実世界のデータをタプルの集合で定義する．タプルは属性の集合で定義されており，タプルの値はタプルを構成する各属性の定義域に含まれる値である必要がある．リレーションのタプルを一意に識別することは，現実世界のデータを一意に識別することであり，リレーショナルモデルにおける基本事項である．

リレーションを構成するタプルを一意に識別することができる属性をキーと呼んでいる．一般に，リレーションには，複数のキーが存在する．例えば，図 2.1 の場合，会員を一意に識別する属性は，「会員 ID」，「氏名」と「メールアドレス」の組み合わせ，「氏名」と「住所」の組み合わせが考えられる．「氏名」と「メールアドレス」のように，キーは複数の属性であることもあり得る．キーが複数の属性で構成されている場合，1 つの属性からなるキーと区別するために，複合キーと呼ぶ．

キーになり得る 1 つの属性，または，属性の集合を候補キー (candidate key) と呼ぶ．候補キーから選んだ 1 つを主キー (primary key) と呼ぶ．主キーとして選ばなかった残りのキーを代替キー (alternate key) と呼ぶ．主キーの値は，そのリレーションで一意でなければならないという制約がある．この制約をキー制約 (key constraint) と呼ぶ．さらに，主キーを構成する属性の値は空値 (null value) であってはならないという実体整合性制約 (entity integrity constraint) も課せられている．主キーとしては，簡潔なものが望ましく，図 2.1 の会員リレーションの場合は，会員 ID を主キーとすることが一般的である．

あるリレーションの属性が，他のリレーションの主キーであるとき，この属性を外部キー (foreign key) と呼ぶ．外部キーの値は，空値の場合を除いて参照先のリレーションの主キーの値に一致しなければならないという制約がある．この制約を外部キー制約 (foreign key constraint) あるいは参照整合性制約 (referential integrity constraint) と呼ぶ．

2.2.5 リレーショナル代数

一般に，リレーショナルデータモデルは，複数のリレーションで構成されている．利用者が求めているデータは，これらのリレーションに対する操作を施すことによって抽出される．リレーショナル代数 (relational algebra) は，単一または複数のリレーションに対して定義された演算の体系である．リレーショナル代数の演算は，集合論に基づいた演算とリレーショナルデータモデル固有の関係演算の 2 種類に大別できる．

集合論に基づいた演算には，和集合，差集合，共通集合，直積がある．和集合，差集合，共通集合演算は，リレーションを集合として扱うので，演算の対象となるリレーションは，同じ定義域と次数をもつ必要がある．一方，関係演算は，E. F. Codd 氏が独自に定義した演算であり，射影，選択，結合演算がある．これらの演算は，既存のリレーションから新たなリレーションを作り出すものである．

(1) 射影演算

射影 (projection) は，リレーションの中から必要な属性だけを指定して，データを取り出す

演算である．概念的には，リレーションを縦方向に切り出す演算である．図 2.1 に示した商品リレーションで，商品名と標準価格だけを射影演算で取り出した結果を，図 2.3 (a) に示す．なお，射影演算の結果，値の重複が発生することがある．例えば，商品リレーションで標準価格だけを射影演算で取り出すと，価格の値の重複が発生する．射影演算はリレーションを作り出す演算である．リレーションは集合であるので，値の重複は削除され，図 2.3 (b) に示した結果を得る．

商品名	標準価格
ハーフパンツ	1800
ポンチョ	1700
カットソー	2900
チノパンツ	5900
ダウンジャケット	15000
Tシャツ	1500
ショートパンツ	1700
テーラードジャケット	4000
ブラウス	3000

標準価格
1800
1700
2900
5900
15000
1500
4000
3000

(a) 商品名と標準価格で射影した結果　(b) 標準価格で射影した結果

図 2.3　射影演算の結果

(2)　選択演算

選択 (selection) は，リレーションから与えられた条件式を満たすタプルを取り出す演算である．概念的には，リレーションを横方向に切り出す演算である．条件式は，リレーションの属性名，比較演算子，定数を使って，属性名で指定されたタプルを絞り込む．図 2.1 に示した商品リレーションで，サイズが 'M' であるタプルを抽出するための条件式は，"サイズ='M'" と書く．この条件を使って選択した結果を図 2.4 に示す．

商品ID	商品名	サイズ	標準価格
KT48M	カットソー	M	2900
MT08M	Tシャツ	M	1500
WT28M	ブラウス	M	3000

図 2.4　選択演算の結果（商品リレーションから条件 "サイズ='M'" で選択した結果）

(3)　結合演算

結合 (join) は，複数のリレーションから 1 つのリレーションを作り出す演算である．複数のリレーションを結び付ける条件（結合条件）は，属性名と比較演算子を使って記述する．多くの場合，比較演算子は＝（等号）であり，結合条件で指定された属性の値が同じタプル同士をつなぎ合わせて新たなリレーションを作り出す．例えば，商品リレーションと明細リレーションを商品 ID の値が同じ（等しい）という条件で結合（等結合）した結果を，図 2.5 に示す．

図 2.5 では，まったく同じ値をもつ属性「商品 ID」が 2 つ存在する．このうちの 1 つを削除したものを自然結合と呼ぶ．図 2.6 に自然結合の結果を示す．

商品ID	商品名	サイズ	標準価格	注文ID	商品ID2	販売価格	数量
KB55S	ハーフパンツ	S	1800	C002	KB55S	1800	3
KO41L	ポンチョ	L	1700	C001	KO41L	1700	2
KO41L	ポンチョ	L	1700	C003	KO41L	1700	1
MO01L	ダウンジャケット	L	15000	C002	MO01L	15000	1
MO01L	ダウンジャケット	L	15000	C003	MO01L	15000	2
WO21L	テーラードジャケット	L	4000	C003	WO21L	4000	1

図 2.5　結合演算の結果

商品ID	商品名	サイズ	標準価格	注文ID	販売価格	数量
KB55S	ハーフパンツ	S	1800	C002	1800	3
KO41L	ポンチョ	L	1700	C001	1700	2
KO41L	ポンチョ	L	1700	C003	1700	1
MO01L	ダウンジャケット	L	15000	C002	15000	1
MO01L	ダウンジャケット	L	15000	C003	15000	2
WO21L	テーラードジャケット	L	4000	C003	4000	1

図 2.6　自然結合演算の結果

2.3　標準言語としての SQL

リレーショナルデータベース管理システム (RDBMS) の開発初期では，統一された標準規格が存在しない状況下で，ベンダーごとにさまざまな操作言語が研究・開発されていた．SQL は，1970 年代に IBM 社サンノゼ研究所で研究用に開発された SystemR のデータ操作言語 SEQUEL (Structured English Query Language) を母体として，ISO 規格として定められた言語である．SQL の特徴は，自然言語（英語）をベースにした構文を使ってリレーショナルデータベースを操作できることである．SQL にはループや条件分岐などの制御構造がないことから非手続き型言語に分類される．SQL の構文を使って，E. F. Codd 博士が定義したリレーショナルデータベースの演算体系である，リレーショナル代数を表現することもできる．

SQL は，制定された年ごとに SQL86, SQL89, SQL92, SQL:1999, SQL:2003, SQL:2006, SQL:2008, SQL:2011 などの規格があり，標準言語としての充実化が図られてきた．SQL は，主に以下の 2 つに大別される（表 2.1）．

　　　データ定義言語 (DDL: Data Definition Language)
　　　データ操作言語 (DML: Data Manipulation Language)

SQL では，リレーショナルデータモデルにおけるリレーションをテーブルまたは表 (table)，

表 2.1　SQL の分類

分類	代表的な SQL 文	SQL 文の概要
データ定義言語 (DDL)	CREATE	表，インデックス，制約などの定義
	DROP	表，インデックス，制約などの削除
	ALTER	表，インデックス，制約などの変更
データ操作言語 (DML)	SELECT	表からのデータ選択
	INSERT	表へのデータ挿入（登録）
	UPDATE	表のデータ更新
	DELETE	表のデータ削除

表 2.2　リレーショナルモデルと SQL における用語の対応

リレーショナルデータモデル	SQL
リレーション (relation)	テーブル (table)，表
属性 (attribute)	列 (column)
タプル (tuple)	行 (row)

属性を列 (column)，タプルを行 (row) と呼んでいる．表 2.2 は，これらの対応を示している．

2.4　SQL の基本機能

2.4.1　テーブル定義とデータ登録

テーブルを定義するときは，create table 文を使用する．create table 文の構文をリスト 2.1 に示す．create table というキーワードに続いて，テーブル名を指定し，さらに括弧で囲んだ中に列名とデータ型をテーブルの列の数だけ指定し，最後に制約を指定する．制約には，キー制約や外部キー制約を指定できる．

リスト 2.1　create table 文の構文

```
create table  テーブル名 (
    列名  データ型，
    …
    列名  データ型，
    制約 );
```

リスト 2.2 に示した create table 文によって，図 2.1 に示した商品テーブルを定義することができる．データ型は，各列に対して定義できる．可変長の文字列型を定義するときは varchar を使い，varchar に続く括弧内の数字でバイト数を表す．なお，単精度の整数型を定義するときは int を使う．商品テーブルの主キーは商品 ID であり，キー制約が課せられるが，このことは，primary key というキーワードに続いて属性名（商品 ID）を記述することで定義できる．

リスト 2.2　商品テーブルを定義する create table 文

```
create table 商品 (
    商品 ID         varchar(5),
    商品名          varchar(60),
    サイズ          varchar(5),
    標準価格        int,
    primary key (商品 ID));
```

リスト 2.3 に示した create table 文で，図 2.1 に示した明細テーブルを定義することができる．明細テーブルの主キーは，注文 ID と商品 ID である．主キーが，複数の属性の組み合わせである場合は，primary key に続いて属性名を，（カンマ）で区切って定義する．

明細テーブルの商品 ID は，商品テーブルの主キーである **商品 ID** を参照している．このような属性を外部キーと呼ぶ．リスト 2.3 の最後の行に示したように，外部キーの定義は，foreign key というキーワードに続いて属性名，さらに，references に続いて参照元のテーブル名と属性名を指定する．

リスト **2.3** 明細テーブルを定義する create table 文

```
create table 明細 (
    注文 ID       varchar(5),
    商品 ID       varchar(5),
    販売価格      int,
    数量          int,
    primary key (注文 ID, 商品 ID),
    foreign key (商品 ID) references 商品 (商品 ID));
```

データを登録するときは，insert 文を使用する．insert 文には数種のバリエーションがあるが，最も簡単な insert 文はテーブルのすべての列にデータを登録するもので，構文をリスト 2.4 に示す．すなわち，insert into に続いて，テーブル名を指定し，さらに括弧で囲んだ中に登録するデータを指定する．リスト 2.5 の insert 文で，図 2.1 に示した明細テーブルのデータを登録することができる．

リスト **2.4** insert 文の構文

```
insert into テーブル名   values
    (値 1, 値 2,…),
    …
    (値 1, 値 2,…) ;
```

リスト **2.5** 明細テーブルへデータを登録する insert 文

```
insert into 明細 values
    ('C001','KO41L',1700,2),
    ('C002','KB55S',1800,3),
    ('C002','MO01L',15000,1),
    ('C003','KO41L',1700,1),
    ('C003','MO01L',15000,2),
    ('C003','WO21L',4000,1);
```

なお，明細テーブルの商品 ID は外部キーであるので，商品テーブルに登録済みの商品 ID しか登録できない．(a) に示す insert 文では，商品 ID 'MT99L' を登録しようとするが，この商品 ID は商品テーブルに登録されていないため，外部キー制約違反（エラー）が発生し，このデータの登録は失敗する．

```
insert into 明細 values ('C004','MT99L',10000,2);            ---(a)
```

2.4.2　テーブル定義の変更

　テーブルに列を追加あるいは削除するためにはalter table文を使用する．(b) は，テーブルに列を追加するalter table文の構文である．すなわち，alter tableに続いてテーブル名，追加操作を示すadd，追加する列名とデータ型を指定する．すでに定義されている特定の列の後に新たに列を定義する場合は，afterに続いて，すでに定義されている列名を指定する．なお，[] で囲まれた部分は省略可能であることを示す．

```
alter table テーブル名 add 列名 データ型 [after 列名] ;            ---(b)
```

　例えば (c) に示す alter table 文は，商品テーブルの商品 ID の後に，カテゴリーという名前の列を追加する．なお，after 以下を省略した場合，最後の列の後ろに指定した列を追加する．

```
alter table 商品 add カテゴリー varchar(30) after 商品 ID;         ---(c)
```

　(d) は，テーブルから列を削除するalter table文の構文である．すなわち，alter tableに続いてテーブル名，削除操作を示すdrop，削除する列名を指定する．

```
alter table テーブル名 drop 列名;                                ---(d)
```

　例えば，(e) に示す alter table 文は，商品テーブルから カテゴリー列 を削除する．

```
alter table 商品 drop カテゴリー;                                ---(e)
```

　テーブルそのものを削除するためには，drop table文を使用する．構文は，(f) に示したように，drop tableに続いてテーブル名を指定する．

```
drop table テーブル名;                                          ---(f)
```

2.4.3　検索

　テーブルに登録されているデータを検索するにはselect文を用いる．(g) は，1つのテーブルからデータを検索するselect文の構文である．select文は，テーブルに格納されているデータから，検索条件を満たすデータだけを検索することから，問合せ（クエリ：query）とも呼ばれている．

```
select 列名 1, 列名 2, ・・・ from テーブル名 [where 検索条件] ;        ---(g)
```

　列名としてはテーブルに含まれているものを指定する．(h) に示す select 文は，明細テーブルを構成する 4 つの属性を指定している．検索条件を指定していないため，明細テーブルのすべてのデータが検索される（図 2.7(h) 参照）．select 文で列名を指定することにより，テーブルから特定の列名に関するデータを検索できるが，このような検索はリレーショナル代数の射影演算に該当する．

```
select 注文 ID, 商品 ID, 販売価格, 数量 from 明細;                    ---(h)
```

　テーブルの列に対する検索条件を指定する場合は，where を用いる．(i) に示す select 文では，"販売価格 >= 2000" と指定しており，明細テーブルの販売価格が 2000 円以上であるデータを検索する（図 2.7(i) 参照）．where に続いて条件を指定することは，リレーショナル代数の選択演算に該当する．なお，select に続く ＊（アスタリスク）は，テーブル内のすべての列名を指定することを表す．

```
select * from 明細 where 販売価格 >= 2000;                           ---(i)
```

　文字データに対する検索条件の基本形は，「列名 比較演算子 '文字列'」である．検索条件となる文字列は，（シングルクォーテーション）で括る必要がある．(j) に示す select 文は，注文 ID が 'C002' であるデータを検索する（図 2.7(j) 参照）．

```
select * from 明細 where 注文 ID = 'C002';                           ---(j)
```

　文字列に対しては，部分一致による検索が可能である．部分一致で使う演算子は like であり，任意の文字列（ワイルドカード）を % で表記する．(k) に示す select 文は，"商品 ID like 'K%'" と指定しており，明細テーブルの商品 ID が 'K' で始まるデータを検索する（図 2.7(k) 参照）．

```
select * from 明細 where 商品 ID like 'K%';                          ---(k)
```

　複数の検索条件を設定することも可能である．検索条件のすべてを満たすデータを検索する場合は，検索条件を and 演算子で結ぶ．検索条件の少なくても 1 つを満たすデータを検索する場合は，検索条件を or 演算子で結ぶ．(l) に示す select 文は，商品 ID が 'K' で始まり，かつ，販売価格が 1800 円以上であるデータを検索する（図 2.7(l) 参照）．

```
select * from 明細 where 商品ID like 'K%' and 販売価格 >= 1800;    ---(l)
```

(m) に示す select 文は，商品 ID が 'M' で始まるか，または，販売価格が 1800 円以上であるデータを検索する（図 2.7(m) 参照）．

```
select * from 明細 where 商品ID like 'M%' or 販売価格 >= 1800;    ---(m)
```

```
+-------+-------+--------+-----+
|注文ID |商品ID |販売価格|数量 |
+-------+-------+--------+-----+
| C001  | K041L |  1700  |  2  |
| C002  | KB55S |  1800  |  3  |
| C002  | M001L | 15000  |  1  |
| C003  | K041L |  1700  |  1  |
| C003  | M001L | 15000  |  2  |
| C003  | W021L |  4000  |  1  |
+-------+-------+--------+-----+
```
(h) すべてのデータの検索結果

```
+-------+-------+--------+-----+
|注文ID |商品ID |販売価格|数量 |
+-------+-------+--------+-----+
| C002  | M001L | 15000  |  1  |
| C003  | M001L | 15000  |  2  |
| C003  | W021L |  4000  |  1  |
+-------+-------+--------+-----+
```
(i) 販売価格が 2000 円以上であるデータの検索結果

```
+-------+-------+--------+-----+
|注文ID |商品ID |販売価格|数量 |
+-------+-------+--------+-----+
| C002  | KB55S |  1800  |  3  |
| C002  | M001L | 15000  |  1  |
+-------+-------+--------+-----+
```
(j) 注文 ID が 'C002' であるデータの検索結果

```
+-------+-------+--------+-----+
|注文ID |商品ID |販売価格|数量 |
+-------+-------+--------+-----+
| C001  | K041L |  1700  |  2  |
| C002  | KB55S |  1800  |  3  |
| C003  | K041L |  1700  |  1  |
+-------+-------+--------+-----+
```
(k) 商品 ID が 'K' で始まるデータの検索結果

```
+-------+-------+--------+-----+
|注文ID |商品ID |販売価格|数量 |
+-------+-------+--------+-----+
| C002  | KB55S |  1800  |  3  |
+-------+-------+--------+-----+
```
(l) 商品 ID が 'K' で始まり，かつ，販売価格が 1800 円以上であるデータの検索結果

```
+-------+-------+--------+-----+
|注文ID |商品ID |販売価格|数量 |
+-------+-------+--------+-----+
| C002  | KB55S |  1800  |  3  |
| C002  | M001L | 15000  |  1  |
| C003  | M001L | 15000  |  2  |
| C003  | W021L |  4000  |  1  |
+-------+-------+--------+-----+
```
(m) 商品 ID が 'M' で始まるか，または，販売価格が 1800 円以上であるデータの検索結果

図 2.7 明細テーブルの検索結果

2.4.4 複数テーブルの結合

select 文を使って，複数のテーブルを結合することもできる．複数のテーブルを結合する基本的な構文を (n) に示す．結合条件は，where 句を用いて，結合するテーブル間に共通する列を使って指定する．3 個以上のテーブルを結合する場合は，結合条件を and で結ぶ．複数テーブルの結合は，リレーショナル代数の結合演算に該当する．

```
select 列名1, 列名2, … from テーブル名1, テーブル名2, …
where テーブル名1.列名 = テーブル名2.列名 [and …];         ---(n)
```

(o) に示す select 文は，商品テーブルと明細テーブルを，共通する列である商品 ID を使って結合する．商品 ID は，2つのテーブルに存在することから，これらを区別するために，テーブル名を付けた "商品.商品 ID=明細.商品 ID" で結合条件を指定している（図 2.8(o) 参照）．

```
select * from 商品, 明細 where 商品.商品 ID=明細.商品 ID;   ---(o)
```

テーブル名の別名 (alias) を使うこともできる．別名は，テーブル名が長い場合に効果を発揮する．テーブルの別名は，テーブル名に続いて，"as 別名" で指定する．(p) に示す select 文は，テーブルの別名を使った例である．実行結果は，別名を使わない場合と同じである．

```
select * from 商品 as S, 明細 as C where S.商品 ID=C.商品 ID;  ---(p)
```

上記の SQL 文の実行結果には，結合条件として使われた商品 ID の列が2つ含まれており，列の名前も，データの値も同一である．(q) に示す select 文は，自然結合に対応した構文であり，これを用いることで，結合条件で使う列を1つにすることができる．なお，3個以上のテーブルを結合する場合は，「join テーブル名 using(列名)」を繰返して記述する．

```
select 列名1, 列名2, … from テーブル名1 join テーブル名2 using (列名); ---(q)
```

(r) に示す select 文は，商品テーブルと明細テーブルを，using 句を使って商品 ID で結合している（図 2.8(r) 参照）．

```
select * from 商品 join 明細 using (商品 ID);              ---(r)
```

結合演算の結果は，1つのテーブルとして扱うことができる．したがって，2.4.3項で述べた検索条件を where 句に追加することにより，1つのテーブルと同様に，検索対象とするデータを絞り込むことができる．(s) に示す select 文は，商品テーブルと明細テーブルの結合結果に対し，"注文 ID='C002'" という検索条件を指定したものである（図 2.8(s) 参照）．

```
select * from 商品 join 明細 using (商品 ID) where 注文 ID='C002';  ---(s)
```

なお，using 句を使った結合は，Access ではサポートされていない．

```
+-------+----------------+------+----------+------+-------+----------+------+
| 商品ID | 商品名          | サイズ | 標準価格  | 注文ID | 商品ID | 販売価格  | 数量 |
+-------+----------------+------+----------+------+-------+----------+------+
| K041L | ポンチョ         | L    |    1700  | C001 | K041L |    1700  |   2  |
| KB55S | ハーフパンツ      | S    |    1800  | C002 | KB55S |    1800  |   3  |
| M001L | ダウンジャケット  | L    |   15000  | C002 | M001L |   15000  |   1  |
| K041L | ポンチョ         | L    |    1700  | C003 | K041L |    1700  |   1  |
| M001L | ダウンジャケット  | L    |   15000  | C003 | M001L |   15000  |   2  |
| W021L | テーラードジャケット | L  |    4000  | C003 | W021L |    4000  |   1  |
+-------+----------------+------+----------+------+-------+----------+------+
```

(o) 結合条件 商品.商品 ID＝明細.商品 ID で結合した結果

```
+-------+----------------+------+----------+------+----------+------+
| 商品ID | 商品名          | サイズ | 標準価格  | 注文ID | 販売価格  | 数量 |
+-------+----------------+------+----------+------+----------+------+
| K041L | ポンチョ         | L    |    1700  | C001 |    1700  |   2  |
| KB55S | ハーフパンツ      | S    |    1800  | C002 |    1800  |   3  |
| M001L | ダウンジャケット  | L    |   15000  | C002 |   15000  |   1  |
| K041L | ポンチョ         | L    |    1700  | C003 |    1700  |   1  |
| M001L | ダウンジャケット  | L    |   15000  | C003 |   15000  |   2  |
| W021L | テーラードジャケット | L  |    4000  | C003 |    4000  |   1  |
+-------+----------------+------+----------+------+----------+------+
```

(r) using 句を使って結合した結果

```
+-------+----------------+------+----------+------+----------+------+
| 商品ID | 商品名          | サイズ | 標準価格  | 注文ID | 販売価格  | 数量 |
+-------+----------------+------+----------+------+----------+------+
| KB55S | ハーフパンツ      | S    |    1800  | C002 |    1800  |   3  |
| M001L | ダウンジャケット  | L    |   15000  | C002 |   15000  |   1  |
+-------+----------------+------+----------+------+----------+------+
```

(s) 検索条件を指定した結合の結果

図 2.8　商品テーブルと明細テーブルの結合結果

2.4.5　集約関数

SQL には，複数の行を集計し，指定されたグループごとに 1 つの値を返す集約関数がある．この集約関数には，合計 (sum)，平均 (avg)，最大値 (max)，最小値 (min)，行数を数える (count) 関数などがある．集約関数を含む select 文の基本構文を (t) に示す．group by に続いて列名を指定した場合，select 文で取り出した列を指定した行の値ごとにグループ化し，このグループ化した行の集合に対して集約関数が適用される．group by を指定しなかった場合は，テーブル全体が 1 つのグループとして処理される．

```
select 列名 1，集約関数名 (列名 2) from テーブル名 [group by 列名 1];    ---(t)
```

(u) に示す select 文は，注文された商品の個数を検索するものであり，明細テーブルの数量の合計を計算する（図 2.9(u) 参照）．

```
select sum(数量) from 明細;                                       ---(u)
```

(v) に示す select 文は，group by 句を使って注文 ID ごとの注文数を検索する．select に続いて集約する列名である 注文 ID と集約関数 sum(数量) を指定し，group by 句に続いて集約す

る列名である 注文 ID を指定する（図 2.9(v) 参照）．

```
select 注文 ID, sum(数量) from 明細 group by 注文 ID;        ---(v)
```

多くの場合，集約関数だけを見ても業務上の意味がわからないことが多い．テーブルと同様に，データ項目に対しても別名を定義することができる．(w) に示す select 文では，sum(数量) as 注文ごとの商品数 で sum 関数の実行結果に 注文ごとの商品数 という別名を定義している．これにより業務上の意味をわかりやすく表示している（図 2.9(w) 参照）．

```
select 注文 ID, sum(数量) as 注文ごとの商品数 from 明細 group by 注文 ID;---(w)
```

(u) 明細テーブルの数量の合計

(v) 明細テーブルの注文 ID ごとの数量の合計

(w) 集約関数に別名を定義した実行結果

図 2.9　商品テーブルに対する集約関数の実行結果

2.4.6　更新

update 文は，テーブルに登録済みの行の一部を更新するために使われる．update 文の基本構文を (x) に示す．

```
update テーブル名 set 列名 1=値 1, 列名 2=値 2, … [where 検索条件];    ---(x)
```

where 句を指定した場合，指定された検索条件を満たす行が更新の対象になる．(y) に示す update 文は，商品 ID が 'KT48M' の標準価格を 3200 円に更新する．

```
update 商品 set 標準価格=3200 where 商品 ID='KT48M';         ---(y)
```

この update 文を実行した後に，(z) に示す select 文を実行した結果を図 2.10 に示す．商品 ID が 'KT48M' の標準価格が 3200 円に更新されていることが確認できる．

```
select * from 商品;                                              ---(z)
```

```
+--------+---------+----------------+------+----------+
| 商品ID | グループID | 商品名         | サイズ | 標準価格 |
+--------+---------+----------------+------+----------+
| KB55S  | KT      | ハーフパンツ     | S    |   1800   |
| KO41L  | KO      | ポンチョ         | L    |   1700   |
| KT48M  | KT      | カットソー       | M    |   3200   |
| MB15S  | MB      | チノパンツ       | S    |   5900   |
| MO01L  | MO      | ダウンジャケット  | L    |  15000   |
| MT08M  | MT      | Tシャツ         | M    |   1500   |
| WB35S  | WB      | ショートパンツ   | S    |   1700   |
| WO21L  | WO      | テーラードジャケット| L    |   4000   |
| WT28M  | WT      | ブラウス         | M    |   3000   |
+--------+---------+----------------+------+----------+
```

図 2.10　update 文 (y) の実行後の商品テーブルの内容

なお，update 文で where 句を指定しなかった場合，テーブルのすべての行が更新される．

2.4.7　削除

delete 文は，テーブルに登録済みの行を削除するために使われる．delete 文の基本構文を (aa) に示す．

```
delete from テーブル名 [where 検索条件];                         ---(aa)
```

削除は行単位で行われるので，列名を指定する必要はない．where 条件を指定した場合は，指定された検索条件を満たす行が削除の対象になる．(ab) に示す delete 文は，明細テーブルの注文 ID が 'C003'，かつ，商品 ID が 'M001L' であるデータを削除する．

```
delete from 明細 where 注文ID='C003' and 商品ID='M001L';        ---(ab)
```

この delete 文を実行後に，(ac) に示す select 文を実行した結果を図 2.11 に示す．注文 ID が 'C003' で 商品 ID が 'M001L' である行が削除されていることが確認できる．

```
select * from 明細;                                              ---(ac)
```

なお，where 条件を指定しなかった場合は，テーブル内のすべての行が削除される．

```
+-------+-------+----------+------+
| 注文ID | 商品ID | 販売価格  | 数量 |
+-------+-------+----------+------+
| C001  | KO41L |    1700  |   2  |
| C002  | KB55S |    1800  |   3  |
| C002  | M001L |   15000  |   1  |
| C003  | KO41L |    1700  |   1  |
| C003  | W021L |    4000  |   1  |
+-------+-------+----------+------+
```

図 2.11 delete 文 (ab) の実行後の明細テーブルの内容

2.5 ビュー

ビューは select 文で定義される仮想的なテーブルである．ビューは，実テーブルと同様に select 文の from 句に記述することができる．ビューを使うと select 文を簡潔に記述できることから，開発の効率化が図られる．

2.5.1 ビューの定義と利用

ビューを定義するための create view 文の基本構文を (ad) に示す．

```
create view <ビュー名> as select 文;                    ---(ad)
```

(ae) に示す create view 文は，商品テーブルと明細テーブルを結合し，注文 ID，商品 ID，商品名，標準価格，販売価格，数量 から構成される「商品明細」ビューを定義する．

```
create view 商品明細 as
select 注文ID,S.商品ID,商品名,標準価格,販売価格,数量 from 商品 as S, 明細 as C
where S.商品ID=C.商品ID;                                ---(ae)
```

SQL 文では，「商品明細」ビューは実テーブルと同様に扱うことができる．図 2.12 は，(af) に示す select 文の実行結果である．

```
select * from 商品明細;                                 ---(af)
```

```
+-------+-------+------------------+---------+---------+------+
| 注文ID | 商品ID | 商品名            | 標準価格 | 販売価格 | 数量 |
+-------+-------+------------------+---------+---------+------+
| C001  | KO41L | ポンチョ          |   1700  |   1700  |   2  |
| C002  | KB55S | ハーフパンツ       |   1800  |   1800  |   3  |
| C002  | M001L | ダウンジャケット    |  15000  |  15000  |   1  |
| C003  | KO41L | ポンチョ          |   1700  |   1700  |   1  |
| C003  | W021L | テーラードジャケット |   4000  |   4000  |   1  |
+-------+-------+------------------+---------+---------+------+
```

図 2.12 select 文 (af) の実行結果

2.5.2 更新可能ビュー

ビューの列と実テーブルの行と列が 1 対 1 に対応付けられていれば，insert 文，update 文，delete 文によってビューを使ってデータ更新ができる．複数のテーブルを結合したビューであっても，ビューの行と列が実テーブルの行と列に 1 対 1 に対応付けられ，かつ，ビューから見えない列に null 値またはデフォルト値が許可されていれば更新可能である．

一般に，以下の構文要素を含む select 文で定義されたビューは，ビューの列と実テーブルの行と列が 1 対 1 に対応付けられないので，更新可能ビューではない．

1) 集約関数，group by 句，having 句を使用している．
2) distinct, union を使用している．
3) 派生列（count(SID)+1 など）を使用している．

(ag) に示す update 文は，正常に実行され，「商品明細」ビューを通して「明細」テーブルが更新される．図 2.13 は，この update 文の実行後の「明細」テーブルを (ac) に示した select 文で表示した結果である．商品 ID 'KB55S' の数量が 3 から 4 に更新されている．

```
update 商品明細 set 数量=4 where 注文ID='C002' and 商品ID='KB55S';   ---(ag)
```

```
+--------+--------+----------+------+
| 注文ID | 商品ID | 販売価格 | 数量 |
+--------+--------+----------+------+
| C001   | KO41L  |     1700 |    2 |
| C002   | KB55S  |     1800 |    4 |
| C002   | MO01L  |    15000 |    1 |
| C003   | KO41L  |     1700 |    1 |
| C003   | WO21L  |     4000 |    1 |
+--------+--------+----------+------+
```

図 **2.13** update 文 (ag) の実行後の明細テーブルの内容

(ah) に示したように，集約関数を使ってビューを定義することもできる．図 2.14 は，「明細集約」ビューの内容を表示したものである．

```
create view 明細集約 as
select 注文ID,sum(販売価格*数量) as 販売合計
from 明細 group by 注文ID;                                         ---(ah)
```

「明細集約」ビューは集約関数と group by 句を使って定義されているため，販売合計の値を更新することはできない．(ai) に示す update 文を実行すると，「明細集約」ビューが更新不可であるというエラーが発生する．

```
+--------+----------+
| 注文ID | 販売合計 |
+--------+----------+
| C001   |     3400 |
| C002   |    22200 |
| C003   |     5700 |
+--------+----------+
```

図 2.14 「明細集約」ビューの内容

```
update 明細集約 set 販売合計=20000 where 注文ID='C002';        ---(ai)
```

なお，MySQL for Excel では，ビューの更新はサポートされていない．

演習問題

設問1 SQL 文を用いて図 2.1 の会員リレーションに相当する会員テーブルを定義せよ．列名とデータ型を以下の表に示す．

列名	列の型および長さ	キー
会員 ID	半角 4 文字	主キー
会員名	全角文字列 30 文字	
メールアドレス	半角 30 文字	
住所	全角文字列 30 文字	

設問2 会員テーブルに，以下の会員データを登録せよ．

会員 ID	会員名	メールアドレス	住所
M003	矢沢　大吉	yazawa@ho.ac.jp	北海道札幌市中央区
M004	知花　クララ	chi@oo.ac.jp	大阪府大阪市北区

設問3 図 2.1 の商品テーブルから，サイズが "M" である商品データを検索する SQL 文を作成せよ．

設問4 図 2.1 の商品テーブルから，商品名の最後が "ツ" である商品データを検索する SQL 文を作成せよ．

設問5 注文 ID ごとの合計金額を求めよ．
ヒント：販売価格と数量の積は，販売価格*数量 と記述する．

第3章 データモデリング

📖 学習のポイント

第2章で，データベースの理論（リレーショナルデータモデル）と実装方法（SQL），およびデータベースにおけるデータの表現方法を学んだ．第3章からは，実際の業務から，データベースを設計・定義し，アプリケーションを実装する方法を学習する．システム開発におけるデータベース設計の方法論として，データモデリングがある．データモデリングとは，システム化する業務が対象としている実世界から，過不足なく，その実世界の情報またはデータを抽出し，抽出した結果を表現する方法論である．データモデリングによって，設計の過程を視覚的に表現することが可能となり，システムの品質向上や生産性向上を実現できる．第3章では，カジュアルウェアショップシステムを対象にして，データモデリングを演習する．

- データモデリングについて理解する．
- データモデリングのためのツールである実体関連図（ER図）について理解する．
- 実体関連図（ER図）を利用して，データモデリングの手順である，実体の抽出，関連の設定，属性の設定について実習する．

🔑 キーワード

データモデリング，データモデル，実体，実体関連図，ER図，関連，多重度，リレーションシップ図，属性，具体値，主キー，外部キー，候補キー，1対多，1対1，多対多

3.1 データモデリングとは

データモデリングとは，システム化する業務が対象としている実世界から，過不足なく，その実世界の情報またはデータを抽出し，抽出した結果を表現する方法論である．本書では，このデータモデリングの手法を用いて，業務システムのデータベースを設計する．

システムを開発するとき，まず，現実の世界のデータを正しく知る必要がある．新しいシステムを開発することを考えよう．例えば，本書で取り上げるカジュアルウェアショップシステムである．1.5.2項に記述されている現在の業務（店頭販売）で，商品や売上情報（レシート）を取り扱っている．これらのデータは，1.5.4項の新しいシステム内でも当然取り扱う必要があ

る．データモデリングとは，このようなシステムで取り扱うデータの構造を決定することである．また，データモデリングによって作成される途中または最終的な成果物をデータモデルという．

データ構造を表記するために適した方法は，モデル化することである．モデルとは，本質だけを表現するために，複雑さを排除し，単純化するための方法またはツールである．一般的に，単純な図形を組み合わせた図式を用いて，視覚的に表現する．図式にすることによって，対象を俯瞰して全体像を把握できるようになる．

モデルは，明確な書式と意味をもつ一種の標準言語である必要がある．これによって，データモデルを作成する人，それをチェックする人，それを使ってシステムを実装する人たちが，同じ認識で，データモデルを理解することができ，コミュニケーションを向上させ，システムの品質を向上させることができる．

また，明確な言語であれば，コンピュータによる自動解釈が可能となり，作成されたデータモデルから，システムの一部を自動的に生成することが可能となる．これによって，システムの生産性を向上させることができる．

本書で採用する実体関連図（以下，ER図）は，データモデルのための事実上の標準言語となっており，多くの利用者がいることから，ER図を作成するためのソフトウェアが開発され，安価で利用することができる．本書では，ER図を作成するために，フリーソフトのA5:SQL Mk-2（以下，A5M2）を使用する．A5M2は，作成したER図から，本書で使用するデータベース管理システムMySQLで利用できるDDLを自動生成することができる．

3.2 データモデリングの手順

データモデリングは，表3.1に示すように，①実体の抽出，②関連の設定，③属性の設定，④正規化，⑤多対多の解消，⑥最適化の手順で実施する．

①～③の手順は，業務の視点で実施する手順であって，システム開発者だけでなく，業務に精通しているシステムの利用者も参加することが重要である．④～⑥の手順は，実装の視点で実施する手順であって，利用者も参加することが望まれるが，主にはシステム開発者が実施する．

表 3.1 データモデリングの手順

分類	手順	手順の説明	手順実施時に必要な知識
業務の視点	① 実体の抽出	3.4節「実体の抽出」	3.3節「実体関連図」，第4章「データモデルパターン」，5.1節「正規化」
	② 関連の設定	3.5節「関連の設定」	
	③ 属性の設定	3.6節「属性の設定」	
実装の視点	④ 正規化	5.2節「正規化の反映と多対多の解消」	
	⑤ 多対多の解消	5.2節「正規化の反映と多対多の解消」	
	⑥ 最適化	5.3節「最適化」	

本書は，できるだけ機械的な手順で実施できるよう説明しているが，意味的な確認なしで進めると意図通りのモデルを得られない場合がある．第 4 章で，実体のパターンや 1 対多や 1 対 1 などのパターンごとに，そのパターンの意味やそのパターンを選択する考え方を説明して，データモデリングの手順を補完する．実際のモデリングでは，必要なら前の手順に戻って，その手順での見直しを行う反復型の方法をとることが多い．

3.3 実体関連図（ER 図）

ER 図とは，データを主に「実体」(entity)，「関連」(relationship)，「属性」(attribute) という 3 つの構成要素でモデル化する ER モデルを図で表したもので，データベースの設計において，広く用いられている．

図 3.1 は，A5M2 を利用して，実体として「学生」と「学部」を挙げ，各実体に属性になるデータ項目を決め，線で結ぶことでそれらの関連を表現したものである．ここで，例えば実体の「学生」は，学生一人ひとり，例えば A さんや B さんのような具体値 (instance) を表すのではなく，学生の全体を表す総称である（図 3.2）．

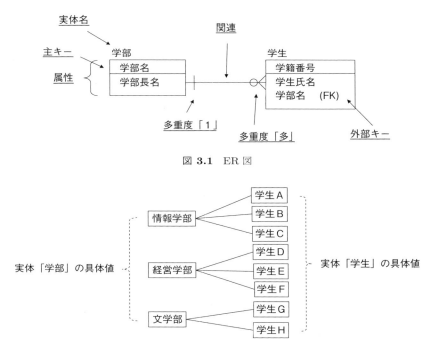

図 3.1 ER 図

図 3.2 実体と具体値

ER 図は，主に次の事項を図として表現できる．

(1) 実体

(2) 実体の属性（主キー，外部キーを含む）
(3) 実体間の関連と多重度

ER図は，実体を表す四角の枠内を2つの領域に分け，上段に主キー，下段に主キー以外の属性を指定する．実体は，リレーショナルデータベースではテーブルに相応する．外部キーである属性には「(FK)」を付ける．

2つの実体の間に線があれば，実体間に関連があることを示す．各関連は，2つの実体の間の数の関係を示す多重度 (cardinality) によって，「1対多」，「1対1」，「多対多」のいずれかに分類される．図3.1の例では，学生1人は1学部のみに所属し，1学部は多数の学生が所属するため，「学部」と「学生」の関連は，「1対多」である．多重度は，線の端の表記によって区別され，それぞれ，図3.1のとおり表記する．1対多の場合，1側の実体を親の実体，多側の実体を子の実体という．

Accessでは，独自の表記方法をとるリレーションシップ図がER図に対応する．

3.4 実体の抽出

3.4.1 実体とは

実世界では，さまざまな「もの」が存在し，それを利用する活動である「こと」が，お互いに関連しあって成り立っている．データモデリングにおける「実体」とは，対象の実世界に実際に存在する具体的な「もの」や「こと」を抽象化したものである．

具体的な実世界として，大学の運営を考えてみよう．図3.1では，ER図の説明として大学を例に学生と学部を取り上げたが，もう少し広く大学を捉えることにする．大学の「もの」としての「実体」は，学生，教員，学部，開講科目が挙げられる．また，「こと」としての「実体」は，開講科目登録，履修登録，成績登録が挙げられる．大学における「こと」とは，大学の運営を行うときに行うべき活動であり，これを実行するためには，大学の「もの」を利用しなければならない．例えば，履修登録という「こと」は，学生と開講科目を結びつける作業であり，「もの」としての学生と開講科目が必要である．このように，「もの」と「こと」の双方の「実体」によって，大学運営が行われる．

具体値すなわち具体的な固有のものは，「実体」ではない．図3.2に示したように，Aさん，Bさんは，実体「学生」の具体的なものの1つであり，具体値という．「実体」とは，これらの具体的なものをまとめた抽象概念であり総称である．また，図3.1で示したように，学籍番号，氏名，学部名，学部長名は，実体ではなく，学生や学部という「実体」を構成する要素（属性）として取り扱う．

もう1つの例として，企業の情報システムを開発するときに対象となる「実体」を考えよう．企業活動という視点では，「もの」を経営資源，「こと」を業務と読み替えて，「実体」を捉えることができる．本書で取り上げる例題のカジュアルウェアショップでは，経営資源としては，商品，倉庫などが対応する．また，経営資源には，すでに挙げた商品などの有形の資源だけで

はなく，カテゴリー（商品を分類するための概念）などの無形の資源も含む．業務としては，注文，商品登録などが対応する．ここでも，「実体」と具体値すなわち具体的な固有のものとの違いを確認しておこう．商品を例にとると，ネットショップで購入して会員が手にするものは，商品という「実体」の具体的なものの1つである．また，倉庫を例にとると，東京倉庫や大阪倉庫は，倉庫という「実体」の具体的なものの1つである．

　企業などの活動は，この「実体」を使い，また「実体」によって動かされている．この「実体」が，コンピュータシステムの重要な要素であるデータベースの基となる情報である．

　「実体」を抽出するステップは，システム化対象業務で取り扱う必要のあるこれらの「実体」を抽出する作業である．データモデリングのインプットは，開発するシステムの機能やシステムが動作する条件を記述した文書である要求仕様書である．要求仕様書には，対象とする経営資源や業務仕様が記述されており，そこから「実体」を抽出する．本書の要求仕様は1.5節に記述されている．

　システム開発の経験者は，リソース系とイベント系のテーブルを抽出することと捉えてもよい．「実体」にあてはめれば，リソースは「もの」に，イベントは「こと」に対応する．データベースでいうと，「実体」が「テーブル」，具体値（具体的なもの）が「行」，属性が「列」に対応する．ただし，データモデリングの最初のステップ「実体の抽出」で抽出する「実体」は，実世界を映したもので，データベースにおけるテーブルとは必ずしも1対1に対応するものではないということに注意する必要がある．

　すべての「実体」を正確に抽出するのは，簡単なことではない．しかし，システム化対象の業務を眺めてみると，重要な「実体」を列挙することはできる．この作業では，まずは，ここで抽出した「実体」をもとに以降のステップに進み，必要なら新たな「実体」を追加するなど見直せばよい．

3.4.2　実体の抽出

　1.5節を参照しながら，カジュアルウェアショップシステムの実体を抽出する．

　経営資源としては，カテゴリー，グループ，商品，倉庫が挙げられる．また，ネットショップから送信される電子的な情報である，会員情報，注文情報，支払情報が挙げられる．また，業務としては，カテゴリー登録，グループ登録，商品登録，会員登録，注文処理，支払処理，倉庫管理，入金一覧作成，在庫一覧作成が挙げられる．

　1.5.2項の現在の業務にも目を向けてみよう．経営資源としては，商品，商品台帳，レシートがあり，これらは新しい業務においても引き継ぐことになるので，すでに挙げた実体に，含まれるか確かめることで，この手順の作業がより確実なものになる．

　実体の候補が挙がったところで，具体値や属性が，実体として採用されていないか確認する．例えば，1.5.4項(1)(a)のカテゴリー登録の説明の中で，「男性」，「女性」，「子供」は，「カテゴリー」の具体値であるので，実体の対象外とする．また，「カテゴリーID」，「カテゴリー名」は，「カテゴリー」の属性であるので，実体の対象外とする．

　以上のように実体の候補が抽出されたが，実体は，データベースのテーブルの元となるもの

であるので，データベースに影響を及ぼす，すなわち登録，更新，削除を行うもののみを選択すべきである．候補の中の入金一覧作成や在庫一覧作成は，データベースの情報を利用する業務であるので，データモデリングの対象から除外する．これらの候補は，システムの実装段階で，データベースの構造に影響を与える場合があるので，データモデリングにおける最適化という手順において，改めてデータモデルがすべての業務の要求を満たしているか考慮する．最適化については，5.3 節に示す．1.5.4 項 (3)(b) の在庫管理については，実体の抽出の不備があったという想定で，抽出する実体から除外することとする．この不備の修正は，データモデリングの最適化（5.3 節）で解消される．

　実体の候補が洗い出された後は，それらの整理を行う．整理する方法は以下のようなものである．なお，これらは，後に実施する属性の設定時にも同じく必要な作業である．
- 修飾的な言葉は取り除いて，実体そのものを表す簡潔な名詞とする．
- 業務の用語を利用する．
- 異音同義語（同じ意味の異なる語句）は，統一して，1 つの実体とする．
- 同音異義語（同じ語句でも異なるもの）は，別の実体とする．

　会員情報，注文情報，支払情報，カテゴリー登録，グループ登録，商品登録，カテゴリー台帳，グループ台帳は，情報や登録の修飾語を取り除いて，それぞれ，会員，注文，支払，カテゴリー，グループ，商品，カテゴリー，グループとする．

　レシートと注文は，この業務にとって異音同義語であると判断できるので統一する．新しい名前として，新しい業務の用語である注文を採用する．以下が抽出した実体である．

　　　　　商品，会員，倉庫，注文，支払，カテゴリー，グループ

　以上の作業の結果として抽出された実体の候補と選定結果を表 3.2 に示す．表 3.2 の候補欄は，最も適応する箇所にチェック（✓）する．最終的に選定された実体は，データモデリングの次のステップに備えて，実体だけを記述した ER 図（図 3.3）を作成する．

　実体は，データベースのテーブルのもとになる情報である．データモデリングの手順の中で，実体は分割や統合が行われて，最終的な実体がテーブルになる．

表 3.2 実体の候補と選定結果

	候補の種類		選定の結果
	もの	こと	実体
	経営資源（リソース）	業務（イベント）	
商品	✓		✓
会員	✓		✓
倉庫	✓		✓
注文		✓	✓
支払		✓	✓
カテゴリー	✓		✓
グループ	✓		✓
入金一覧作成		✓	
在庫一覧作成		✓	

図 3.3　実体だけの ER 図

3.5　関連の設定

　データモデリングにおける実体の抽出が完了した次のステップは，抽出した実体の間に関連を設定する作業である．

　任意の 2 つの実体において，これらの実体に関係があると判断した場合，関連を設定する．このとき，関連に多重度を設定する必要がある．図 3.1 では，1 対多の多重度の例を示したが，関連には，1 対多，1 対 1，多対多の関連がある．

　1 対 1 のケース，例えば実体「注文」と実体「支払」を考えよう．支払は，特定の注文に対して行われるものであることから，実体「注文」と実体「支払」は関連をもつと判断できる．関連を考えるとき，関係すると思われる実体の具体値を想定するのがよい．図 3.4 は，実体「注文」と実体「支払」の関連を考えるために作成したものである．楕円は実体の具体値を表し，楕円の外の文字列（例：注文の C001）は具体値を識別するための値，楕円の中の文字列は具体値がもつ（属性の）値を示す．また，関係する具体値間を点線で結びつけている．ある注文の具体値 C001 に対して，支払は一度しか行われない（ネットショップのルール）．一方，支払情報は，1 つの注文に対して行われるものである．どちらも相手は 1 つしか存在しないので，1 対 1 である．注文 C002 が後払いとすると，図 3.4 のように，注文 C002 に対応する支払がない状態が存在する．

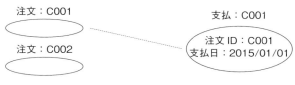

図 3.4　1 対 1 の関連

　1 対 1 の場合，親子の関係を明確にする必要がある．支払は，注文が存在することによって発生するため，「注文」が親の実体で「支払」は子の実体となる．1 対 1 をいうとき，左が親で，右が子を示す．このケースでは，"「注文」対「支払」の多重度は，1 対 1 である"という．1 対多の関係においても，1 側の実体が親で，多側の実体が子となる．

　多対多のケース，例えば，実体「商品」と実体「注文」を考えよう．図 3.5 は，実体「商品」と実体「注文」の関連を考えるために作成したものである．ネットショップでは，複数の別々の

商品を 1 回で注文することができるので，注文 C001 に対して，複数の商品，ダウンジャケットと T シャツが関係することがある．また，商品の T シャツは，複数の注文 C001 と C002 に現れるので，1 つの商品情報に対して複数の注文情報が関係することがある．したがって，実体「注文」対実体「商品」は，多対多の関連となる．

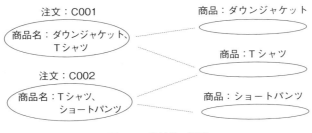

図 3.5　多対多の関連

実体「倉庫」対実体「商品」も多対多の関連となる．実体「倉庫」の具体値には複数の種類の商品があり，実体「商品」の具体値は複数の倉庫に保管されるからである．

このように，実体間の関連を決定し，これを ER 図で記述する．関連を設定した ER 図を図 3.6 に示す．1 対 1 の多重度は，実体「注文」対実体「支払」のように記述する．また，多対多の多重度は，実体「注文」対実体「商品」，実体「倉庫」対実体「商品」のように記述する．

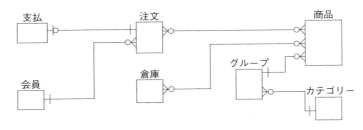

図 3.6　関連を設定した ER 図

すべての 2 つの実体に関連が考えられるが，図 3.7 のように，親から子への関連のパスが複数通り考えられるときは，カテゴリーと商品の関連は冗長である．このような場合は，この関連を削除し，データモデルを簡素化することを考える．

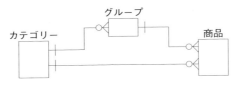

図 3.7　冗長な関連をもつ ER 図

3.6 属性の設定

3.5 節の関連の設定のステップの後は，主キーや外部キーを含む属性を設定する．表 3.3 は，本節によって，抽出した属性である．

表 3.3 属性

実体	決定した属性
商品	<u>商品 ID</u>，商品名，サイズ，標準価格，グループ ID
会員	<u>会員 ID</u>，会員名，性別，メールアドレス，郵便番号，住所
倉庫	<u>倉庫 ID</u>，倉庫名，倉庫住所
注文	<u>注文 ID</u>，会員 ID，会員名，メールアドレス，郵便番号，住所，注文日，合計，商品 ID，商品名，サイズ，販売価格，数量，小計
支払	<u>注文 ID</u>，支払日
カテゴリー	<u>カテゴリー ID</u>，カテゴリー名
グループ	<u>グループ ID</u>，グループ名，カテゴリー ID

下線の項目は，主キーを示す．

3.6.1 属性候補の抽出

1.5 節から，実体ごとに，その実体に関係する属性の候補を抽出する．例えば，実体「商品」については，1.5.4 項 (1)(c) の商品登録の記述から，「商品 ID」，「商品名」，「サイズ」，「標準価格」，「所属するグループ ID」が抽出される．

属性の候補が洗い出された後は，それらの整理を行う．整理する方法は以下のようなものである．
- 修飾的な言葉は取り除いて，属性そのものを表す簡潔な名詞とする．
- 業務の用語を利用する．
- 異音同義語（同じ意味の異なる語句）は，統一して，1 つの属性とする．
- 同音異義語（同じ語句でも異なるもの）は，別の属性とする．

実体「商品」の属性の候補の中で，「所属するグループ ID」は，「グループ ID」と同一の名詞であるので，「グループ ID」という名前にする．「所属するカテゴリー ID」も同様の措置を行う．実体ごとに抽出した属性の候補を，表 3.3 に示す．

実体「注文」の属性について，1.5.4 項 (2)(b) に記述されている注文処理で，1 つ以上の注文商品の情報があることが記述されていることから，属性に関して次のように対応する．繰返しの対象となる属性「商品 ID」，「商品名」，「サイズ」，「販売価格」，「数量」，「小計」について，便宜的に 2 つ指定できるとして，1 と 2 の接尾語をつけて，複数指定が可能であることを示すこととする．例えば，「商品名」については，「商品名 1」，「商品名 2」を属性とする．

3.6.2 主キーと外部キーの設定

主キーについて，属性の候補の中に適当なものが含まれない場合は，システムの主キーの命名方法に従って追加する．このシステムでは，実体の名前に「ID」を付けることとする．

各実体に対して，複数の候補キーがあれば，それらの候補キーから主キーを選定する．会員には，「メールアドレス」という属性があり，これは会員を一意に識別することができるので，候補キーである．また，すでに主キーとして設定済みである「会員ID」も候補キーである．このシステムでは，ネットショップにおける会員の識別子は「会員ID」であるので，「会員ID」を主キーとする．候補キーについては，2.2.4項参照とする．

主キーが決定したら，関連する実体に対して，外部キーの設定を行う．抽出した属性の候補の中に，外部キーがない場合は，対応する主キーと同じ名前の外部キーを追加する．

関連が1対多の場合は，図3.8(a)のように，多（子）側の属性として外部キーを設定する．

関連が1対1の場合は，図3.8(b)のように，子側の主キーを外部キーとする．子の実体側（支払）の主キーの値は，親の実体側（注文）の主キーと同じ値をもつことになるので，図3.8(b)のように，子側の主キーの名前を，親側の主キーの名前にしてもよい．

関連が多対多の場合は，図3.8(c)のように，外部キーの設定は行わない．多対多は，リレーショナルデータベースにおけるテーブル構造として適さないため，データモデルの変換が必要である．この変換を行うまで，この時点では外部キーの設定を行わないこととする．多対多の解消については，4.7節，5.2節で説明する．

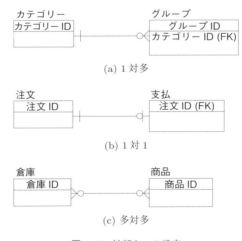

図 3.8　外部キーの設定

3.7　業務の視点でのデータモデルの完成

3.6節までの手順を実施した結果，図3.9のデータモデルが作成された．図3.10は，図3.9

の実体の具体値の例を示している（メールアドレスなどの一部の属性を省略している）.

なお，この章の方法で作成したデータモデルは，業務の視点で作成したもので，必ずしもリレーショナルデータベースとして適した構造とは限らない．以降の作業によって，データベースに適したものに変換する.

図 3.9 属性を設定した ER 図

支払

注文 ID	支払日
C001	2015/01/01

倉庫

倉庫 ID	倉庫名
SK13	東京
SK27	大阪

商品

商品 ID	グループ ID	商品名	標準価格
MO01L	MO	ダウンジャケット	15000
MT08M	MT	T シャツ	1500
WB35S	WB	ショートパンツ	1700

会員

会員 ID	会員名
M001	A
M002	B

グループ

グループ ID	カテゴリーID	グループ名
MO	M	アウター
MT	M	トップス
WB	W	ボトムス

カテゴリー

カテゴリーID	カテゴリ名
M	男性
W	女性

注文

注文 ID	会員 ID	会員名	…	合計	商品 ID1	商品名 1	…	数量 1	小計 1	商品 ID2	商品名 2	…	数量 2	小計 2
C001	M001	A	…	18000	MO01L	ダウンジャケット	…	1	15000	MT08M	T シャツ	…	2	3000
C002	M002	B	…	6600	MT08M	T シャツ	…	1	1500	WB35S	ショートパンツ	…	3	5100

図 3.10 実体の具体値の例

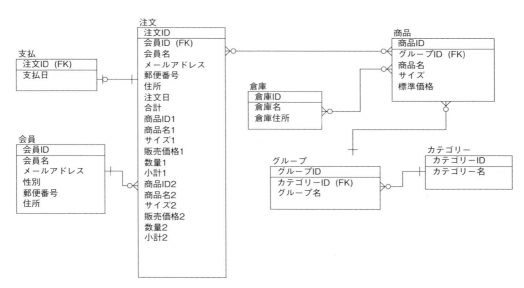

3.8 データモデルの確認作業

作成されたデータモデルが，対象とする業務の経営資源（リソース）や業務（イベント）を網羅しているか確認する．また，逆に，データモデルから，対象とする業務およびその情報を説明できるか確認する．この確認作業は，システム開発者だけでなく，システムの利用者も参加して実施することが重要である．この時点での誤りは，後に多大なコストにつながるので，慎重に行う必要がある．

演習問題

設問 1 実体について，以下の設問に解答せよ．
　　　　以下は，ある企業を説明した文章である．
　　　　　　(1) 商品を発注する業務がある．
　　　　　　(2) 倉庫へ商品を入庫する業務がある．
　　　　　　(3) 倉庫から商品を出庫する業務がある．
　　　　　　(4) 支店は関東地区に 5 か所，関西地区に 3 か所ある．
　　　　　　(5) 従業員は，1 つの支店に配属されている．
　　　[問 1]　この企業の実体を抽出せよ．
　　　[問 2]　それぞれの実体を，実体の種類（もの，こと）に分類せよ．
設問 2 関連について，以下の設問に解答せよ．
　　　[問 3]　設問 1 の (4) から抽出される 2 つの実体の間の関連の多重度（1 対多，1 対 1，多対多）を示せ．
　　　[問 4]　その理由を，具体値の例を示して，説明せよ．
　　　[問 5]　問 3 の 2 つの実体における「属性の設定」を行った ER 図を作成せよ．主キー，外部キーを含め，属性は次のように設定すること．
　　　　　　・実体ごとに，1 つ主キーを設定し，その名前は，実体名に ID を付加したものとする．
　　　　　　・実体「支店」に対して，「支店名」を属性として設定する．
　　　　　　・実体「地区」に対して，「地区名」を属性として設定する．

第4章
データモデルパターン

□ 学習のポイント

　第 3 章で，業務の視点でデータモデリングの手順を説明した．第 5 章では，実装の視点でデータモデリングを進めて，リレーショナルデータベースのテーブルに適した構造へ変換する．第 5 章は，データモデリングを機械的な手順を経て実施できるよう説明するが，意味的な確認なしで進めると意図とおりのモデルを得られない場合がある．本章では，1 対多や 1 対 1 など実体の関連のパターンごとに，その典型例を使って，そのパターンの意味やそのパターンを選択する考え方を説明して，データモデリングの手順を補完する．

- データモデルパターンについて理解する．
- 1 対多，1 対 1，多対多，1 対多の連鎖（1 対多対多），1 対多対 1，多対 1 対多のデータモデルパターンを理解する．
- 集計値をもつ実体のパターンを理解する．

□ キーワード

　データモデルパターン，1 対多，1 対 1，多対多，1 対多の連鎖（1 対多対多），1 対多対 1，多対 1 対多，複合主キー，単一主キー，実体，具体値

4.1　データモデルパターンとは

　データモデルには，いくつかの典型的なパターンがある．本書では，これらのパターンをデータモデルパターンと呼ぶこととする．本章では，データモデルパターンを，実体間の関連のパターンに分類して説明する．2 つの実体間の関連においては，1 対多，1 対 1，多対多に分類し，3 つの実体間の関連においては，1 対多の連鎖（以下，1 対多対多と呼ぶ），1 対多対 1，多対 1 対多に分類する．それぞれのパターンにおいて，その典型例を使って，そのパターンの意味やそのパターンを選択する考え方を説明する．

4.2 1対多

4.2.1 典型的な1対多

1対多は関連の原則であって，ほとんどの関連は1対多となる．典型的な1対多は，1側（親の実体）の具体値が先に存在して，多側（子の実体）の具体値が後から関連付けられる．図3.9において，実体「グループ」と実体「商品」は，1対多の関係がある．実体「グループ」の具体値「トップス」が先に登録され，その後に，実体「商品」の具体値「Tシャツ」が登録される．1対多が親子に例えられるのは，1対多の典型例が，親が先にあって，その後に子が複数作られるということと一致するためである．

4.2.2 属性の繰返し

実体がテーブルとして適した形式になるための原則として，属性の繰返し構造を含まないことが挙げられる（2.2.2項参照）．したがって，繰返し構造があれば，その解消を行う必要がある．繰返し構造は，1対多へ変換して解消する．

図4.1(a)の実体「注文」は，図3.9の実体「注文」の一部の属性を示したもので，商品ID，商品名，数量を繰返しもつ構造である．この実体では，2回の繰返しを可能としているが，図4.2(a)のように，実際の注文で2つの商品しか購入できないのでは少なすぎる．一方，あまりに大きな数を想定すると，ほとんど使用しない無駄な領域をデータベースとして確保する必要がある．

繰返しを含む実体は，繰返しの属性のまとまりを分離して，実体「注文」を親，分離した実体を子とする1対多の関連に変換することによって，上述の問題を解消できる．分離した子の実体は，「明細」などという名称を付ける．図4.1(b)は，図4.1(a)を以下の手順で1対多に変換した実施例である．

- 分離前の実体（ここでは「注文」）において，分離する属性（ここでは「商品ID」，「商品名」，「数量」）を決める．
- 分離する新しい子の実体（ここでは「明細」）を作成する．
- 新しい子の実体（ここでは「明細」）で，以下を行う．
  分離する属性（ここでは「商品ID」，「商品名」，「数量」）を，新しい子の実体（ここでは「明細」）に設定する．また，分離前の実体（ここでは「注文」）の主キー（ここでは「注文ID」）を，新しい子の実体（ここでは「明細」）の属性として追加し，この属性を分離前の実体（ここでは「注文」）への外部キーとする．主キーは，繰返しの個々の単位を識別する属性（ここでは「商品ID」）と，外部キーとした属性（ここでは「注文ID」）からなる複合主キーとする．
- 分離後の親の実体（ここでは「注文」）で，以下を行う．
  分離する属性（ここでは「商品ID」，「商品名」，「数量」）を削除する．

図 4.2(b) は，図 4.1(b) の具体値の例である．図 4.2(b) では，1 回の注文で何個の商品でも購入できる構造である．

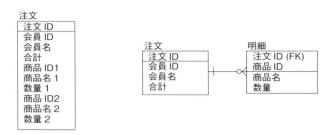

(a) 繰返しを含む実体　　　　(b) 繰返しを解消した 1 対多の実体

図 **4.1**　繰返しの変換パターン

注文

注文 ID	会員 ID	会員名	合計	商品 ID1	商品名 1	数量 1	商品 ID2	商品名 2	数量 2
C001	M001	A	18,000	M001L	ダウンジャケット	1	MT08M	T シャツ	2
C002	M002	B	6,600	MT08M	T シャツ	1	WB35S	ショートパンツ	3

(a) 繰返しの具体値の例

注文

注文 ID	会員 ID	会員名	合計
C001	M001	A	18,000
C002	M002	B	6,600

明細

注文 ID	商品 ID	商品名	数量
C001	M001L	ダウンジャケット	1
C001	MT08M	T シャツ	2
C002	MT08M	T シャツ	1
C002	WB35S	ショートパンツ	3

(b) 変換後の 1 対多の具体値の例

図 **4.2**　繰返しの変換パターンの具体値の例

リレーショナルデータモデルでは，このような繰返し構造を含まないことが前提となっており，リレーショナルデータモデルを前提とする SQL は，変換後の構造に適した機能を提供する．図 4.2(b) の具体値の例をテーブルとみなすと，注文された商品数の総計「7」($1+2+1+3$) は，以下の (a) のような簡単な SQL 文で求めることができる．

```
select sum(数量) from 明細;                                    ---(a)
```

典型的な 1 対多の関連と異なるところは，実体「注文」と実体「明細」は，注文という業務（イベント）が発生したときに，同時に発生する実体間の関連だということである．このような 1 対多の実体の具体値は，同時に発生することから，業務では 1 つの画面でこれらの情報を入

力できるよう設計するなど特別な配慮を行うことがある.

図 4.3 は，図 4.1(b) の代替形である．図 4.1(b) が，複数の属性で構成する主キー（複合主キー）を使用しているのに対して，図 4.3 は，実体「明細」に，1 つの主キー（単一主キー）（ここでは「明細 ID」）を設定し，「注文 ID」，「商品 ID」を主キー以外の属性としている．「明細 ID」は，実体「明細」の具体値を識別するだけの目的で使用する主キーであり，単なる連番のような情報を使用してもよい．図 4.3 の具体値の例を図 4.4 に示す．この形のメリットは，関連する実体の主キーや外部キーの数を常に 1 つに保つことができることである．これによってデータモデルの構造が複雑になることを抑えることができる．アプリケーションを作成することを支援するツールには，単一主キーであることを必須とする，または推奨するものがあるので，実装方法も考慮して選択する.

図 3.8(a) で 1 対多の関連における主キーと外部キーの設定方法を示したが，図 4.1(b) のように，子側の複合主キーの一部が，親の主キーに対する外部キーとなる場合も 1 対多の関連を示す．図 4.3 は，図 3.8(a) と同じ形式である.

ここで示した繰返しを含む実体の変換は，第 1 正規化という確立された手法を利用して実施した．第 1 正規化についての正確な手法で変換すべきであると判断する場合は，5.1.2 項を参照とする.

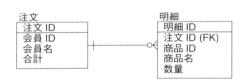

図 4.3　1 対多のパターン（単一主キー）

注文					明細	明細 ID	注文 ID	商品 ID	商品名	数量
注文 ID	会員 ID	会員名	合計			D0001	C001	M001L	ダウンジャケット	1
C001	M001	A	18,000			D0002	C001	MT08M	T シャツ	2
C002	M002	B	6,600			D0003	C002	MT08M	T シャツ	1
						D0004	C002	WB35S	ショートパンツ	3

図 4.4　1 対多のパターン（単一主キー）の具体値の例

4.2.3　実体の入れ子構造

繰返しの解消を行った図 4.1(b) の実体「明細」は，さらに 1 対多への変換が必要である．図 4.5(a) は，図 4.1(b) の実体「明細」と同じ実体で，図 4.6(a) はその具体値の例である．この実体「明細」の問題点は，2 つある．第 1 の問題点は，商品名「T シャツ」の変更が必要になったとき，商品 ID が「MT08M」の 2 つの具体値の商品名を修正する必要があり，一方の修正を怠るなどの修正ミスの可能性を含んでいる．第 2 の問題点は，実体「商品」を作成していな

い状態が前提であるが，注文していない商品，例えば，ブラウスはデータベース上に存在しないことである．そこで，ブラウスを登録するための1つの方法として，注文実績がない具体値を挿入し，「注文ID」を空値に設定すると，2.2.4項で示した実体整合性制約に違反して挿入できない．また，注文ID「C002」の2つの具体値を削除したとき，Tシャツは注文ID「C001」の具体値の中に残るが，ショートパンツの存在が削除されることになる．

　問題の原因は，1つの実体の中に，別の実体を含む，実体の入れ子構造が存在することである．この例では，実体「明細」の中に，実体「商品」があるということである．このような構造を見つけたときは，実体「明細」から，実体「商品」を分離して，実体「商品」を親，実体「明細」を子とする1対多の関連に変換することによって，上述の問題を解消できる．図 4.5(b) は，図 4.5(a) を以下の手順で1対多に変換した実施例である．

- 分離前の実体（ここでは「明細」）において，分離する属性（ここでは「商品 ID」と「商品名」）を決める．
- 分離する新しい親の実体（ここでは「商品」）を作成する．
- 新しい親の実体（ここでは「商品」）で，以下を行う．
  分離する属性（ここでは「商品 ID」と「商品名」）を，新しい親の実体に設定する．このとき，分離する主キー（ここでは「商品 ID」）を，新しい親の実体（ここでは「商品」）の主キーとする．
- 分離後の子の実体（ここでは「明細」）で，以下を行う．
  分離する主キー以外の属性（ここでは「商品名」）は削除し，分離する主キー（ここでは「商品 ID」）を，新しい実体への外部キーとする．

　図 4.6(b) は，図 4.5(b) の具体値の例である．図 4.6(b) では，商品名「Tシャツ」は1か所だけに存在するので，名前を変更するときは，ここだけの修正で済むことになる．また，注文をしていないが商品として存在するブラウスを含めることが可能となる．なお，図 3.9 では，すでに実体「商品」が存在するので，この変換後に実体「商品」の統合が必要となる．

　図 4.1(b) の実体「明細」について，上述のとおり1対多への変換を行ったが，実体「注文」においても，同様な目的で1対多への変換が必要である．図 4.7(a) は，図 4.1(b) の実体「注文」と同じ実体で，図 4.8(a) は，その具体値の例である．この実体「注文」の問題点は，2つある．第1の問題点は，会員名「A」の変更が必要になったとき，注文 ID が「C001」と「C003」の具体値の会員名を修正する必要があり，一方の修正を怠るなどの修正ミスの可能性を含んで

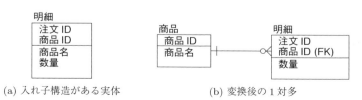

(a) 入れ子構造がある実体　　　　(b) 変換後の1対多

図 4.5　入れ子構造の変換パターン（実体「明細」）

明細	注文ID	商品ID	商品名	数量
	C001	MO01L	ダウンジャケット	1
	C001	MT08M	Tシャツ	2
	C002	MT08M	Tシャツ	1
	C002	WB35S	ショートパンツ	3

実体「商品」の属性

(a) 入れ子構造がある実体の具体値の例

商品	商品ID	商品名
	MO01L	ダウンジャケット
	MT08M	Tシャツ
	WB35S	ショートパンツ
	WT28M	ブラウス

明細	注文ID	商品ID	数量
	C001	MO01L	1
	C001	MT08M	2
	C002	MT08M	1
	C002	WB35S	3

(b) 変換後の1対多の具体値の例

図 4.6 入れ子構造を変換した実体の具体値の例（実体「明細」）

いる．第2の問題点は，実体「会員」を作成していない状態が前提であるが，注文していない会員Cはデータベース上に存在しないことである．そこで，会員Cを登録するための1つの方法として，注文実績がない具体値を挿入し，「注文ID」を空値に設定すると，2.2.4項で示した実体整合性制約に違反して挿入できない．また，注文ID「C002」の具体値を削除したとき，会員Bの存在も削除されることになる．

問題の原因は，前例と同様に，1つの実体の中に，別の実体を含む，実体の入れ子構造が存在することである．この例では，実体「注文」の中に，実体「会員」があるということである．このような構造を見つけたときは，実体「注文」から，実体「会員」を分離し，実体「会員」を親，実体「注文」を子とする1対多の関連に変換することによって，上述の問題を解消できる．図4.7(b)は，図4.7(a)を以下の手順で1対多に変換した実施例である．

実体の分離を行う手順は，次のようである．

- 分離前の実体（ここでは「注文」）において，分離する属性（ここでは「会員ID」と「会員名」）を決める．
- 分離する新しい親の実体（ここでは「会員」）を作成する．
- 新しい親の実体（ここでは「会員」）で，以下を行う．
  分離する属性（ここでは「会員ID」と「会員名」）を，新しい親の実体に設定する．このとき，分離する属性の中で主キーとなる属性（ここでは「会員ID」）を，新しい親の実体（ここでは「会員」）の主キーとする．
- 分離後の子の実体（ここでは「注文」）で，以下を行う．
  分離する主キー以外の属性（ここでは「会員名」）は削除し，新しい親の実体（ここでは「会員」）の主キーとした属性（ここでは「会員ID」）を，新しい親の実体（ここでは「会員」）への外部キーとする．

(a) 入れ子構造がある実体　　　　　(b) 変換後の1対多

図 4.7　入れ子構造の変換パターン（実体「注文」）

(a) 入れ子構造がある実体の具体値の例

(b) 変換後の1対多の具体値の例

図 4.8　入れ子構造を変換した実体の具体値の例（実体「注文」）

　図4.8(b)は，図4.7(b)の具体値の例である．図4.8(b)では，会員名「A」は，1か所だけに存在するので，名前を変更するときは，ここだけの修正で済むことになる．また，注文をしていないが会員として存在する会員Cを含めることが可能となる．なお，図3.9では，すでに実体「会員」が存在するので，この変換後に実体「会員」の統合が必要となる．

　ここで示した実体の入れ子構造を含む実体の変換は，第2正規化，第3正規化という確立された手法を利用して実施した．第2正規化，第3正規化についての正確な手法で変換すべきであると判断する場合は，5.1.3項と5.1.4項を参照とする．

4.3　1対1

　1対1は，1対多の特別な条件，すなわち子側の実体がせいぜい1つしかない場合に使用する．このパターンを使用する典型例として，業務（イベント）の状態が遷移することを記録する場合が考えられる．図4.9は，図3.9の実体「注文」（属性は一部）と実体「支払」を示したものである．注文という業務（イベント）が発生し，その注文の支払が行われて，それを処理する業務（イベント）を記録するために，実体「支払」を使用する．図4.10は，図4.9の具体値の例である．販売の経過のように，「見積り」→「顧客検討」→「受注」または「失注」とい

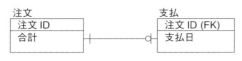

図 4.9　1 対 1 のパターン

注文			支払	
注文 ID	合計		注文 ID	支払日
C001	18,000		C001	2015/01/01
C002	6,600		C003	2015/01/10
C003	1,500			

図 4.10　1 対 1 の具体値の例

う状態があるような複雑な業務（イベント）の実体には特に有用である．

1 対 1 の関連の実体は，統合することができる．図 4.11 は，図 4.9 の実体「注文」と実体「支払」を統合したもので，図 4.12 はその具体値の例である．統合することによってデータモデルが簡素化されるが，支払日が空値のときは未払いという特殊なルール化が必要となる．このような処置は，システムの実装に適する形への変更に関する作業であり，「最適化」と呼ぶ．最適化は，データモデリングの最後の作業であり，正規化後に実施する．最適化については，5.3 節で詳細を示す．

注文
注文 ID
合計
支払日

注文		
注文 ID	合計	支払日
C001	18,000	2015/01/01
C002	6,600	
C003	1,500	2015/01/10

図 4.11　1 対 1 の統合　　図 4.12　1 対 1 の統合の具体値の例

4.4　1 対多の連鎖（1 対多対多）

3 つの実体によるデータモデルパターンとして，1 対多対多がある．1 対多対多とは，図 4.13 のように，「実体 1」対「実体 2」が 1 対多で，「実体 2」対「実体 3」が 1 対多となる形式で，1 対多が連鎖した形式をいう．

図 4.13　1 対多対多のパターン

図 4.14 1対多対多の例

図 4.15 1対多対多の具体値の例

このパターンを利用する典型例として，分類情報を設定する場合が考えられる．図 4.14 は，図 3.9 から該当箇所を抜き出したもので，商品を，大分類としてカテゴリー，小分類としてグループに分類するデータモデルの例である．例えば，大分類「カテゴリー」を（男性，女性）とし，また，男性の小分類「グループ」を（アウター，トップス）などとして，多くの商品を分類して管理する．図 4.15 は，図 4.14 の具体値の例である．

この分類を利用すると，分類ごとの集計値を容易に作成することができる．例えば，select 文 (b) で，カテゴリーごとの商品数を一覧できる．

```
select カテゴリー.カテゴリーID, count(*) from カテゴリー，グループ，商品
    where カテゴリー.カテゴリーID ＝ グループ.カテゴリーID
    and グループ.グループID ＝ 商品.グループID
    group by カテゴリー.カテゴリーID;                    ---(b)
```

4.5　1対多対1

3つの実体によるデータモデルパターンとして，1対多対1がある．1対多対1とは，図 4.16 のように，「実体1」対「実体2」が1対多で，「実体3」対「実体2」が1対多となる形態を示している．

このパターンを利用する典型例として，実体2の具体値の条件を，実体1と実体3への関連で指定するために使用する場合が考えられる．図 4.17 は，実体「在庫」の属性として，「在庫

図 4.16 1対多対1のパターン

数量」があるとき，個々の在庫数量が，どの倉庫のどの商品であるかを，実体「倉庫」と実体「商品」の関連で設定する．図 4.18 は，図 4.17 の具体値の例である．

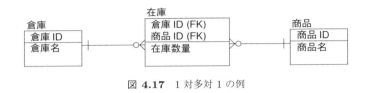

図 **4.17** 1 対多対 1 の例

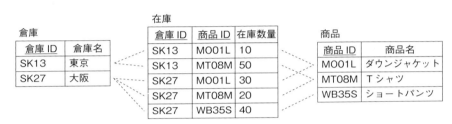

図 **4.18** 1 対多対 1 の具体値の例

図 4.19 は，実体「在庫」を単一主キーの実体とした場合のパターンの例で，図 4.20 はその具体値の例である．在庫 ID は，在庫の具体値を識別するだけの目的で使用する主キーであり，単なる連番のような情報を使用してもよい．倉庫 ID と商品 ID は，主キーでない属性とすることで，アプリケーションやデータベースの機能を利用して，具体値の中でこの組み合わせが一意になる状態を保つ処置が必要である．

図 **4.19** 1 対多対 1 のパターン（単一主キー）

図 **4.20** 1 対多対 1 のパターン（単一主キー）の具体値の例

4.6 多対 1 対多

3つの実体によるパターンとして，多対 1 対多がある．多対 1 対多とは，図 4.21 のように，「実体 2」対「実体 1」が 1 対多で，「実体 2」対「実体 3」が 1 対多となる形態を示している．

このパターンがあらわれる 1 つの典型例は，「実体 2」に当たる経営資源（リソース）の実体を利用して，「実体 1」，「実体 3」に当たる複数の業務（イベント）が行われる場合が考えられる．図 4.22 は，商品という経営資源（リソース）を利用して，注文の処理や在庫の管理が行われることを示している．図 4.23 は，図 4.22 を単一主キーの実体で示した例である．

図 **4.21** 多対 1 対多のパターン

図 **4.22** 多対 1 対多の例

図 **4.23** 多対 1 対多の例（単一主キー）

4.7 多対多

図 3.9 のデータモデルには，図 4.24 の多対多の関連が存在する．多対多の関連は，リレーショナルデータベースのテーブルとして適さないため，データモデルの変換が必要である．この節では，変換が必要な理由と変換方法について記述する．

図 **4.24** 多対多の例

本書のデータモデリングでは，多対多の実体の記述を図 4.24 のように簡略化して記述しているが，外部キーを含めて記述すると図 4.25 のように表現できる．図 4.25 で，各実体における連番のついた属性は，複数繰返して指定できることを示す．

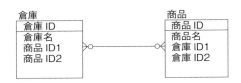

図 4.25 外部キーを追加した多対多の例

倉庫と商品の関係を示す典型例として在庫を取り上げる．在庫の例として，以下のような状態を考える．

- 東京倉庫には，ダウンジャケット，T シャツの在庫がある．
- 大阪倉庫には，ダウンジャケット，T シャツ，ショートパンツの在庫がある．

この在庫状況は倉庫視点の説明であるが，商品視点では，以下のように言い換えることができる．

- ダウンジャケットは，東京倉庫，大阪倉庫に在庫がある．
- T シャツは，東京倉庫，大阪倉庫に在庫がある．
- ショートパンツは，大阪倉庫に在庫がある．

これを図 4.25 の具体値の例にすると，図 4.26 のように示すことができる．

倉庫		
倉庫ID	倉庫名	商品ID
SK13	東京	MO01L MT08M
SK27	大阪	MO01L MT08M WB35S

商品		
商品ID	商品名	倉庫ID
MO01L	ダウンジャケット	SK13 SK27
MT08M	Tシャツ	SK13 SK27
WB35S	ショートパンツ	SK27

図 4.26 外部キーを追加した多対多の具体値の例

多対多の関連が，リレーショナルデータベースのテーブルとして適さないのは，図 4.25 のように繰返し構造で表現する必要があるからである．

多対多の解消を行う変換方法は，次のようである．図 4.24 の場合，新しい実体「倉庫_商品」を作り，多対多の2つの実体の主キーを実体「倉庫_商品」の主キーとする．さらに，実体「倉庫」対実体「倉庫_商品」を1対多，実体「商品」対実体「倉庫_商品」を1対多の関連を設定する．図 4.27 が変換後のデータモデルであり，図 4.28 がその具体値の例である．このように，多対多は，変換を行うことによって，4.5 節の 1 対多対 1 になる．

図 4.27 多対多を解消したデータモデル

図 4.28　多対多を解消したデータモデルの具体値の例

　図 4.28 がテーブルであるとき，次の select 文 (c) により，大阪倉庫の在庫商品の一覧（ダウンジャケット，T シャツ，ショートパンツ）を容易に得ることができる．また，select 文 (d) により，T シャツを在庫としてもつ倉庫の一覧（東京倉庫，大阪倉庫）も得ることができる．

```
select 商品ID from 倉庫_商品 where 倉庫ID = 'SK27';            ---(c)
```

```
select 倉庫ID from 倉庫_商品 where 商品ID = 'MT08M';            ---(d)
```

　多対多の解消後に作成された実体は，システム上必要な実体であることが多い．図 4.17 をみると，図 4.27 と構造が一致していることがわかる．すなわち，実体「倉庫_商品」は，システムにおける在庫の管理の役割をもつ実体である．このように，データモデリングの過程で図 4.24 のような多対多が発生したときは，システムの実装上，実体または属性の不足があると考えることが必要である．多対多の変換方法は，5.2 節で詳細な手順を説明する．
　図 4.29 は，図 4.27 の実体「倉庫_商品」を単一主キーの実体とした場合のパターンの例である．

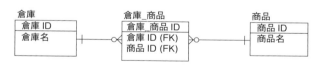

図 4.29　多対多を解消したデータモデル（単一主キー）

4.8　集計値をもつ実体のパターン

　システムを実装する段階になって，新たに実体が必要となる場合がある．そのような実体の 1 つとして「集計値をもつ実体」がある．集計値は，現在の値や状態と言い換えることもできる．銀行業務の場合は，利用者の現在残高がシステムに保持されていれば，現金の引出し時に，

過去の入出金の記録を調べることなく，直ちに残高を知ることが可能となる．図書館業務の場合は，図書の現在の状態（貸出中，貸出可）があると，貸出可能図書の一覧表示に利用できる．また，図書館の会員ごとに貸出す図書数を制限している場合，各会員の貸出数を保持していれば，これまでの貸出し履歴を調べることなく，貸出時にチェックが可能である．以下に，本書の例題であるカジュアルウェアショップに関わる集計値を例に示す．

在庫管理の典型的な業務は，入庫と出庫である．入庫と出庫は，倉庫の商品の数を増減する処理であるので，1つの実体で表すなら，図4.30の実体「入出庫」が考えられる．入出庫IDは個々の入出庫の処理ごとに割り振られる主キーであり，単なる連番のような情報を使用してもよい．この業務において，出庫の際には出庫できる商品が存在する必要があり，それを調べるための情報である在庫数量をシステム内に保持する必要がある．在庫数量は，倉庫と商品の組合せごとに必要となるので，実体「在庫」は図4.30のように記述できる．

また，実体「入出庫」と実体「在庫」は，図4.30のような1対多の関係である．これは，4.2節の合計を属性値としてもつ注文と明細のパターンと同一である．図4.31は，図4.30を単一主キーの実体で示したパターンである．

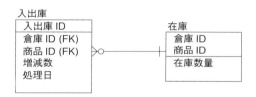

図 4.30　在庫管理で必要な実体

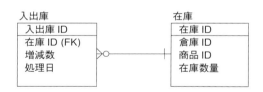

図 4.31　在庫管理で必要な実体（単一主キー）

集計値は，データベース内で冗長な情報となり，データベースの整合性を崩す可能性のある情報である．このような情報をもつ属性は，他の情報から導出できる属性であることから「導出属性」と呼ぶ．したがって，このような属性を保持する場合は，その必要性をよく吟味する必要がある．入出庫などの在庫管理を行うとき，現在の在庫数量が即座に必要である．仮に在庫数量を保持しない場合，在庫数量は，棚卸を行った後の入出庫の情報をすべて参照して算出する必要があり，コンピュータの能力によっては，利用者が集中すると，応答時間の悪いシステムになりかねない．このような要求に応えるため，一般的には，在庫数量をデータベース内に保持することが多い．なお，カジュアルウェアショップでは，図3.9のように，ここで示した入出庫に対応する実体は導入しない．

銀行業務における利用者の現在残高を，利用者の氏名や住所と同じ実体の属性として保持することも可能であるが，住所と現在残高は，更新のタイミングや頻度が著しく異なるために，別の実体として取り扱うのが妥当である．

現在の値や状態を示す集計値の扱いとこれに関連して説明した導出属性の扱いは，システムの実装に適したデータモデルへの変更に関する作業であり，最適化の作業の1つである．最適化は，データモデリングの最後の作業であり，正規化や多対多の解消後に実施する．最適化については，5.3節で詳細を示す．

演習問題

設問1 データモデルパターンについて，以下の設問に解答せよ．
以下の(1)，(2)は，ある企業の実体「従業員」，「支店」，「地区」を説明した文章である．
(1) 支店は関東地区に5か所，関西地区に3か所ある．
(2) 従業員は，1つの支店に配属されている．
[問1]　「従業員」，「支店」，「地区」の3つの関連のパターン（1対多対多，1対多対1，多対1対多）を示せ．
[問2]　その理由を，具体値の例を示して，説明せよ．
[問3]　第3章の「関連の設定」を行ったER図を作成せよ．

設問2 データモデルパターンについて，以下の設問に解答せよ．
以下の(1)，(2)は，ある企業の実体「従業員」，「発注」，「有給休暇」を説明した文章である．
(1) 従業員は，発注業務を行う．
(2) 従業員は，有給休暇を取得する．
[問4]　実体「従業員」，「発注」，「有給休暇」の3つの関連のパターン（1対多対多，1対多対1，多対1対多）を示せ．
[問5]　その理由を，具体値の例を示して，説明せよ．
[問6]　第3章の「属性の設定」を行ったER図を作成せよ．主キー，外部キーを含め，属性は次のように設定すること．
- 実体ごとに，1つ主キーを設定し，その名前は，実体名にIDを付加したものとする．
- 実体「従業員」に対して，「従業員名」を属性として設定する．
- 実体「発注」に対して，「商品」を属性として設定する．
- 実体「有給休暇」に対して，「取得日」を属性として設定する．

第5章
正規化と最適化

学習のポイント

第3章でカジュアルウェアショップシステムのテーブルを抽出した．一方で，テーブルのデータ操作を行う場合には，テーブルを正規形と呼ばれる適切な形に正規化しなければ，更新時異常と呼ばれる問題が発生することが知られている．さらに第4章で説明したように，テーブルは相互に関連しており，多対多の関連を解消した上で，対象の業務システムに適した構造に最適化する必要がある．本章では，第3章の図3.9に示された ER 図を事例として，正規化，多対多の解消，最適化を行う手順を具体的に説明する．

- 第3正規形に正規化する手順を理解する．
- 更新時異常と正規化の必要性について理解する．
- ER 図を作成し多対多の関連を解消する手順を理解する．
- 業務システムの視点から最適化するための，基本的な考え方を理解する．

キーワード

正規化，正規形，非第1正規形，第1正規形，第2正規形，第3正規形，ER 図，更新時異常，関数従属性，推移的関数従属性，多対多，最適化

5.1 正規化

5.1.1 正規化の位置付け

2.4節でテーブルに対するデータの登録，更新，削除という SQL によるデータ操作を説明した．ここで，図3.9に示すデータモデリングで抽出されたテーブルは，業務に必要な属性を抽出した段階であり，必ずしもデータ操作に適した構造にはなっていない．このため，正規形と呼ばれるデータ操作に適した構造に変換する．一般に正規形には第1正規形から第3正規形までがあり，非第1正規形から第1正規形，第2正規形と，順次，より上位の正規形に変換していく[1]．ここで，上位の正規形は下位の正規形の条件を満たしている．このように，より上位の正規形に変換することを正規化と呼ぶ．以下で，図3.9に示す注文テーブルを事例として第

---

[1] さらに上位の正規形および正規化の理論的な背景については，参考文献 [1] を参照のこと．

3 正規形への正規化の手順を説明する．

なお，第 3 章のデータモデリングがテーブルの間の関連や，業務を考慮していたのに対し，正規化は個々のテーブルを対象とした機械的な設計作業と位置付けられる．したがって，正規化の後で，テーブルの間の関連や，業務の視点からの設計の見直しを行う必要がある．これらに関しては，5.2 節以降で説明する．

5.1.2 第 1 正規形

図 3.9 の注文テーブルの事例を図 5.1 に示す．注文テーブルの主キーは下線で示す {注文 ID} であり，行の中で繰り返される商品に関する属性は縦に並べている．以下で，{ } はテーブルの属性あるいは属性の集合を示し，以下で特に必要がない限り属性の集合も「属性」の用語で示す．また，販売価格は特売による値下げなどで変化するため，商品 ID が「MT08M」の T シャツのように，異なる注文では同じ値にならない場合がある．

注文

<u>注文 ID</u>	会員 ID	会員名	メールアドレス	郵便番号	住所	注文日	合計	商品 ID	商品名	サイズ	販売価格	数量	小計
C001	M001	今井 美紀	imai@to.ac.jp	100-0001	東京都	2015/7/1	15000	M001L	ダウンジャケット	L	15000	1	15000
C002	M002	本田 圭	honda@fu.ac.jp	812-0001	福岡県	2015/7/5	6600	MT08M	T シャツ	M	1500	1	1500
								WB35S	ショートパンツ	S	1700	3	5100
C003	M001	今井 美紀	imai@to.ac.jp	100-0001	東京都	2015/7/6	2000	MT08M	T シャツ	M	1000	2	2000

注文テーブルの主キー　　　　　　　　　　　　　　　　繰返しのある属性

図 5.1　注文テーブルの事例

ここで，注文テーブルの行は，注文 ID が「C002」の行に示されるように繰返しの属性があり，1 つの属性が 1 つの値ではないため非第 1 正規形である．ところが 2.2.2 項で示したとおり，リレーショナルデータモデルは第 1 正規形を前提としている．

そこで，この繰返しを以下の手順で解消し，第 1 正規形に正規化する．

(1) 複数の値をもつ属性があれば属性を分解し，1 つの値をもつ属性の繰返しにする．
(2) 繰返しのある属性を，このテーブルの主キーを付加して分離し，新たなテーブルを作成する．
(3) 作成したテーブルの主キーを決定する．
(4) 残された属性により新たなテーブルを作成する．このとき，主キーも残ることに注意すること．

(1) の事例としては，図 5.2 に示すように複数のメールアドレスをもつ場合がある．この場合には「メールアドレス」の属性を分解し，図 5.1 のような属性の繰返しにする．

(2) から (4) の事例として，図 5.1 の注文テーブルを図 5.3 に示す「明細_1」テーブルと，「注文_1」テーブルに分解し，第 1 正規形に正規化する手順を以下に示す．まず，注文テーブルでは明細の情報が繰返しのある属性になっているため，(2) に従って主キーの {注文 ID} を付加して分離し，明細_1 テーブルを作る．次に，(3) に従って明細_1 テーブルの主キーを決定する．

会員ID	会員名	メールアドレス	郵便番号	住所
M001	今井　美紀	imai@to.ac.jp, miki@db.ne.jp	100-0001	東京都
M002	本田　圭	honda@fu.ac.jp	812-0001	福岡県

↓ 属性を分解

会員ID	会員名	メールアドレス	郵便番号	住所
M001	今井　美紀	imai@to.ac.jp miki@db.ne.jp	100-0001	東京都
M002	本田　圭	honda@fu.ac.jp	812-0001	福岡県

図 5.2　複数の値をもつ属性の分解

注文テーブルの主キー {注文 ID} だけでは，注文 ID が「C002」の場合には同じ主キーをもつ複数の行が存在してしまう．そこで，明細を識別できる属性である {商品 ID} を加えた属性 {注文 ID, 商品 ID} を主キーとする．最後に，(4) に従って残された属性により注文_1 テーブルを作成する．

分解されたテーブルには，複数の値をもつ属性や，繰返しのある属性がないため，第 1 正規形である．

明細_1

注文ID	商品ID	商品名	サイズ	販売価格	数量	小計
C001	MO01L	ダウンジャケット	L	15000	1	15000
C002	MT08M	Tシャツ	M	1500	1	1500
C002	WB35S	ショートパンツ	S	1700	3	5100
C003	MT08M	Tシャツ	M	1000	2	2000

注文テーブルの主キー　　注文テーブルで繰返しのあった属性

注文_1

注文ID	会員ID	会員名	メールアドレス	郵便番号	住所	注文日	合計
C001	M001	今井　美紀	imai@to.ac.jp	100-0001	東京都	2015/7/1	15000
C002	M002	本田　圭	honda@fu.ac.jp	812-0001	福岡県	2015/7/5	6600
C003	M001	今井　美紀	imai@to.ac.jp	100-0001	東京都	2015/7/6	2000

図 5.3　注文テーブルの第 1 正規形

5.1.3　第 2 正規形

任意の行のある属性 {A} の値が決まると属性 {B} の値が決まる場合，{B} は {A} に関数従属するという．また，これを {A} → {B} で表し，関数従属性 {A} → {B} が成り立つという．例えば，図 5.3 の「注文_1」テーブルでは，主キーである {注文 ID} が決まると，他の属性の値が決まる．したがって，{注文 ID} → {会員名, 住所}，{注文 ID} → {注文日, 合計}，などの関数従属性が成り立つ．なお，主キー以外の属性を非キー属性という．

図 5.3 の「明細_1」テーブルの {小計} の値は，{販売価格} と {数量} の値の積で求めることができる．このように，他の属性から計算によって得られる属性を導出属性と呼ぶ．このような導出属性は関数従属性には含めず，5.3 節の最適化の段階で業務の要件も含めて構造を決定する．

第 2 正規形 (second normal form, 2NF) は，第 1 正規形でかつ主キーの一部の属性に関数従属する非キー属性のないテーブルと定義される．すなわち，主キーが複数の属性から構成されている場合に，その一部の属性にのみ関数従属する非キー属性がある場合には第 2 正規形ではない．図 5.3 の明細_1 テーブルの関数従属性を確認すると，{商品名, サイズ} の値は {商品 ID} の値によって決まる．すなわち，{商品名, サイズ} は主キーの一部である {商品 ID} に関数従属している．したがって，明細_1 テーブルは第 2 正規形ではない．この場合には以下の手順で第 2 正規形に正規化し，非キー属性を主キーのすべての属性に関数従属させる．

(1) 主キーの一部に関数従属する非キー属性を，それが関数従属している属性（主キーの一部）を付加して分離し，新たなテーブルを作成する．
(2) 残された属性により新たなテーブルを作成する．(1) で付加した主キーの一部の属性が残ることに注意すること．

明細_1

注文 ID	商品 ID	商品名	サイズ	販売価格	数量	小計
C001	MO01L	ダウンジャケット	L	15000	1	15000
C002	MT08M	T シャツ	M	1500	1	1500
C002	WB35S	ショートパンツ	S	1700	3	5100
C003	MT08M	T シャツ	M	1000	2	2000

{商品 ID} のみに関数従属

明細_2

注文 ID	商品 ID	販売価格	数量	小計
C001	MO01L	15000	1	15000
C002	MT08M	1500	1	1500
C002	WB35S	1700	3	5100
C003	MT08M	1000	2	2000

商品_2

商品 ID	商品名	サイズ
MO01L	ダウンジャケット	L
MT08M	T シャツ	M
WB35S	ショートパンツ	S

図 5.4　明細_1 テーブルの第 2 正規形

図 5.4 の事例では，(1) に従い {商品名, サイズ} を分離し，これらが関数従属していた {商品 ID} を付加して「商品_2」テーブルを作成する．主キーは {商品 ID} である．なお，2.2 節の射影演算で説明したように，分離したテーブルでは重複した行が削除されることに注意すること．ここでは，{MT08M, T シャツ, M} の行が重複しているため，一方を削除する．次に，(2) に従い，残された属性により「明細_2」テーブルを作成する．

なお，注文_1 テーブルは主キーが {注文 ID} だけで構成されているため，主キーの一部の属性は存在しない．したがって，第 2 正規形である．

5.1.4　第 3 正規形

図 5.5 の「注文_1」テーブルでは，関数従属性 {注文 ID} → {会員 ID, 会員名} が成り立つ．ここで，会員名は会員個人ごとに決まっている．したがって，{注文 ID} が「C001」と「C003」の行に示されるように，注文 ID が異なる行であっても，同じ会員 ID をもつ行は同じ会員名をもつ．すなわち，{会員名} は非キー属性である {会員 ID} に関数従属している．一方で，会員

ID が「M001」の行は複数存在するため，主キー {注文 ID} は {会員 ID} に関数従属しない．

```
注文_1
注文ID 会員ID 会員名   メールアドレス    郵便番号   住所   注文日     合計
C001   M001  今井 美紀 imai@to.ac.jp    100-0001 東京都 2015/7/1  15000
C002   M002  本田 圭   honda@fu.ac.jp   812-0001 福岡県 2015/7/5  6600
C003   M001  今井 美紀 imai@to.ac.jp    100-0001 東京都 2015/7/6  2000
```

主キー {注文ID} に推移的に関数従属

```
注文_3                              会員_3
注文ID 会員ID 注文日    合計          会員ID 会員名    メールアドレス    郵便番号   住所
C001   M001  2015/7/1 15000        M001  今井 美紀 imai@to.ac.jp    100-0001 東京都
C002   M002  2015/7/5 6600         M002  本田 圭   honda@fu.ac.jp   812-0001 福岡県
C003   M001  2015/7/6 2000
```

図 5.5　テーブル「注文_1」の第 3 正規形

このように，関数従属性 {A} → {B}，{B} → {C} により {A} → {C} が成り立ち，かつ関数従属性 {B} → {A} が成り立たない場合，推移的関数従属性 {A} → {C} が成り立つといい，{C} は {A} に推移的に関数従属するという．すなわち，会員の属性である {会員名，メールアドレス，郵便番号，住所} は {注文 ID} に推移的に関数従属する．

第 3 正規形 (third normal form, 3NF) は，第 2 正規形でかつ主キーに推移的に関数従属する非キー属性のないテーブルと定義される．ここで，注文_1 テーブルは非キー属性が主キーに推移的に関数従属しているため，第 3 正規形ではない．この場合には，以下の手順で第 3 正規形に正規化し，推移的関数従属性を解消する．

(1) 主キーに推移的に関数従属する非キー属性を，それが関数従属している非キー属性を付加して分離し，新たなテーブルを作成する．

(2) 残された属性により新たなテーブルを作成する．(1) の関数従属されている非キー属性が残ることに注意すること．

この事例として，図 5.5 に「注文_1」テーブルを「注文_3」テーブルと，「会員_3」テーブルに分解し，第 3 正規形に正規化する手順を示す．まず，(1) に従い上記の {会員 ID} に関数従属する非キー属性を分離し，{会員 ID} を付加して会員_3 テーブルを作成する．会員_3 テーブルは，{会員 ID} に関数従属している属性を分離したので，{会員 ID} が主キーになる．なお，図 5.4 の商品_2 テーブルと同様に，分離したテーブルでは重複した行は削除されることに注意すること．ここでは，会員 ID が「M001」の行が重複しているため，一方を削除する．次に，(2) に従い，残された属性により注文_3 テーブルを作成する．

なお，明細_2 テーブル，商品_2 テーブルでは，主キーに推移的に関数従属する非キー属性はない．したがって，これらのテーブルは第 3 正規形である．すなわち，明細_2，商品_2，注文_3，会員_3 の各テーブルを合わせたものが，図 5.1 の注文テーブルの第 3 正規形である．

5.1.5 更新時異常と情報無損失分解

(1) 更新時異常

ここまで，第 1 正規形から第 3 正規形に正規化する手順を説明してきた．正規化の各段階で作成される正規形を整理すると，表 5.1 のようになる．

表 **5.1** 正規化の段階

区分	正規形の条件
非第 1 正規形	テーブルの属性に，繰返しや複数の属性値をもつものがある．
第 1 正規形	テーブルの属性に，繰返しがなく，各々の属性値は 1 つの値である．
第 2 正規形	第 1 正規形であり，主キーの一部の属性に関数従属する非キー属性がない．
第 3 正規形	第 2 正規形であり，主キーに推移的に関数従属する非キー属性がない．

では，なぜ，正規化を行う必要があるのだろうか．正規化の目的は，更新時異常と呼ばれる問題を回避することにある．更新時異常はテーブルの更新操作に伴って発生する異常である．これを，図 5.3 の注文_1 テーブルと明細_1 テーブルを例にして考える．これらのテーブルには，会員，商品，注文，明細のすべての情報が存在しているため，ここでは，図 5.3 のテーブルだけで上記の 4 つの情報を管理するものとする．登録（挿入），更新（修正），削除の操作によって発生する以下の更新時異常について説明する．

① 挿入時異常： 新たに「矢沢　大吉」が会員になったとする．この場合，注文_1 テーブルに挿入して会員情報を管理する必要がある．しかし，この会員を挿入しようとすると，注文の実績がないため主キー {注文 ID} が空値になり，実体整合性制約に違反して挿入できない．すなわち，何かを注文するまで会員登録ができないという異常が発生する．

② 修正時異常： 「今井　美紀」が「東京都」から「大阪府」に転居したとする．この場合には，注文_1 テーブルの会員 ID が「M001」の行をすべて検索し，修正しなければならない．

③ 削除時異常： 注文 ID が「C002」の注文を取り消したとする．しかし，注文_1 テーブルからこの行を削除すると，会員「本田　圭」の情報もなくなるという異常が発生する．

このような更新時異常が発生する原因は，注文_1 テーブルに注文情報と会員情報という異なる情報が混在していることにある．すなわち，正規化とは異なる情報を別のテーブルとして分離する操作であり，異なる情報を主キーが異なるという視点から識別していることになる．図 5.3 から図 5.5 に示すように，正規化によって，明細，商品，注文，会員という 4 つの情報を保存していた図 5.1 の注文テーブルは，各々の情報を保存する 4 つのテーブルに分解された．

次に正規化により上記の更新時異常が解消されることを示す．まず，① の挿入時異常については，注文していない会員の情報を，会員_3 テーブルに登録することができる．また，② の修正時異常ついては，会員_3 テーブルに登録されている「今井　美紀」の行は 1 つだけであるため，複数の行を検索して修正する必要はない．③ の削除時異常では，注文 ID が「C002」の注

文が取り消されても，会員_3 テーブルに「本田　圭」の情報が残される．このように，第 3 正規形に正規化することにより更新時異常が解消され，更新操作の容易なテーブルが得られたことがわかる．

(2)　情報無損失分解

　ここで，第 1 正規形から第 3 正規形に正規化したことにより分解されたテーブルは，2.2.5 項に示す自然結合によって，元のテーブルに復元できる情報無損失分解になっている．図 5.6 に注文_1 テーブルの事例を示す．注文_1 テーブルは，第 3 正規形である注文_3 テーブルと会員_3 テーブルに正規化された．一方で，これらのテーブルを自然結合することで注文_1 テーブルが復元できる．この自然結合は SQL 文では下記となる．同様に，明細_2 テーブルと商品_2 テーブルの自然結合によって明細_1 テーブルを復元することができる．

```
select * from 注文_3 join 会員_3 using (会員ID);          --- (a)
```

図 5.6　正規化と情報無損失分解

5.2　正規化の反映と多対多の解消

　正規化されたテーブルの関連を把握するために，5.1 節の正規化に伴う ER 図の変更を図 5.7 に，また，この変更を図 3.9 に反映した ER 図を図 5.8 に示す．図 5.8 で角丸の破線の範囲が注文テーブルを第 3 正規形に正規化した 4 つのテーブルである．なお，図 3.9 では「商品」テーブルは「注文」テーブルと関連を持つが，図 5.8 では「明細_2」テーブルと関連を持っている．これは，図 5.7 に示すように第 1 正規形にする段階で属性 {商品 ID} が「明細_1」テーブルに分割され，最終的に「明細_2」テーブルの外部キーになったためである．四角の破線は改善が必要な部分であるが，ER 図の改善は正規化のように機械的な作業ではなく，業務の面からの

考察が必要になる．改善の手順については，① は本節で，他は 5.3 節で説明する．

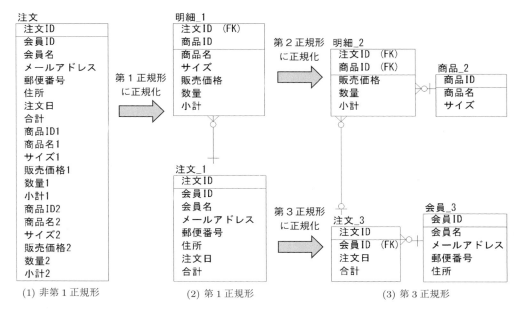

図 5.7　正規化に伴う ER 図の変更

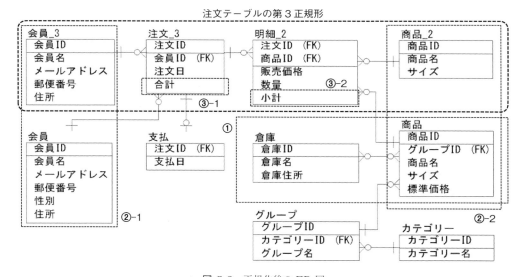

図 5.8　正規化後の ER 図

4.7 節でテーブルの間の関連に関するパターンと，多対多の関連は解消する必要があることを説明した．そこで，ER 図を作成した後には，まず，多対多の関連がないことを確認し，あればこれを解消する．図 5.8 の ① では，4.7 節で示した「倉庫」と「商品」のテーブルの関連

が多対多のままになっている．この解消は以下の業務の視点から検討し，各々に応じた方式で解消する．

(1) 各々のテーブルの 1 行について，相手のテーブルに複数の行が存在する場合
3.5 節で述べたように，各々の倉庫は複数の商品を保管しており，各々の商品は複数の倉庫に保管されている場合の関連がこれに該当する．この場合には，図 5.9(1) に示すようにテーブルを追加し解消する．この方法の詳細は 4.7 節を参照のこと．

(2) 一方のテーブルの 1 行について，相手のテーブルに 1 行だけが存在する場合
例えば，各々の倉庫には複数の商品が保管されているが，各々の商品が保管される倉庫が 1 つに決まっている場合は，「商品」テーブルの 1 行について「倉庫」テーブルは 1 行だけが存在する．これは，本来，1 対多の関連であるため，多重度が「多」のテーブルに，「1」のテーブルの主キーを外部キーとして追加し解消する．図 5.9(2) の事例では，「商品」テーブルに「倉庫」テーブルの主キー {倉庫 ID} を外部キーとして追加している．

本システムでは 3.5 節に基づき，倉庫テーブルと商品テーブルの関連は (1) であるとする．

(1) テーブル追加方式（本システム）　　　　(2) 属性追加方式

図 5.9　倉庫テーブルと商品テーブルにおける多対多の関連の解消

5.3　最適化

多対多の関連が解消された ER 図について，以下の手順に沿って，業務の視点からデータベースの構造を最適化する．

5.3.1　テーブルの統合

同じ属性を主キーとするテーブルが複数存在する場合には，複数のテーブルで 1 つの情報を重複してもっていたり，逆に 1 つの情報が複数のテーブルに分散されていたりする可能性がある．したがって，これらは統合を検討する．図 5.8 の ②–1，②–2 に示すテーブル「会員」と「会員_3」，「商品」と「商品_2」のテーブルは同じ属性をもっているため，それぞれ統合できる．ここでは，商品テーブルと会員テーブルに統合する．

一方で，同じ主キーであっても，業務的には異なるユーザや部門で管理される場合がある．例えば，「注文_3」テーブルと「支払」テーブルは同じ主キー {注文 ID} をもつ．ただし，図 1.2 のオフィスでは，前者は商品の発送を指示する部門で管理され，後者は支払であるため会計部

門で管理される．このように，管理する部門が異なる場合には，業務の視点からはテーブルを分けて管理するのが望ましい．この事例では，注文_3テーブルと支払テーブルは統合しない．さらに，1つのテーブルに異なる部門で管理される属性が混在する場合には，テーブルを分離する方が業務的に適切な場合がある．

5.3.2 導出属性および導出テーブルの削除

導出属性は他の属性の値から，計算により導出できる属性である．導出属性は，基本的にはテーブルには保存しない．ただし，計算に時間を要する場合には，保存しておく方が効率的に検索できる．したがって，導出属性は業務の視点からテーブルの検索や更新の頻度を検討し，削除の有無，あるいは逆に追加の有無を検討する．図5.8の事例では，③-1の「合計」は明細_2テーブルの「小計」を注文IDごとに合計して計算でき，③-2の「小計」は販売価格と数量の乗算で計算することができる．

これを業務の面から考えると，ユーザが購入履歴を検索することを想定するならば，注文ごとの「合計」は効率的に検索できることが必要になる．逆に，小計は購入履歴の個々の明細を表示する場合にのみ使用するので，表示の際に計算すればよい．ここでは，③-1の「合計」は導出属性であるが残し，③-2の「小計」は削除する．

同様にテーブル全体が導出される場合がある．例えば，図5.3の「注文_1」テーブルは顧客の購入履歴を一覧として管理するのに有効なテーブルである．一方で，図5.6に示すようにこのテーブルは「注文_3」テーブルと「会員_3」テーブルから導出できる．したがって，導出属性と同様に効率の点からテーブルとして保存するか，検索の際に導出するかを検討する．ここでは，検索の際に導出するものとし，追加しない．

5.3.3 データ構造の妥当性の確認

業務におけるデータ操作を想定して，属性やテーブルの過不足などのデータ構造の妥当性を確認する．例えば，図5.9で追加された「倉庫_商品」テーブルは，{札幌倉庫，MT08M}のように各々の倉庫に保管されている商品を示す．ここで，「札幌倉庫」の「MT08M」の商品の在庫がなくなり，このデータが削除されると，札幌倉庫にMT08Mを保管するという情報もなくなってしまう．そこで，本システムでは倉庫_商品テーブルに{在庫数量}の属性を追加し，テーブル名も「在庫」テーブルに変更して，在庫が切れた場合にも倉庫に保管する商品の情報を保持する構造にする．

以上の多対多，最適化を反映したER図を図5.10に示す．なお，図では図5.8の「注文_3」テーブル，「明細_2」テーブルは，各々「注文」テーブル，「明細」テーブルに置き換えている．以降の章では，このER図に基づき業務システムの構築を行う．

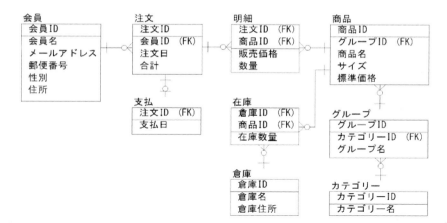

図 5.10　多対多解消および最適化後の ER 図

演習問題

設問 1　図 5.2 で属性を分解して作成したテーブルはメールアドレスが繰返しのある属性になっているため，非正規形である．このテーブルの主キーは {会員 ID} であるとするとき，以下の問に解答せよ．
　[問 1]　このテーブルを第 1 正規形に正規化せよ．
　[問 2]　正規化した各々のテーブルの主キーとなる属性を示せ．

設問 2　図 5.3 の明細_1 テーブルを第 2 正規形に正規化しない場合，どのような更新時異常が発生するか．登録（挿入），更新（修正），削除の各々のデータ操作を行った場合について述べよ．

設問 3　図 5.5 の会員_3 テーブルで，各々の会員は異なるメールアドレスをもつとする．すなわち，関数従属性 {会員 ID} → {メールアドレス} と，{メールアドレス} → {会員名, 郵便番号, 住所} が成り立つ．この場合，会員_3 テーブルは第 3 正規形か．その理由も含めて解答せよ．

設問 4　会員について各々の注文時点の年齢を管理するために，会員テーブルに属性として年齢の情報を追加したい．この場合，以下の 2 つのデータのうちのいずれかを追加することが考えられる．どちらの方法が適していると考えられるかを，適している理由を含めて述べよ．
　(1)「年齢」の属性を追加する．
　(2)「生年月日」の属性を追加する．

第6章

商品管理サブシステム その1

□ 学習のポイント

　第6章，第7章では，第1章で説明したカジュアルウェアショップシステムの中の商品管理サブシステムを実装する．第6章は，システム実装の最初の章であるため，カジュアルウェアショップシステムのデータベースの作成から開始する．MySQL の実装では，MySQL のデータベースの作成を行い，SQL 文によるテーブル作成やデータの登録を行う．Access の実装では，Access データベースの作成を行い，Access の機能によりテーブルの作成やデータの登録を行う．

　第7章では，作成済みのテーブルのデータ登録，更新，削除のための MySQL for Excel の機能や，商品一覧の表示のためのレポート作成機能など，より使いやすい機能について説明する．また，Access に対しては，フォームの機能によるより高度な使い方の説明を行う．

- 商品管理サブシステムで使用する3つのテーブルとその相互関連を理解する．
- 各テーブルの作成方法を理解する．
- 各テーブルへのデータ登録方法を理解する．

□ キーワード

　商品管理サブシステム，カテゴリーテーブル，グループテーブル，商品テーブル

6.1　商品管理サブシステムとは

　第1章で説明したカジュアルウェアショップの商品管理を行うためのサブシステムである．ここの商品は，第8章，第9章，第10章の販売管理サブシステムにより販売が行われ，販売されたものは，第11章，第12章の在庫管理サブシステムにより出荷される．商品管理サブシステムの機能全体図を図 6.1 に示す．商品管理サブシステムは，図 6.1 に示すように次の機能をもつ．

① データの個別登録，更新，削除機能（第6章）
② 登録されているデータの一覧情報表示機能（第7章）
③ 外部データからの一括登録機能（第7章）

　また，商品管理サブシステムで利用するテーブルは，下記のものがある．

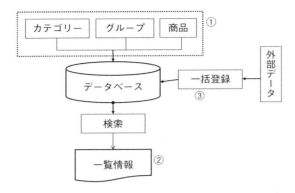

図 6.1　商品管理サブシステムの機能全体図

- 「カテゴリー」：商品の大分類であるカテゴリー情報が登録されるテーブルである．
- 「グループ」：商品の小分類であるグループ情報が登録されるテーブルである．
- 「商品」：商品の情報が登録されるテーブルである．

6.2　テーブル設計

　商品管理サブシステムのテーブルは，「商品」，「カテゴリー」，「グループ」の3つのテーブルより構成される．システム全体の ER 図は，第5章の図5.10に示されているが，商品管理サブシステム関連の3テーブルの ER 図のみを示すと図6.2に示すようになる．すなわち，商品の大分類である「カテゴリー」の下に商品の小分類である「グループ」が存在し，その下に実際の「商品」が存在する．大分類とは，男性用，女性用，子供用の分類であり，グループとは，アウター，トップス，ボトムスなどのさらなる分類である．

図 6.2　商品管理サブシステムの ER 図

　具体的なテーブルの設計は，表6.1のようになる．PKとは，このテーブルの主キーであり，FKとは外部キーであり，他のテーブルの主キーを利用する．これにより，このテーブルと他のテーブルが連携される．
　また，動作確認のためのテストデータとして表6.2に示すデータを利用する．

表 6.1　各テーブルの設計

(1) カテゴリーテーブル

列名	列の型および長さ	キー	備考
カテゴリー ID	半角 1 文字	PK	カテゴリーを識別する ID
カテゴリー名	全角文字列 30 文字		カテゴリーの名称

(2) グループテーブル

列名	列の型および長さ	キー	備考
グループ ID	半角 2 文字	PK	グループを識別する ID
カテゴリー ID	半角 1 文字	FK	このグループが属するカテゴリーの ID
グループ名	全角文字列 30 文字		グループの名称

(3) 商品テーブル

列名	列の型および長さ	キー	備考
商品 ID	半角 5 文字	PK	グループを識別する ID
グループ ID	半角 2 文字	FK	この商品が属するグループの ID
商品名	全角文字列 30 文字		商品の名称
サイズ	半角 2 文字		商品のサイズ
標準価格	通貨型（注）		標準の価格

（注）通貨型フィールドは長さの指定は不要

表 6.2　動作確認データ

(1) カテゴリーテーブルテストデータ

カテゴリー ID	カテゴリー名
M	男性
W	女性
K	子供

(2) グループテーブルテストデータ

グループ ID	カテゴリー ID	グループ名
MO	M	アウター
MT	M	トップス
MB	M	ボトムス
WO	W	アウター
WT	W	トップス
WB	W	ボトムス
KO	K	アウター
KT	K	トップス
KB	K	ボトムス

(3) 商品テーブルテストデータ（11 件 +1 件）

商品 ID	グループ ID	商品名	サイズ	標準価格
MO01L	MO	ダウンジャケット	L	15000
MT08M	MT	T シャツ	M	1500
MB15S	MB	チノパンツ	S	5900
WO21L	WO	テーラードジャケット	L	4000
WT28M	WT	ブラウス	M	3000
WB35S	WB	ショートパンツ	S	1700
KO41L	KO	ポンチョ	L	1700
KT48M	KT	カットソー	M	2900
KB55S	KB	ハーフパンツ	S	1800
KB56L	KB	デニム	L	2900
KB57M	KB	デニム	M	2900
MO04L　*	MO	ハーフコート	L	7800

*追加テスト用

6.3 MySQLによる実装

6.3.1 各テーブル設計

(1) テーブル設計

表 6.1 に基づき MySQL のテーブルの設計を行う．結果を表 6.3 に示す．

表 **6.3** MySQL テーブルの設計

(1) カテゴリーテーブル

列名	データ型	キー	備考
カテゴリー ID	VARCHAR(1)	PK	半角文字列 1 文字
カテゴリー名	VARCHAR(60)		全角文字列 30 文字

(2) グループテーブル

列名	データ型	キー	備考
グループ ID	VARCHAR(2)	PK	半角文字列 2 文字
カテゴリー ID	VARCHAR(1)	FK	半角文字列 1 文字
グループ名	VARCHAR(60)		全角文字列 30 文字

(3) 商品テーブル

列名	データ型	キー	備考
商品 ID	VARCHAR(5)	PK	半角文字列 5 文字
グループ ID	VARCHAR(2)	FK	半角文字列 2 文字
商品名	VARCHAR(60)		全角文字列 30 文字
サイズ	VARCHAR(2)		半角文字列 2 文字
標準価格	INT		

（注）データ型の長さは，半角単位で指定する

(2) データ属性を組み込んだ ER 図作成

表 6.3 で行った設計結果を，A5M2 ツールにより ER 図に反映した結果を図 6.3 に示す．ここでは，表 6.3 の列名が ER 図の実体の論理名，物理名に対応する（A5M2 ツールの利用方法については付録 2 を参照のこと）．

図 **6.3** データ属性を組み込んだ商品管理サブシステム ER 図

(3) テーブル作成のための DDL（データ定義言語）作成

A5M2 ツールの ER 図の機能から「DDL を作成する」により DDL を作成する．DDL を作成するとき，「RDBMS 種類」として MySQL が選択されていることを確認する．作成された

DDL をリスト 6.1 に示す．この DDL の先頭にある「drop table if exists」は，すでにテーブルが存在するときは，それを削除して作成することを意味する．

このリスト 6.1 の先頭の「create table '商品'」の部分は，2.4.1 項の「リスト 2.2」と表現形式が異なっているが，A5M2 ツールで作成されているためであり，意味するところは同じものである．

また，最後の方にある，「alter table 'グループ'」と「alter table '商品'」は，外部キー制約を定義するものである．例えば，「alter table 'グループ'」は，「グループ」テーブルの外部キーは，「カテゴリー」テーブルの主キー「カテゴリー ID」に一致しなければならないことを示す．

リスト 6.1　作成された DDL

```
drop table if exists '商品' cascade;
create table '商品' (
  '商品 ID' VARCHAR(5)
  , 'グループ ID' VARCHAR(2)
  , '商品名' VARCHAR(60)
  , 'サイズ' VARCHAR(2)
  , '標準価格' INT
  , constraint '商品_PKC' primary key ('商品 ID')
);
drop table if exists 'グループ' cascade;
create table 'グループ' (
  'グループ ID' VARCHAR(2)
  , 'カテゴリー ID' VARCHAR(1)
  , 'グループ名' VARCHAR(60)
  , constraint 'グループ_PKC' primary key ('グループ ID')
);
drop table if exists 'カテゴリー' cascade;
create table 'カテゴリー' (
  'カテゴリー ID' VARCHAR(1)
  , 'カテゴリー名' VARCHAR(60)
  , constraint 'カテゴリー_PKC' primary key ('カテゴリー ID')
);
alter table 'グループ'
  add constraint 'グループ_FK1' foreign key ('カテゴリー ID') references 'カテゴリー'('カテゴリー ID');
alter table '商品' add constraint '商品_FK1' foreign key ('グループ ID')
references 'グループ'('グループ ID');
```

(4) データベース作成

カジュアルウェアショップシステムのデータベースを作成する．名前は，「shop_db」とする．コマンドプロンプト「c:¥」が表示されている状態で，(a) のコマンドで最初に MySQL に接続する．(b) に示すようにパスワードが要求されるので，パスワードを入力すると MySQL モニタが起動され，「mysql>」プロンプトが表示される．(c) に示す create 文により shop_db を作成する．キャラクタセットとして sjis を指定するため「character set sjis」を指定する．

```
mysql -u root -p                                                    --(a)
```

```
Enter password :                                                    --(b)
```

```
create database shop_db character set sjis;                         --(c)
```

 SQL 文の中に半角スペースはいくつあってもよいが，全角スペースを入れないように注意する必要がある．このためには，Mery テキストエディタなどを利用して，「半角スペース表示」，「全角スペース表示」のオプションを利用すると，半角や全角スペースが表示されるので間違いにくくなる．SQL 文自体を Mery で作成するか，よく利用する SQL 文を保存しておき，必要な編集をした後，これをコピーする．コマンドプロンプト上での右クリックで，「mysql>」の後ろに貼り付けて使用するのがよい．Mery については，付録 3 を参照のこと．

 途中で何らかの間違いがあったときは，(d) の SQL 文でデータベースを削除することもできる．ただし，データベースはすべて削除されるため，使用には注意を要する．

```
drop database shop_db;                                              --(d)
```

(5) テーブル作成

 DDL によるテーブル作成の手順を次に述べる．最初に，(e) の SQL 文により利用するデータベースを「shop_db」に切り替える．

```
use shop_db;                                                        --(e)
```

 その後，リスト 6.1 の DDL を MySQL モニタに貼り付けることにより実行する．

(6) 作成されたテーブル確認

 DDL を実行しても作成されたテーブルは表示されないので，(f) の SQL 文により作成されたテーブルを確認する．その結果を図 6.4 に示す．3 つのテーブルができていることがわかる．

```
show tables;                                                        -- (f)
```

 また各テーブルの中にどのような列が存在するかは (g) に示す desc 文で確認する．商品テーブルの事例を図 6.5 に示す．

```
+------------------+
| Tables_in_shop_db |
+------------------+
| カテゴリー        |
| グループ          |
| 商品              |
+------------------+
```

図 **6.4** データベース内のテーブル確認結果

```
+----------+-------------+------+-----+---------+-------+
| Field    | Type        | Null | Key | Default | Extra |
+----------+-------------+------+-----+---------+-------+
| 商品ID   | varchar(5)  | NO   | PRI |         |       |
| グループID| varchar(2)  | YES  |     | NULL    |       |
| 商品名   | varchar(60) | YES  |     | NULL    |       |
| サイズ   | varchar(2)  | YES  |     | NULL    |       |
| 標準価格 | int(11)     | YES  |     | NULL    |       |
+----------+-------------+------+-----+---------+-------+
```

図 **6.5** 商品テーブルの中のカラム確認結果

```
desc 商品;                                                   -- (g)
```

6.3.2 各テーブルへのデータ登録

表 6.2 のテストデータを下記の手順で登録する．

(1) カテゴリーテーブル

リスト 6.2 の SQL 文でカテゴリーテーブルに表 6.2(1) のデータを登録する．

リスト **6.2** カテゴリーデータ登録 SQL 文

```
insert into カテゴリー values('M','男性');
insert into カテゴリー values('W','女性');
insert into カテゴリー values('K','子供');
```

登録結果を (h) の SQL 文で確認する．「from」の前の「*」はテーブル内のすべてを選択することを意味する．その結果を図 6.6 に示す．

```
select * from カテゴリー;                                     -- (h)
```

```
+----------+------------+
| カテゴリーID | カテゴリー名 |
+----------+------------+
| K        | 子供       |
| M        | 男性       |
| W        | 女性       |
+----------+------------+
```

図 **6.6** カテゴリーテーブル内容確認結果

(2) グループテーブル

リスト 6.3 の SQL 文で表 6.2(2) のデータをグループテーブルに登録する．登録結果を (i) の SQL 文で確認する．また，その結果を図 6.7 に示す．

リスト **6.3** グループデータ登録 SQL 文

```
insert into グループ values('MO','M','アウター');
insert into グループ values('MT','M','トップス');
insert into グループ values('MB','M','ボトムス');
insert into グループ values('WO','W','アウター');
insert into グループ values('WT','W','トップス');
insert into グループ values('WB','W','ボトムス');
insert into グループ values('KO','K','アウター');
insert into グループ values('KT','K','トップス');
insert into グループ values('KB','K','ボトムス');
```

```
select * from グループ;                                        --(i)
```

グループID	カテゴリーID	グループ名
KB	K	ボトムス
KO	K	アウター
KT	K	トップス
MB	M	ボトムス
MO	M	アウター
MT	M	トップス
WB	W	ボトムス
WO	W	アウター
WT	W	トップス

図 **6.7** グループデータ内容確認結果

(3) 商品テーブル

リスト 6.4 の SQL 文で登録を行う．表 6.2(3) の最後のハーフコートは追加テスト用なので登録しない．登録確認は (j) の SQL 文で行う．また，その結果を図 6.8 の商品テーブル内容確認結果に示す．確認結果は，登録順ではないので注意が必要である．以上で商品管理サブシステムの各テーブルに対するテストデータの登録は完了である．

リスト **6.4**　商品データ登録 SQL 文

```
insert into 商品 values('M001L','MO','ダウンジャケット','L',15000);
insert into 商品 values('MT08M','MT','Tシャツ','M',1500);
insert into 商品 values('MB15S','MB','チノパンツ','S',5900);
insert into 商品 values('WO21L','WO','テーラードジャケット','L',4000);
insert into 商品 values('WT28M','WT','ブラウス','M',3000);
insert into 商品 values('WB35S','WB','ショートパンツ','S',1700);
insert into 商品 values('KO41L','KO','ポンチョ','L',1700);
insert into 商品 values('KT48M','KT','カットソー','M',2900);
insert into 商品 values('KB55S','KB','ハーフパンツ','S',1800);
insert into 商品 values('KB56L','KB','デニム','L',2900);
insert into 商品 values('KB57M','KB','デニム','M',2900);
```

```
select * from 商品;                                                      --(j)
```

```
+--------+---------+--------------------+------+----------+
| 商品ID  | グループID | 商品名              | サイズ | 標準価格  |
+--------+---------+--------------------+------+----------+
| KB55S  | KB      | ハーフパンツ         | S    |    1800  |
| KB56L  | KB      | デニム              | L    |    2900  |
| KB57M  | KB      | デニム              | M    |    2900  |
| KO41L  | KO      | ポンチョ             | L    |    1700  |
| KT48M  | KT      | カットソー           | M    |    2900  |
| MB15S  | MB      | チノパンツ           | S    |    5900  |
| M001L  | MO      | ダウンジャケット      | L    |   15000  |
| MT08M  | MT      | Tシャツ             | M    |    1500  |
| WB35S  | WB      | ショートパンツ        | S    |    1700  |
| WO21L  | WO      | テーラードジャケット    | L    |    4000  |
| WT28M  | WT      | ブラウス             | M    |    3000  |
+--------+---------+--------------------+------+----------+
```

図 **6.8**　商品テーブル内容確認結果

6.3.3　テーブルへのデータ追加，更新，削除

(1)　データ追加

6.3.2 項 (3) のデータ登録と同様に行えばよい．追加確認は，レコードを一意に特定できる主キーを指定して行う．以下に商品テーブルの事例で示す．(k) は，表 6.2 の (3) の最後のデータを追加したことを確認するための SQL 文で，その結果を図 6.9 に示す．

```
+--------+---------+----------+------+----------+
| 商品ID  | グループID | 商品名    | サイズ | 標準価格  |
+--------+---------+----------+------+----------+
| MO04L  | MO      | ハーフコート | L    |    7800  |
+--------+---------+----------+------+----------+
```

図 **6.9**　商品 ID が MO04L の登録結果

```
select * from 商品 where 商品ID = 'MO04L';                    --(k)
```

(2) データ更新

テーブル内のデータの更新は，(l) の update 文で行う．このときも，レコードを一意に特定するために，重複が許されない主キーを使用する．(l) の SQL 文の事例では，「商品 ID」が「MO04L」のレコードの標準価格を 3900 に更新している．

```
update 商品 set 標準価格 = 3900 where 商品ID = 'MO04L';       --(l)
```

(3) データ削除

テーブル内の特定データを削除する場合は，delete 文で行う．商品テーブルから「商品 ID」が「MO04L」のレコードを削除する例を (m) の SQL 文で示す．where 以下に条件文を書くことによる特定条件に合致するレコードを削除することができる．

```
delete from 商品 where 商品ID = 'MO04L';                     --(m)
```

一方，(n) の SQL 文に示すように，条件を指定しないとテーブル内の全レコードが削除される．

```
delete from 商品;                                            --(n)
```

テーブルそのものを削除する場合は，(o) に示す drop 文で行う．テーブルそのものが削除されるので利用には注意を要する．「if exists」はテーブルが存在するときにのみ行うことを示し，テーブルが存在しないときも SQL 文がエラーとならないようにしている．

```
drop table if exists テーブル名;                              --(o)
```

6.4 MS Access による実装

6.4.1 各テーブル設計

(1) テーブル設計

表 6.1 の仕様に基づき Access のテーブルの設計を行った結果を表 6.4 に示す．

表 6.4 Access テーブルの設計

(1) カテゴリーテーブル

フィールド名	データ型	フィールド長（注1）	キー	備考
カテゴリー ID	短いテキスト	1	PK	半角 1 文字
カテゴリー名	短いテキスト	30		全角文字列 30 文字

(2) グループテーブル

フィールド名	データ型	フィールド長（注1）	キー	備考
グループ ID	短いテキスト	2	PK	半角文字列 2 文字
カテゴリー ID	短いテキスト	1	FK	半角文字列 1 文字
グループ名	短いテキスト	30		全角文字列 30 文字

(3) 商品テーブル

フィールド名	データ型	フィールド長（注1）	キー	備考
商品 ID	短いテキスト	5	PK	半角文字列 5 文字
グループ ID	短いテキスト	2	FK	半角文字列 2 文字
商品名	短いテキスト	30		全角文字列 30 文字
サイズ	短いテキスト	2		半角文字列 2 文字
標準価格	通貨型	（注2）		

（注1）フィールド長は半角，全角にかかわりなく文字数で指定する．
（注2）通貨型はフィールド長の指定不要．
（注3）FK はリレーションシップの設定で設定される（付録 6.5 節参照）．

(2) データベースの作成

Access を起動し，「空のデスクトップデータベース」をクリックし，データベース作成する．データベース名は「カジュアルウェアショップ」とする．このとき，データベースを作成するフォルダを指定する．詳細については，付録 6.1 節参照のこと．

(3) 各テーブル作成

「カテゴリー」，「グループ」，「商品」の 3 つテーブルを「カジュアルウェアショップ」上に作成する．作成結果を図 6.10 に示す．テーブル作成のステップは次のとおりである．

① テーブルを新規に作成する．

「作成」で「テーブル」を選択し，保存のときにテーブル名を付ける（付録 6.2 節参照）．

② 表 6.4 の仕様に基づき，テーブル内にフィールドを作成する．

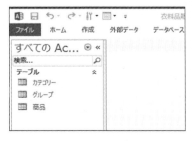

図 6.10 作成された 3 つのテーブル

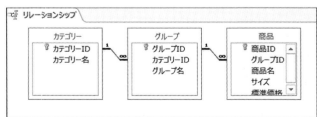

図 6.11 作成されたリレーションシップ

テーブルを「デザインビュー」で開き，フィールド名，データ型，フィールド長の設定を行う．テーブル作成方法の詳細は，付録 6.3 節，付録 6.4 節参照のこと．

(4) リレーションシップ作成

図 6.2 に示す 3 つのテーブル間の関連をリレーションシップで指定する．この作成手順を下記に示す（詳細は付録 6.5 節参照）．

- 「データベースツール」の「リレーションシップ」により 3 つのテーブルを表示する．
- 「カテゴリー」テーブルの「カテゴリー ID」を「グループ」テーブルの「カテゴリー ID」にドラッグする．
- 「参照整合性」のフラグをオンにする．
- 「グループ」テーブルの「グループ ID」を「商品」テーブルの「グループ ID」にドラッグする．
- 「参照整合性」のフラグをオンにする．

これにより図 6.11 の ER 図が作成される．

6.4.2 各テーブルへのデータ登録

作成したテーブルにデータを登録するためのフォームを作成し（操作方法の詳細は付録 6.6 節参照），表 6.2 のデータの登録を行う．

(1) カテゴリーテーブル

「カテゴリー」テーブルを選択した後，「作成」の「フォームウィザード」を手順に従って選択する．図 6.12 のようなフォームができるので，これを「保存」で「カテゴリーフォーム」とする．

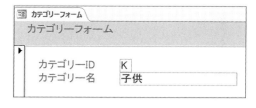

図 6.12　カテゴリーフォーム

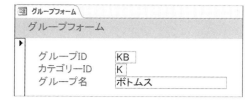

図 6.13　グループフォーム

(2) グループフォーム

同様にして，グループフォームを作成する．作成した結果を図 6.13 に示す．

(3) 商品テーブル

同様にして商品フォームを作成する．作成した商品フォームを図 6.14 に示す．

6.4.3 テーブルのデータの登録，更新，削除

各フォームで，テーブルへのデータの登録，更新，削除を行う手順を示す．

(1) データ登録

登録は，各フォームの一番下のレコード移動ボタン（▶）（図 6.15 参照）をクリックして空白のフォームを表示し，データの登録を行う．空白のフォームにデータを埋めた後に，移動ボタン（▶）をクリックして，他のレコードへ移動することにより登録が完成する．

- 主キーは重複しないようにすること．
- 外部キーは，リレーションシップを設定した他のテーブルの主キーをもつ値を利用する．

登録したレコードは，データシートビューで確認することができる．これを図 6.16 に示す．なお，データシートビューでもレコードの登録は可能である．

図 6.14 商品フォーム

図 6.15 空白レコードへの移動

図 6.16 データシートビュー表示例

図 6.17 削除したときのメニュー表示例

(2) データ更新

更新を行うときは，フォームの表示で移動ボタンを右左にクリックし，データ更新を行うレコードを見つけ，これを更新する．更新の後，他のレコードに移動することにより更新が完了する．データシートビューでもレコードの更新は可能である．データ登録と同様に主キー，外部キーに注意する必要がある．

(3) データ削除

削除を行うときは，削除を行うレコードをフォームで表示し，そのフォームの一番左端のレコードセレクターにマウスをもっていき，右クリックで，表示されるメニューの「切り取り」で削除する．図6.17に商品フォームの事例を示す．また，データシートビューでテーブルを表示し，削除するレコードの右クリックで表示されるメニューの「切り取り」または，「レコードの削除」で削除することも可能である．

注意事項としては，カテゴリーテーブルのレコードを削除する場合は，外部キーとしてカテゴリーIDを利用しているグループテーブルのレコードが存在しないことが必要である．グループテーブルのレコードを削除する場合は，外部キーとしてグループIDを利用している商品テーブルのレコードが存在しないことが必要である．

演習問題

設問1 商品テーブルに下記のデータを登録し結果を確認せよ．

商品ID	グループID	商品名	サイズ	標準価格
WT32S	WT	タンクトップ	S	1,400

[問1] MySQLの実装でSQL文を利用して設問1を解答せよ．

[問2] Accessの実装で商品フォームを利用して設問1を解答せよ．

設問2 設問1で追加した商品IDがWT32Sの商品の標準価格を2,800円に更新せよ．

[問3] MySQLの実装でSQL文を利用して設問2を解答せよ．

[問4] Accessの実装で商品フォームを利用して設問2を解答せよ．

設問3 設問1で追加したデータを削除せよ．

[問5] MySQLの実装でSQL文を利用して設問3を解答せよ．

[問6] Accessの実装で商品フォームを利用して設問3を解答せよ．

第7章
商品管理サブシステム その2

―□ 学習のポイント ―

　第6章では，商品管理サブシステムのテーブルの設計と作成を行った．第7章では，MySQL for Excel により，SQL 文ではなく Excel 画面より作成済みのテーブルに対するデータ登録，更新，削除を行う機能，バッチファイルにより複数の SQL 文の一括処理能，レポート作成機能の使い方を説明する．また，Access に対しては，商品 ID などのすでに決まっているものをプルダウンメニューで選択できるフォームの機能の使い方やレポート機能の説明を行う．

- MySQL for Excel によるデータ登録や更新機能を理解する．
- Access のフォームによるデータ登録や更新機能を理解する．
- 商品一覧のためのレポート作成機能の使い方を理解する．

―□ キーワード ―

　MySQL for Excel，Access レポート機能，バッチコマンド

7.1 この章の範囲

　第6章では，カジュアルウェアショップシステムのデータベースを作成し，商品管理サブシステムの各テーブルの作成，テストデータの登録を行った．第7章では，データ登録やデータ更新のための支援機能の使い方を理解する．また，外部データからのデータ一括登録機能や，商品レポート作成機能などの使い方の理解を行う．

7.2 MySQL による実装

7.2.1 MySQL for Excel による支援機能

　テーブルのデータ追加，更新，削除は MySQL for Excel を利用することにより，MySQL モニタで SQL 文を実行するよりも簡単に操作を行うことができる．追加，更新，削除が行われる可能性の高い商品テーブルを例にしてその利用方法を示す（MySQL for Excel の利用方法の詳細については，付録 5.5 節参照のこと）．

(1) MySQL for Excel の起動

Excelを起動し，［データ］タブ—［MySQL for Excel］—［Local instance MySQL］をクリックするとデータベース一覧が表示される（図7.1参照）．

図 7.1　データベースの選択

(2) データの Excel シートへの読み込み

対象とするデータベース「shop_db」をクリックするとテーブルの一覧が表示される．

操作対象テーブル「商品」を選択し，「Edit MySQL Data」をクリックするとデータがサブ画面に表示される．「import」をクリックすることにより商品テーブルがExcelシートに読み込まれる．中止する場合は「Cancel」をクリックする．図7.2に商品テーブルが読み込まれた状態を示す．

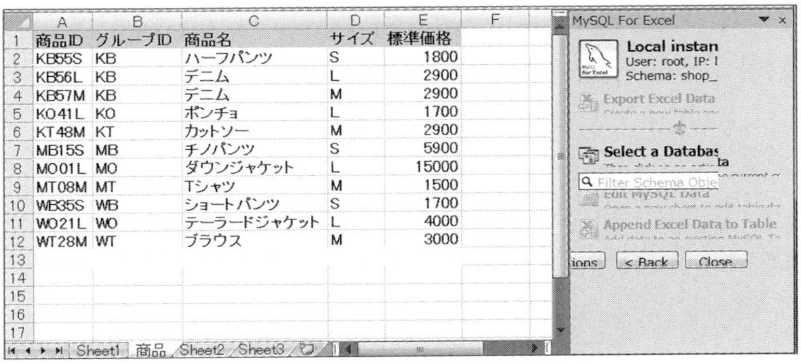

図 7.2　MySQLのテーブルがExcelシートに読み込まれた状態

(3) データ追加

データを読み込んでいる Excel シートの最後の色が変わっている行にデータを書き込む．例えば，表 7.1 のデータを商品テーブルに追加する場合は，このデータを Excel シートの一番下に書き込む（図 7.3 参照）．最後に Commit Changes 画面で，「Commit Changes」のクリックにより確認画面に結果が表示されるので「OK」をクリックする．これにより，Excel シートに追加した内容が，MySQL に反映される．主キーである商品 ID が重複していないこと，外部キーである「グループ ID」はグループテーブルに存在するものであることに注意が必要である．

表 7.1 追加データ

商品 ID	グループ ID	商品名	サイズ	標準価格
MO04L	MO	ハーフコート	L	7800

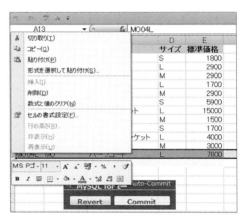

図 7.3 レコード追加画面　　　　図 7.4 レコード削除画面

(4) データ更新

データを読み込んでいる Excel シートを直接更新し，最後に，「Commit Changes」のクリックにより更新結果をデータベースに反映する．主キーや外部キーに対する注意は，(3) と同じである．

(5) データ削除

削除したい行の左端にマウスを置き，右クリックで表示されるメニューの「削除」を利用する．(3) で追加したレコードを削除する例を図 7.4 に示す．「切り取り」を利用した場合は，空白行が存在するとみなされるため主キーの重複や存在しない外部キーのエラーとなるので注意が必要である．

また，削除する行を含むテーブルが他のテーブルと参照整合性制約をもっているときは，削除する行の主キーを外部キーとしてもつテーブルの当該レコードが削除された後でしか，削除はできない．

なお，Excel を閉じるとき，「Want to save your changes for 'Book'」と聞いてくるが，これは，Excel ファイルの保存であり「いいえ」でよい．MySQL の更新は，「Commit Changes」のクリックで保存されている．

7.2.2 Excel ファイルへの書き出しと Excel ファイルからのデータ登録

(1) Excel ファイルへの書き出し

MySQL テーブルを Excel ファイルに書き出すには，7.2.1 項 (2) で読み込んだ Excel ファイルに名前をつけて保存すればよい．

(2) 外部 Excel データの MySQL テーブルへのデータ登録

下記の手順で行う．

① Excel ファイル開いて，登録するデータがあるシートを表示する．
② ［データ］タブ —［MySQL for Excel］—［Local instance MySQL］をクリックする．データベース一覧が表示されるので追加先のテーブルを選択する．
③ Excel シートの追加登録するデータの範囲を選択する．
④ 「Append Excel Data to Table」がクリック可能となるのでクリックする．
⑤ MySQL 上の登録先のテーブルとデータ登録する Excel シートの各カラムが対応しているかの確認画面が表示されるので問題なければ，「Append」をクリックする．この時追加するデータの先頭の行がカラム名を示している場合は「First Row Contains Column Names」のチェックを入れる．先頭がデータの場合はチェックを外す．
⑥ 確認画面に結果が表示される．

図 7.5 に確認画面の事例を示す．上半分が，追加されるデータを示しており，下半分は，追加先の MySQL テーブルのデータの一部を示している．

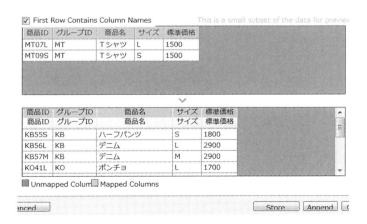

図 **7.5** データ登録確認画面の事例

7.2.3 バッチファイルによる一括処理

バッチファイルを作成しこれを起動することにより，複数の SQL 文を一度に実行することができる．これにより，繰返しの処理などを効率的に行うことができる．

商品テーブルに 3 件レコードを一括登録する例を示す．

① リスト 7.1 に示すように 商品テーブルに 3 件レコードを登録する「insert into」文をテキストファイルに作成し，これを「insert3.sql」名で保存する．
② リスト 7.1 を実行するリスト 7.2 のコマンドを作成し，(a) のファイル名の「バッチファイル」として保存する．
③ リスト 7.1 とリスト 7.2 を同じフォルダに保存した後，エクスプローラーから (a) のバッチファイルをダブルクリックすると，リスト 7.1 の SQL 文が実行される．リスト 7.2 の「pause」コマンドはリスト 7.1 の実行結果確認のため一時停止するものである．リスト 7.1，7.2，コマンド (a) の関係を図 7.6 に示す．

```
insert3.bat                                                        ---(a)
```

リスト **7.1** データ登録 SQL 文 (insert3.sql)

```
insert into 商品 values('WB36L','WB','スキニーパンツ','L',2800);
insert into 商品 values('WB37M','WB','スキニーパンツ','M',2800);
insert into 商品 values('WB38S','WB','スキニーパンツ','S',2800);
```

リスト **7.2** insert3.sql を実行する insert3.bat ファイル

```
mysql -u root -p shop_db < insert3.sql
pause
```

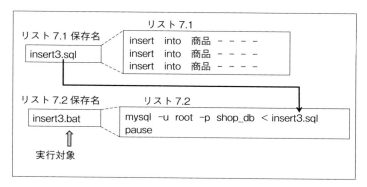

図 **7.6** リスト 7.1 とリスト 7.2 の関係

7.2.4 商品一覧レポート

商品の一覧レポートの作成方法を以下に示す.

① 商品一覧ビューの作成

リスト 7.3 に示す商品関連全テーブル結合ビューの SQL 文を作成する. リスト 7.3 の SQL 文で前半の部分は, 商品一覧ビューの新規生成の定義であり, 後半部分は, 商品一覧ビューが, カテゴリー, グループ, 商品の各テーブルで構成されることを示す. カテゴリー ID やグループ ID のように複数のテーブルに名称が存在するものは, その前の「.」で繋げてテーブル名をつける.

リスト 7.3　商品一覧ビュー

```
drop view if exists '商品一覧ビュー';
create view '商品一覧ビュー' as
select カテゴリー.カテゴリー ID,カテゴリー名,
       グループ.グループ ID,グループ名,
       商品 ID,商品名,サイズ,標準価格
  from カテゴリー,グループ,商品
 where カテゴリー.カテゴリー ID = グループ.カテゴリー ID and
       グループ.グループ ID = 商品.グループ ID;
```

② レポートの作成

作成されたビューを MySQL for Excel の Views で開くことによりレポートが表示される. より型式を整えたいときは, このビューをすべてコピーし, 新規のブックに「値の貼り付け」で貼り付けた後, 様式や罫線などを整えればよい. その結果を図 7.7 に示す.

Views については, 付録 5.4 節参照のこと.

カテゴリーID	カテゴリー名	グループID	グループ名	商品ID	商品名	サイズ	標準価格
K	子供	KB	ボトムス	KB55S	ハーフパンツ	S	1800
K	子供	KB	ボトムス	KB56L	デニム	L	2900
K	子供	KB	ボトムス	KB57M	デニム	M	2900
K	子供	KO	アウター	KO41L	ポンチョ	L	1700
K	子供	KT	トップス	KT48M	カットソー	M	2900
M	男性	MB	ボトムス	MB15S	チノパンツ	S	5900
M	男性	MO	アウター	MO01L	ダウンジャケット	L	15000
M	男性	MT	トップス	MT07L	Tシャツ	L	1500
M	男性	MT	トップス	MT08M	Tシャツ	M	1500
M	男性	MT	トップス	MT09S	Tシャツ	S	1500
W	女性	WB	ボトムス	WB35S	ショートパンツ	S	1700
W	女性	WB	ボトムス	WB36L	スキニーパンツ	L	2800
W	女性	WB	ボトムス	WB37M	スキニーパンツ	M	2800
W	女性	WB	ボトムス	WB38S	スキニーパンツ	S	2800
W	女性	WO	アウター	WO21L	テーラードジャケット	L	4000
W	女性	WT	トップス	WT28M	ブラウス	M	3000

図 7.7　商品データ一覧レポート例

7.3 MS Access による実装

7.3.1 商品データ登録支援機能

第 6 章では，各テーブルのフォームからデータを登録する方式をとったが，外部キーの ID は，決まっているものを再度入力する不便があった．そこで，第 7 章では，この問題を解決するため，登録時に外部キーの ID をプルダウンメニューで選択できる方式とする．対応は，追加，更新，削除が行われる可能性の高い商品テーブルに対して行う．

(1) 商品クエリの作成

グループテーブルと商品テーブルのクエリを作成する．作成したものは，「商品クエリ」とする（詳細は付録 6.7 節参照）．

(2) 商品拡張フォームの作成（詳細は付録 **6.8** 節参照）

「商品クエリ」を選び，「作成」で，「フォームウィザード」をクリックする．すべてのフィールドを選択（図 7.8 参照）し，後は，すべてデフォルトを選択し，フォーム名は，「商品拡張フォーム」とする．できたフォームを図 7.9 に示す．第 6 章の図 6.14 の商品フォームに比べて「グループ名」が追加されていることがわかる．

図 **7.8** フィールド選択画面

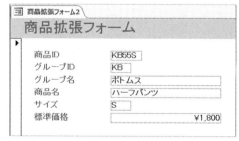
図 **7.9** 商品拡張フォーム

(3) グループ ID へのプルダウンメニュー追加（詳細は付録 **6.9** 節参照）

付録 6.9 節の手順に従って，グループ ID へのプルダウンメニューの設定を行う．商品拡張フォームのグループ ID をクリックするとグループ名がプルダウンメニューで表示される（図 7.10 参照）．これにより，新規の商品を登録する場合は，空白レコードへの移動後，グループ ID のプルダウンメニュー選択で，グループ名が自動的に入力される．

図 7.10 完成した商品拡張フォーム

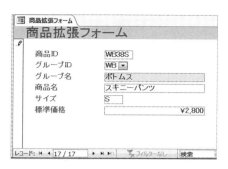
図 7.11 3件目のデータ追加

7.3.2 商品テーブルへのデータの登録，更新，削除

拡張フォームで，テーブルへの登録，更新，削除を行うときは下記の手順をとる．

(1) 商品データの登録

登録は，商品拡張フォームの一番下の移動ボタンにより空白レコードへ移動後，グループID のプルダウンメニューから登録対象のグループを選択した後，商品の追加を行う（図 7.10 参照）．表 7.2 の 3 件のデータを追加する例を示す．3 件目のデータ追加の状態を図 7.11 に示す．

表 7.2 商品追加データ

商品 ID	グループ ID	商品名	サイズ	標準価格
WB36L	WB	スキニーパンツ	L	2800
WB37M	WB	スキニーパンツ	M	2800
WB38S	WB	スキニーパンツ	S	2800

(2) 商品データの更新

データ更新は，6.4.3 項と同様にフォームの一番下の移動ボタンによりデータ更新を行うレコードを見つけ，これを更新する．商品拡張フォームのプルダウンメニューで選択しても，グループ ID とグループ名以外の項目は変化しないので注意を要する．

(3) 商品データの削除

6.4.3 項と同様に商品拡張フォームで削除を行うレコードを表示し，そのフォームの一番左端のレコードセレクターにマウスをもっていき，右クリックで表示されるメニューの「切り取り」で削除する．

7.3.3 Excel シートからのデータ登録

Excel シートから新規のテーブルへデータを登録するときは，「外部データ」から，「Excel」をクリックし，登録する Excel シートを指定する（図 7.12 参照）．この中で作成されるテーブ

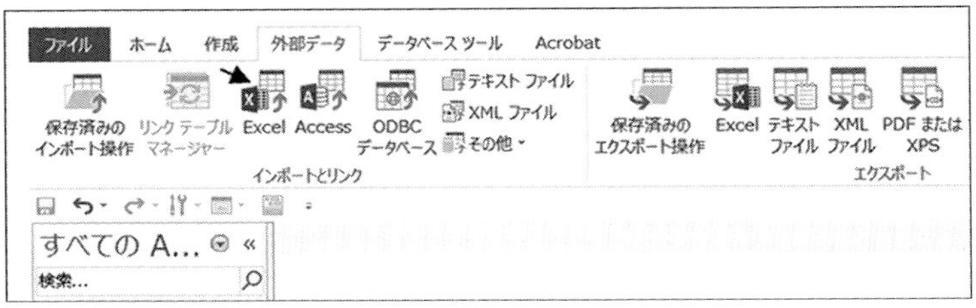

図 7.12 Excel シートからテーブルの登録

ルの主キーのフィールドを指定する（詳細は付録 6.10 節参照）．

Excel シートから既存のテーブルへデータを登録するときも同様であるが，このときは，登録する Excel シートの指定とともにデータ投入先のテーブルの指定が必要である．図 7.13 では，商品テーブルに表 7.3 で示す 2 件のデータを追加するケースを示している．

表 7.3 商品テーブルへの追加データ

商品 ID	グループ ID	商品名	サイズ	標準価格
MT07L	MT	T シャツ	L	1500
MT09S	MT	T シャツ	S	1500

このとき，登録する Excel シートの各フィールドと投入先のテーブルの各フィールドが一致していることが必要である（詳細は付録 6.11 参照）．

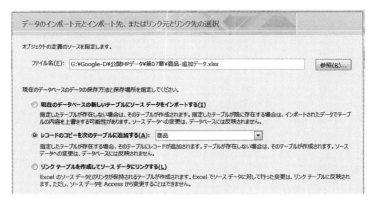

図 7.13 Excel シートと追加先テーブルの指定

7.3.4 商品データ一覧レポート

商品関連データの一覧レポートの作成方法を下記に示す．

「作成」で「クエリデザイン」を選択し，下記のステップでクエリを作成する．

- カテゴリーテーブル，グループテーブル，商品テーブルの 3 つを選択
- カテゴリーテーブルから「カテゴリー ID」，「カテゴリー名」を選択
- グループテーブルから「グループ ID」，「グループ名」を選択
- 商品テーブルから「商品 ID」，「商品名」，「サイズ」，「価格」を選択
- 保存で「商品レポートクエリ」と指定する（図 7.14 参照）．

次にこれを開いた状態で，「作成」の「レポートウィザード」によりレポートを作成する．レポート名は，「商品レポート」とする．すべての商品の一覧が掲載されたレポートが作成される（図 7.15 参照）．このレポートでは，「レイアウト」で，「ブロック (K)」を選択している．

商品レポートクエリ

カテゴリーID	カテゴリー名	グループID	グループ名	商品ID	商品名	サイズ	標準価格
K	子供	KB	ボトムス	KB55S	ハーフパンツ	S	¥1,800
K	子供	KB	ボトムス	KB56L	デニム	L	¥2,900
K	子供	KB	ボトムス	KB57M	デニム	M	¥2,900
K	子供	KO	アウター	KO41L	ポンチョ	L	¥1,700
K	子供	KT	トップス	KT48M	カットソー	M	¥2,900
M	男性	MB	ボトムス	MB15S	チノパンツ	S	¥5,900
M	男性	MO	アウター	MO01L	ダウンジャケット	L	¥15,000
M	男性	MT	トップス	MT08M	Tシャツ	M	¥1,500
M	男性	MT	トップス	MT07L	Tシャツ	L	¥1,500
M	男性	MT	トップス	MT09S	Tシャツ	S	¥1,500
W	女性	WB	ボトムス	WB35S	ショートパンツ	S	¥1,700
W	女性	WB	ボトムス	WB36L	スキニーパンツ	L	¥2,800
W	女性	WB	ボトムス	WB37M	スキニーパンツ	M	¥2,800
W	女性	WB	ボトムス	WB38S	スキニーパンツ	S	¥2,800
W	女性	WO	アウター	WO21L	テーラードジャケット	L	¥4,000
W	女性	WT	トップス	WT28M	ブラウス	M	¥3,000
*							

図 7.14 商品レポートクエリ

商品レポート

商品レポート

カテID	カテゴリー名	グルID	グループ名	商品ID	商品名	サイズ	標準価格
K	子供	KB	ボトムス	KB56L	デニム	L	¥2,900
				KB57M	デニム	M	¥2,900
				KB55S	ハーフパンツ	S	¥1,800
K	子供	KO	アウター	KO41L	ポンチョ	L	¥1,700
K	子供	KT	トップス	KT48M	カットソー	M	¥2,900
M	男性	MB	ボトムス	MB15S	チノパンツ	S	¥5,900
M	男性	MO	アウター	MO01L	ダウンジャケット	L	¥15,000
M	男性	MT	トップス	MT07L	Tシャツ	L	¥1,500
				MT09S	Tシャツ	S	¥1,500
				MT08M	Tシャツ	M	¥1,500
W	女性	WB	ボトムス	WB35S	ショートパンツ	S	¥1,700
				WB36L	スキニーパンツ	L	¥2,800
				WB37M	スキニーパンツ	M	¥2,800
				WB38S	スキニーパンツ	S	¥2,800
W	女性	WO	アウター	WO21L	テーラードジャケ:	L	¥4,000
W	女性	WT	トップス	WT28M	ブラウス	M	¥3,000

2016年5月21日　1/1 ページ

図 7.15 商品レポート

演習問題

設問1 商品テーブルに下記のデータを追加し結果を確認せよ．

商品 ID	グループ ID	商品名	サイズ	標準価格
WT32S	WT	タンクトップ	S	1,400

[問1] MySQL の実装で MySQL for Excel を利用して設問1を解答せよ．

[問2] Access の実装で商品拡張フォームを利用して設問1を解答せよ．

設問2 設問1で追加した商品 ID が WT32S の商品の標準価格を 2,800 円に更新せよ．

[問3] MySQL の実装で MySQL for Excel を利用して設問2を解答せよ．

[問4] Access の実装で商品拡張フォームを利用して設問2を解答せよ．

設問3 設問1で追加したデータを削除せよ．

[問5] MySQL の実装で MySQL for Excel を利用して設問3を解答せよ．

[問6] Access の実装で商品拡張フォームを利用して設問3を解答せよ．

第8章
販売管理サブシステム その1

―□ 学習のポイント ―

　第 8 章から第 10 章では，第 1 章のカジュアルウェアショップシステムのうち販売管理サブシステムを実装する．販売管理サブシステムでは商品の販売に関するデータを蓄積し，売上や入金状況などの販売管理を行う上で必要な情報を出力する．まず，第 8 章では販売管理サブシステムの機能とソフトウェア構造を示し，第 5 章で作成した ER 図からテーブルの設計と作成を行う．本章は，次の事項を理解することを目的とする．

- 販売管理サブシステムで使用するテーブルの実装方法を理解する．
- 上記のテーブルにデータを登録する方法を理解する．
- データベースによって提供されている整合性制約が，実際のデータ操作においてどのように動作するかを理解する．

―□ キーワード ―

　販売管理サブシステム，キー制約，実体整合性制約，ドメイン制約，参照整合性制約

8.1　販売管理サブシステムの機能と構造

　販売管理サブシステムは，第 1 章に示されているカジュアルウェアショップシステムの業務のうち，商品の販売管理のために，会員，注文，支払の 3 つの情報を管理する．図 8.1 に示すように，これらの情報はネットショップで受け付けられると直ちに連絡される．このとき，情報の変更や削除がある場合にも併せて連絡される．そこで，これらの情報をカジュアルウェアショップシステムのデータベースに登録し，データベースから販売管理に必要な一覧表や集計表などのレポートを作成する．また，データベースに登録したデータは第 11 章，第 12 章で説明する在庫管理サブシステムから参照され活用される．

　ここで，図 5.10 の ER 図のテーブルのうち，これらの情報を保存するのは「会員」，「明細」，「注文」，「支払」の各テーブルであり，これに加えて第 6 章の商品管理サブシステムで作成された「商品」テーブルを参照する．図 5.10 からこれらのテーブルのみを抜粋した ER 図を，図 8.2 に示す．

以下に，販売管理サブシステムの機能の概要を説明する．なお，本章では図 8.1 のデータベースに対して上記のテーブルを実装する．販売管理情報入力機能の実装は第 9 章で，レポート作成機能の実装は第 10 章で説明する．

(1) 販売管理情報入力機能

販売管理情報入力機能では，会員，注文，支払の各情報の登録，更新，削除を行う．まず，ネットショップで新たな会員登録が行われると，会員テーブルに会員情報を登録し，住所などの変更や退会の場合には，それぞれ情報の更新や削除を行う．また，新たな注文があると，注文と明細の 2 つのテーブルに注文情報が登録され，注文の変更や取消しが発生した場合には更新や削除が行われる．同様に，注文の支払が行われると支払テーブルに情報を登録し，支払情報の訂正があった場合には更新や削除が行われる．

また，入力の誤りを防止するためにデータベースの整合性制約が設定されており，さらに業務の点からも誤りのチェックが行われる．例えば，整合性制約であるキー制約により，2 人の会員を同じ会員 ID で登録することはできない．また，業務の点からはメールアドレスに「@」がない場合には，不正な情報としてシステムから修正要求のメッセージを出力する．

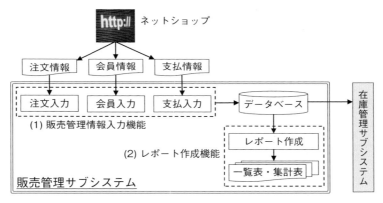

図 8.1　販売管理サブシステムのソフトウェア構造

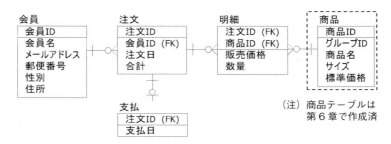

図 8.2　販売管理サブシステムの ER 図

(2) レポート作成機能

販売業務を行うためには，(1) で入力された情報から注文や入金などの販売状況を容易に把握できるようにしておく必要がある．このため，必要に応じて情報を一覧表や集計表の形式に

整理したレポートを作成する．

8.2 テーブル設計

販売管理サブシステムでは図 8.2 のテーブル（商品テーブルを除く）を追加する．また，各々のテーブルの列の仕様を表 8.1 に，データの事例を図 8.3 に示す．なお，商品テーブルのデータは本章で使用するデータのみを抜粋してある．列の仕様については表 6.1 を参照のこと．

なお，注文テーブルの「注文 ID」は，1 回の注文ごとに付与される番号である．同じく，「合計」はこの注文の合計金額であり，明細テーブルの該当する注文 ID をもつデータについて，販売価格×数量を合計したものとなる．例えば，図 8.3 の注文テーブルの注文 ID が C001 の「合計」は，明細テーブルの注文 ID が C001 の行の販売価格×数量を合計した金額になっている．なお，販売価格はセールの値下げなどで変更されるため，商品テーブルの標準価格と異なる場合がある．

各々のテーブルには，データの整合性を維持するために，以下の整合性制約を課す．

① キー制約： テーブルで同じ主キーの値をもつ行は存在しない．なお，明細テーブル

表 8.1 販売管理サブシステムのテーブルの設計

(1) 会員テーブル

列名	列の型および長さ	キー	備考
会員 ID	半角 4 文字	PK	
会員名	全角文字列 30 文字		会員の氏名
メールアドレス	半角文字列 30 文字		「@」を含む文字列
郵便番号	半角 8 文字		xxx-yyyy の形式の 8 桁の文字列
性別	全角 1 文字		値は「男」か「女」
住所	全角文字列 30 文字		

(2) 明細テーブル

列名	列の型および長さ	キー	備考
注文 ID	半角 4 文字	PK, FK	注文テーブルの注文 ID
商品 ID	半角 5 文字	PK, FK	商品テーブルの商品 ID
販売価格	通貨型		販売時点の商品テーブルの価格
数量	整数型		正の整数

(3) 注文テーブル

列名	列の型および長さ	キー	備考
注文 ID	半角 4 文字	PK	1 回の販売ごとに付与される番号
会員 ID	半角 4 文字	FK	会員テーブルの会員 ID
注文日	日付型		
合計	通貨型		明細テーブルから導出（注 2）

(4) 支払テーブル

列名	列の型および長さ	キー	備考
注文 ID	半角 4 文字	PK, FK	注文テーブルの注文 ID
支払日	日付型		

(注 1)「キー」の欄の表記は右のとおり． PK：主キー，FK：外部キー
(注 2) 明細テーブルの該当する注文 ID の行の　販売価格×数量　の合計

会員

会員ID	会員名	メールアドレス	郵便番号	性別	住所
M001	今井　美紀	imai@to.ac.jp	100-0001	女	東京都
M002	本田　圭	honda@fu.ac.jp	812-0001	男	福岡県

明細

注文ID	商品ID	販売価格	数量
C001	M001L	15000	1
C001	MT08M	1500	2
C002	MT08M	1500	1
C002	WB35S	1700	3

注文

注文ID	会員ID	注文日	合計
C001	M001	2015/7/1	18000
C002	M002	2015/7/5	6600

支払

注文ID	支払日
C001	2015/7/1

商品

商品ID	グループID	商品名	サイズ	標準価格
M001L	MO	ダウンジャケット	L	15000
MT08M	MT	Tシャツ	M	1500
WB35S	WB	ショートパンツ	S	1700

図 **8.3**　販売管理サブシステムのデータの事例

では{注文ID，商品ID}の2つの列が主キーを構成しているため，注文IDがC001の行のように一方のみが同じ値をもつ行は存在してよい．

② 実体整合性制約：テーブルの主キーを構成する列の値が空値であってはならない．例えば，上記の{注文ID，商品ID}は，いずれも空値であってはならない．

③ ドメイン制約：テーブルの列の値が表8.1に示したデータの型および長さであるという制約．例えば，明細テーブルの{数量}に数字以外の文字「a」は指定できない．

④ 参照整合性制約：表8.1でFK（外部キー）の列には参照整合性制約を課す．したがって，これらの列の値は空値である場合を除いて，表8.1の備考に示す参照先の主キーの値である必要がある．例えば，注文テーブルに存在しない注文IDを，明細テーブルの注文IDとして登録することはできない．逆に，明細テーブルに登録されている注文IDは，注文テーブルから削除できない．

8.3 MySQLによる実装

8.3.1 テーブルの設計と作成

表8.1に基づきMySQLのテーブルの設計を行った結果を表8.2に示す．データ型には6.3節の商品管理サブシステムと同様に，文字列型は桁数を指定したVARCHAR，通貨型や整数型はINT，また，日付型はDATEを使用する．図8.2のER図に表8.2に示したデータ型の情報を追加し，図8.4のER図を作成する．このER図から6.3.1項と同様にA5M2を用いて，リスト8.1の各テーブルを作成するSQL文を生成する．このとき，参照整合性制約を課すために，A5M2の「DDLの生成」で「リレーションシップから外部キー制約を作成する」にチェックする．詳細は付録2.8節を参照のこと．

商品関連のテーブルが作成されているデータベースshop_dbに対して，リスト8.1のSQL文を実行して，商品テーブルを除く図8.4のテーブルを追加する．ここで，リスト8.1は，再度実行する場合にも参照整合性制約に違反しないように，A5M2で生成したSQL文の実行の

表 8.2 MySQL による販売管理サブシステムのテーブルの設計

(1) 会員テーブル

列名	データ型	キー	備考
会員 ID	VARCHAR(4)	PK	
会員名	VARCHAR(60)		会員の氏名
メールアドレス	VARCHAR(30)		「@」を含む文字列
郵便番号	VARCHAR(8)		xxx-yyyy の形式の 8 桁の文字列
性別	VARCHAR(2)		値は「男」か「女」
住所	VARCHAR(60)		

(2) 明細テーブル

列名	データ型	キー	備考
注文 ID	VARCHAR(4)	PK, FK	注文テーブルの注文 ID
商品 ID	VARCHAR(5)	PK, FK	商品テーブルの商品 ID
販売価格	INT		販売時点の商品テーブルの価格
数量	INT		正の整数

(3) 注文テーブル

列名	データ型	キー	備考
注文 ID	VARCHAR(4)	PK	1 回の販売ごとに付与される番号
会員 ID	VARCHAR(4)	FK	会員テーブルの会員 ID
注文日	DATE		
合計	INT		明細テーブルから導出(注 2)

(4) 支払テーブル

列名	データ型	キー	備考
注文 ID	VARCHAR(4)	PK, FK	注文テーブルの注文 ID
支払日	DATE		

(注 1)「キー」の欄の表記は右のとおり.PK:主キー,FK:外部キー
(注 2) 明細テーブルの該当する注文 ID の行の販売価格 × 数量の合計

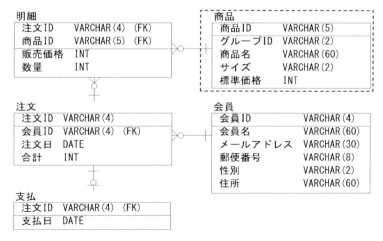

図 8.4 販売管理サブシステムの ER 図

順番を変更している．この詳細は8.3.3項で説明する．

その後，6.3節のshow tables文を使用してテーブルが作成されていることを確認する．なお，商品テーブルは6.3節で作成されているため，ここでの作成は不要である．

リスト 8.1　販売管理サブシステムのテーブル作成のSQL文

```sql
-- 注文・会員・明細・支払テーブルの作成
drop table if exists '明細' cascade;
create table '明細' (
  '注文ID' VARCHAR(4)
  , '商品ID' VARCHAR(5)
  , '販売価格' INT
  , '数量' INT
  , constraint '明細_PKC' primary key ('注文ID','商品ID')
);

drop table if exists '支払' cascade;
create table '支払' (
  '注文ID' VARCHAR(4)
  , '支払日' DATE
  , constraint '支払_PKC' primary key ('注文ID')
);

drop table if exists '注文' cascade;
create table '注文' (
  '注文ID' VARCHAR(4)
  , '会員ID' VARCHAR(4)
  , '注文日' DATE
  , '合計' INT
  , constraint '注文_PKC' primary key ('注文ID')
);

drop table if exists '会員' cascade;
create table '会員' (
  '会員ID' VARCHAR(4)
  , '会員名' VARCHAR(60)
  , 'メールアドレス' VARCHAR(30)
  , '郵便番号' VARCHAR(8)
  , '性別' VARCHAR(2)
  , '住所' VARCHAR(60)
  , constraint '会員_PKC' primary key ('会員ID')
);

-- 参照整合性制約の追加
alter table '明細'
  add constraint '明細_FK1' foreign key ('商品ID') references '商品'('商品ID');
alter table '明細'
  add constraint '明細_FK2' foreign key ('注文ID') references '注文'('注文ID');
alter table '支払'
  add constraint '支払_FK1' foreign key ('注文ID') references '注文'('注文ID');
alter table '注文'
  add constraint '注文_FK1' foreign key ('会員ID') references '会員'('会員ID');
```

8.3.2 テーブルへのデータ登録

リスト8.2に示すinsert文で，図8.3に示す販売管理のデータを登録する．ここでは参照整合性制約が課されているため，外部キーで参照されるテーブルのデータを先に登録する．すなわち，会員テーブル，注文テーブルの順にデータを登録し，その後，明細テーブル，支払テーブルのデータを登録する．最後にselect文でデータの検索を行い，図8.3のデータが登録されたことを確認する．

リスト8.2　販売管理サブシステムのデータ登録のSQL文

```
-- 会員テーブルへのデータ登録
insert into 会員 values
('M001','今井　美紀','imai@to.ac.jp','100-0001','女','東京都'),
('M002','本田　圭','honda@fu.ac.jp','812-0001','男','福岡県');

-- 注文テーブルへのデータ登録
insert into 注文 values ('C001','M001','2015-07-01',18000),
('C002','M002','2015-07-05',6600);

-- 明細テーブルへのデータ登録
insert into 明細 values ('C001','MO01L',15000,1),('C001','MT08M',1500,2),
('C002','MT08M',1500,1),('C002','WB35S',1700,3);

-- 支払テーブルへのデータ登録
insert into 支払 values ('C001','2015-07-01');
```

8.3.3　整合性制約の確認

次に，8.2節に示した4つの整合性制約に反したデータ操作の事例をリスト8.3に示す．①はすでに主キー{C001,MO01L}をもつデータが存在するためキー制約に，②は主キーの一部である「商品ID」がnull（空値）であるため実体整合性制約に，③は整数である「数量」に文字列を登録しようとしたためドメイン制約に反している．また，④-1の登録では，参照先である注文テーブルに存在しない「注文ID」の値{C003}をもつデータを明細テーブルに登録しようとし，④-2の削除では参照元である明細テーブルに存在する「注文ID」の値{C001}をもつデータを注文テーブルから削除しようとしたため，それぞれ参照整合性制約に反している．

④-1に示されるように，外部キーをもつテーブルにデータを登録する場合には，先に参照先のテーブルに参照するデータを登録する必要がある．このため，まず，リスト8.2に示すように，会員テーブル，注文テーブルの順に登録し，次に明細テーブル，支払テーブルの登録を行う．同様に，新たな商品の注文を受け付ける場合には，明細テーブルへの登録に先立って商品テーブルに該当の商品を登録しておく必要がある．逆に，④-2に示されるように，外部キーの参照先のテーブルのデータを削除する場合には，事前に参照元のデータを削除する必要があるため，削除はこの逆の順番で行う．

リスト 8.3　整合性制約に伴うエラーの事例

```
mysql> -- ① キー制約
mysql> insert into 明細 values ('C001','M001L',15000,1);
ERROR 1062 (23000): Duplicate entry 'C001-M001L' for key 'PRIMARY'

mysql> -- ② 実体整合性制約
mysql> insert into 明細 values ('C001',null,15000,1);
ERROR 1048 (23000): Column '商品ID' cannot be null

mysql> -- ③ ドメイン制約
mysql> insert into 明細 values ('C002','M001L',15000,'a');
ERROR 1366 (HY000): Incorrect integer value: 'a' for column '数量' at row 1

mysql> -- ④-1 参照整合性制約（登録）
mysql> insert into 明細 values ('C003','M001L',15000,1);
ERROR 1452 (23000): Cannot add or update a child row: a foreign key constraint
fails ('shop_db'.'明細', CONSTRAINT '明細_FK2' FOREIGN KEY ('注文ID')
REFERENCES '注文' ('注文ID'))

mysql> -- ④-2 参照整合性制約（削除）
mysql> delete from 注文 where 注文ID='C001';
ERROR 1451 (23000): Cannot delete or update a parent row: a foreign key
constraint fails ('shop_db'.'支払', CONSTRAINT '支払_FK1' FOREIGN KEY ('注文ID')
REFERENCES '注文' ('注文ID'))
```

8.4　MS Access による実装

8.4.1　テーブルの設計と作成

　表 8.1 に示したテーブルを，Access のデータ型およびフィールド長で表現したものを，表 8.3 に示す．文字列型，通貨型，整数型はそれぞれ 6.4 節と同様に短いテキスト，通貨型，数値型，を使用し，文字列型ではフィールド長の文字数を指定する．

　次に，6.4 節と同様の手順でテーブルを作成し，図 8.2 の ER 図から図 8.5 のリレーションシップを作成する．なお，商品テーブルは 6.4 節で作成されている．ここで，8.2 節に示したように外部キーには参照整合性制約を課すため，リレーションシップを追加する際に，図 8.6 に示すリレーションシップの編集画面で「参照整合性」をチェックする．リレーションシップ作成と参照整合性制約設定の手順の詳細は付録 6 の 6.5 節を参照のこと．このとき，支払テーブルと注文テーブルのリレーションシップは 1 対 1 のため，リレーションシップを注文テーブルの「注文 ID」から支払テーブルの「注文 ID」にドラッグすることで図 8.6 にように「リレーション　テーブル/クエリ」側が「支払」と「注文 ID」になるようにする．この設定により支払テーブルの注文 ID が外部キーになり，参照整合性制約が課される．

表 8.3 Access による販売管理サブシステムのテーブルの設計

(1) 会員テーブルの設計

フィールド名	データ型	フィールド長	キー	備考
会員 ID	短いテキスト	4	PK	
会員名	短いテキスト	30		会員の氏名
メールアドレス	短いテキスト	30		@を含む文字列
郵便番号	短いテキスト	8		xxx-yyyy の形式の 8 桁の文字列
性別	短いテキスト	1		値域は {男, 女}
住所	短いテキスト	30		

(注 1)「キー」の欄の表記は右のとおり．PK：主キー，FK：外部キー

(2) 明細テーブルの設計

フィールド名	データ型	フィールド長	キー	備考
注文 ID	短いテキスト	4	PK, FK	注文テーブルの注文 ID
商品 ID	短いテキスト	5	PK, FK	商品テーブルの商品 ID
販売価格	通貨型			標準価格と異なる場合がある
数量	数値型			正の整数

(3) 注文テーブルの設計

フィールド名	データ型	フィールド長	キー	備考
注文 ID	短いテキスト	4	PK	1 回の販売ごとに付与される番号
会員 ID	短いテキスト	4	FK	会員テーブルの会員 ID
注文日	日付/時刻型			
合計	通貨型			明細テーブルから導出（注 2）

(注 2) 明細テーブルの該当する注文 ID の行の　販売価格×数量　の合計

(4) 支払テーブルの設計

フィールド名	データ型	フィールド長	キー	備考
注文 ID	短いテキスト	4	PK, FK	注文テーブルの注文 ID
支払日	日付/時刻型			

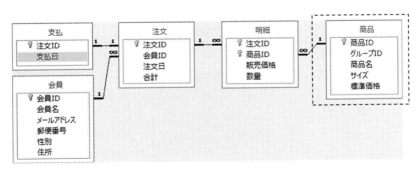

図 8.5　リレーションシップの設定

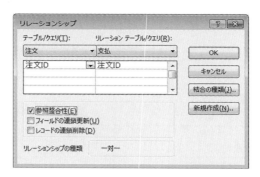

図 8.6 参照整合性制約の設定

8.4.2 テーブルへのデータ登録

次に，Access の各テーブルのデータシートビューを表示し，図 8.7 のデータを登録する．なお，商品テーブルには 6.4 節でデータが登録済であり，ここでは本章で使用するデータのみを示している．また，参照整合性制約が課されているため，外部キーで参照されるテーブルから登録する．すなわち，会員テーブル，注文テーブルの順に登録し，次に，明細テーブル，支払テーブルにデータを登録する．なお，削除する場合には逆の順番で削除する．

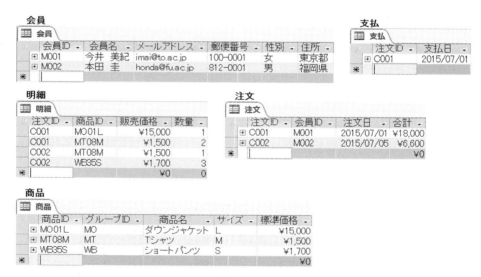

図 8.7 データシートビューによるデータの登録

8.4.3 整合性制約の確認

8.2 節に示した 4 つの整合性制約が課されていることを確認する．まず，明細テーブルのデータシートビューを使用して表 8.4①から④-1 に示すデータの登録操作を行い，各々で整合

性制約に関するエラーメッセージが表示されてデータの登録ができないことを確認する．なお，操作を取り消す場合には「Esc」キーを押し，入力前の状態に戻す．ここで，① は主キー {C001,MO01L} をもつデータが存在するためキー制約に，② は主キーの一部である商品 ID が null であるため実体整合性制約に，③ は数値型である数量に文字列を入力したためドメイン制約に，④-1 は注文テーブルに存在しない注文 ID を指定しているため参照整合性制約に反している．

表 8.4 整合性制約に反する登録の事例（明細テーブル）

テーブル名	整合性制約	注文 ID	商品 ID	販売価格	数量
明細	① キー制約	C001	MO01L	¥15,000	1
明細	② 実体整合性制約	C001		¥15,000	1
明細	③ ドメイン制約	C002	MO01L	¥15,000	a
明細	④-1 参照整合性制約（挿入）	C003	MO01L	¥15,000	1
注文	④-2 参照整合性制約（削除）	C001	—	—	—

次に，注文テーブルのデータシートビューで，表 8.4 ④-2 の注文 ID が {C001} のデータを削除する操作を行い，同様にデータが削除できないことを確認する．この場合には，明細テーブルに注文 ID が {C001} のデータが存在しているため，削除は参照整合性制約に反する．

演習問題

設問1 会員テーブルに新たなデータを登録して 8.2 節の ① から ③ の整合性制約によるエラーを発生させ，各々の整合性制約について以下の問に解答せよ．

[問1] MySQL の実装で，各整合性制約に反するデータを登録する SQL 文を解答せよ．

[問2] Access のデータシートビューで，設問1に解答せよ．ただし，データシートビューの「短いテキスト」のフィールドに，一旦データを入力して削除した場合には，空値ではなく長さ 0 のフィールドになるので注意のこと．

設問2 注文テーブルに下図のデータを登録し，参照整合性制約によるエラーが発生することを確認せよ．次に，以下の手順で整合性のある状態にせよ．

(1) 会員テーブルにデータを登録してエラーが起きない状態にした上で，下図のデータを登録せよ．なお，会員テーブルに登録するデータは任意でよい．
(2) 明細テーブルに，注文テーブルの合計と整合するデータを登録せよ．
(3) 支払テーブルに，この注文に対応した支払データを登録せよ．

注文

注文ID	会員ID	注文日	合計
C999	M999	2015/07/15	1500

[問3] MySQL の実装で設問2に解答せよ．
[問4] Access の実装で設問2に解答せよ．

設問3 設問2で登録した会員テーブルのデータを削除せよ．なお，参照整合性制約が存在するため，まず，関連するテーブルのデータを削除すること．

[問5] MySQL の実装で設問3に解答せよ．
[問6] Access の実装で設問3に解答せよ．

第 9 章
販売管理サブシステム その 2

☐ 学習のポイント

　第 9 章では，販売管理サブシステムの販売管理情報入力機能を実装する．業務システムでは，たとえプログラムが正しくとも，誤ったデータが入力されると不正な処理が行われる可能性がある．したがって，誤ったデータの入力を防止することが重要である．MySQL では SQL 文を使用して入力データの誤りを検出し，導出属性の値を計算する方法を学ぶ．Access ではデータ登録用フォームを使用して誤ったデータの入力を防止し，導出属性の値を計算する方法を学ぶ．

- 業務の要件に基づく入力誤りの検出が必要であることを理解する．
- MySQL の SQL 文により誤ったデータを検出する機能を実装する方法を理解する．
- Access のフォームを利用して誤ったデータの入力を防止する方法を理解する．

☐ キーワード

　販売管理情報入力機能，MySQL for Excel，データフロー図，ビュー，バッチファイル，Access フォーム

9.1 販売管理情報入力機能における入力誤りの検出

9.1.1 本章の狙い

　本章では，第 8 章に示した会員入力，注文入力，支払入力から構成される販売管理情報入力機能を実装する．ここで，販売管理サブシステムのテーブルには，8.2 節に示したキー制約，実体整合性制約，ドメイン制約，参照整合性制約が課されており，これらの整合性制約に反するような誤ったデータの入力は防止されている．一方で，これらの整合性制約は汎用的なものであるため，さらに業務の視点から見た誤りも検出する必要がある．

　そこで，本章では MySQL，Access の特性に応じ，それぞれ以下の方式によりアプリケーション側で業務面から見た入力誤りを検出するための機能を実装する．

(1) MySQL：　入力したデータに対し SQL 文による確認を行い，誤りを検出する．
(2) Access：　フォームの機能を活用して誤ったデータの入力を防止する．

9.1.2 本章で検出対象とする入力誤り

本章で検出対象とする誤りを表 9.1 に示す[1]．例えば，メッセージ番号 1 は，会員テーブルに登録しようとしている会員データのメールアドレスに「@」がない，すなわち誤ったメールアドレスであることを示している．このような誤りは，上記の整合性制約では検出できない．

なお，MySQL では，確認の結果，誤りがなかった場合にはメッセージ番号 0 の正常終了のメッセージを表示する．

表 9.1　入力誤りを検出した場合のメッセージ（誤りなしを含む）

テーブル名	メッセージ番号		メッセージ
なし	（注 1）	0	＊＊＊　正常に終了しました．　＊＊＊
会員		1	メールアドレスに「@」がありません．
会員		2	郵便番号に「-」がないか，長さが 8 文字未満です．
会員		3	性別が「男」，「女」以外です．
会員	（注 2）	4	同じ「氏名」と「メールアドレス」の会員が登録されています．
明細入力		41	数量に 1 以上でないものがあります．
明細入力	（注 1）	42	数量が 1 件も設定されていません．

（注 1）MySQL のみ表示する．　　（注 2）Access ではテーブルの制約を使用する．

9.2　MySQL による実装

9.2.1　販売管理情報入力機能の構成

各機能のデータフロー図を図 9.1 に示す．データフロー図はシステムの入出力や処理の間のデータの流れを示す図である．例えば，図 9.1 の (1) では，以下の流れを示している．

① 会員情報を Excel 画面から MySQL for Excel で「会員」テーブルに登録する．
② ①のデータを「91_会員確認」で処理し，結果を「確認結果」テーブルに登録する．
③ ②の結果を MySQL for Excel の「結果ビュー」により Excel 画面に表示する．

図 9.1 の破線で囲んだテーブルとビューは，販売管理情報入力機能を実装するために本章で追加するものである．なお，MySQL for Excel によるビューの検索方法は付録 5 の 5.5 節を参照のこと．

上記の③で誤りのメッセージが表示された場合には，誤っているデータを特定する必要がある．そこで，ユーザに通知する際には表 9.2 に示すように，メッセージと共に該当するデータの主キーの値を併せて表示し，誤った入力データを特定できるようにする．例えば，メッセージ番号 1 ではテーブル名の「会員」と，キー項目として誤った会員の会員 ID を表示する．また，複数のデータによって発生する誤りや，主キーが複数の属性から構成されている場合には，メッ

---

[1] メッセージ番号 4 は MySQL でも一意性制約（参考文献 [10] 参照）により実装できるが，ここでは SQL 文で誤りを検出する実装の事例を示す．

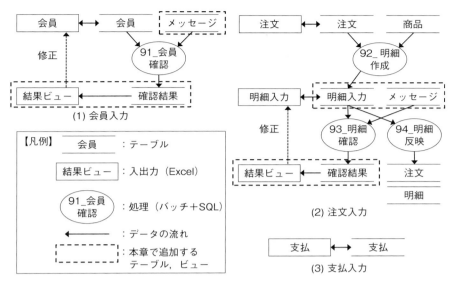

図 9.1 販売管理情報入力機能のデータフロー図

セージ番号4に示すように該当する主キーの値を「–」で結合して表示する．なお，メッセージ番号0は誤りがない場合に表示されるため，テーブル名，キー項目は「なし」を表示する．

表 9.2 会員テーブルの確認結果メッセージの事例

テーブル名	キー項目	メッセージ番号	メッセージ
なし	なし	0	＊＊＊　正常に終了しました．　＊＊＊
会員	M003	1	メールアドレスに「@」がありません．
会員	M001-M004	4	同じ「氏名」と「メールアドレス」の会員が登録されています．

9.2.2　販売管理情報入力機能の操作

図9.1で，丸印で示されている「91_会員確認」などの処理は表9.3に示すバッチファイルとして実装し，SQLファイルに保存されたSQL文を実行する構成とする．また，結果ビューで登録データの誤りが検出された場合には，Excel画面から修正を行う．ここでは，全体の機能を理解するために，データフロー図に沿って入力操作の具体的な事例を示す．実際に操作する場合には，事前に9.2.3項以降に記載した実装を実施すること．

(1) 会員入力

会員入力では一旦，会員テーブルにデータを登録した後で，誤りがないか確認する．操作の流れを以下に示す．

① 会員情報の入力： MySQL for Excelで「会員」テーブルを選択し，「Edit MySQL

表 9.3 バッチファイルと SQL ファイルの一覧

機能	バッチファイル名	SQL ファイル名	機能概要
会員入力	91_会員確認.bat	91_会員確認.sql	会員テーブルの誤り有無の確認を行う．
注文入力	92_明細作成.bat	92_明細作成.sql	注文テーブルで合計欄の設定されていないデータを対象に，明細入力テーブルのデータを作成する．
	93_明細確認.bat	93_明細確認.sql	明細入力テーブルの誤り有無の確認を行う．
	94_明細反映.bat	94_明細反映.sql	明細入力テーブルのデータを明細テーブル，および注文テーブルの合計欄に反映する．

Data」―「Import」をクリックして，会員テーブルへの登録，更新，削除を行う．図 9.2 の (a) に，会員 ID が「M003」と「M004」の会員を登録する事例を示す．郵便番号の誤りと，同一の氏名，メールアドレスをもつデータが存在することに注意のこと．

② バッチファイル「91_会員確認」の実行：登録したデータのチェックが行われ，結果が「確認結果」テーブルに登録される．

③ 結果ビューの確認：MySQL for Excel で，9.2.4 項で作成される「結果ビュー」を選択し「Import MySQL Data」―「Import」をクリックしてデータをインポートする．① のデータに対しては誤りがあるため，図 9.2 の (b) のメッセージが Excel に読み込まれる．

④ ① に戻って図 9.2 の (b) のメッセージに基づきデータを修正する．この事例では，会員 ID が「M003」の会員の郵便番号の「=」を「-」に変更し，「M004」の会員のメールアドレスの「@to」を「@oo」に変更する．②，③ の手順を繰返して，表 9.2 の「正常に終了しました．」のメッセージが表示されることを確認する．

会員ID	会員名	メールアドレス	郵便番号	性別	住所
M001	今井 美紀	imai@to.ac.jp	100-0001	女	東京都
M002	本田 圭	honda@fu.ac.jp	812-0001	男	福岡県
M003	矢沢 大吉	yazawa@ho.ac.jp	060=0001	男	北海道
M004	今井 美紀	imai@to.ac.jp	530-0001	女	大阪府

(a) 会員テーブルの Excel 画面

テーブル名	キー項目	メッセージ番号	メッセージ
会員	M003	2	郵便番号に「-」がないか，長さが8文字未満です．
会員	M001-M004	4	同じ「氏名」と「メールアドレス」の会員が登録されています．

(b) 結果ビューの Excel 画面

図 9.2 会員入力と結果ビューの Excel 画面

(2) 注文入力

注文入力では，まず，図 9.3(a) に示す注文テーブルに「合計」の値を空値にした注文データを登録する．次に，これに基づき図 9.3(b) に示す明細入力テーブルのデータを作成して，明細の「数量」を指定する．明細入力テーブルに誤りがないことを確認した後で，明細テーブルに

登録すると共に，注文テーブルの「合計」の値を設定する．操作の流れを以下に示す．
① 注文情報の入力： MySQL for Excel で「注文」テーブルを選択し，「Edit MySQL Data」—「Import」をクリックしてデータを読み込んだ上で，図 9.3 (a) の注文 ID が「C003」に示すような新たな注文を登録する．このとき，導出属性である「合計」は空値のままにしておく．
② バッチファイル「92_明細作成」の実行： 9.2.4 項で作成する明細入力テーブルに，図 9.3 の (b) のデータが登録される．なお，この段階では，数量は空値になっている．
③ 明細の数量の入力： MySQL for Excel で「明細入力」テーブルを選択し，「Edit MySQL Data」—「Import」をクリックして，明細入力テーブルの数量を指定する．注文しない商品の「数量」は空値のままにする．なお，明細入力テーブルには，商品テーブルに登録されているすべての商品が表示される．ここでは，図 8.3 の商品だけが登録されているものとし，図 9.3 の (b) に示す数量を入力した事例を示す．商品 ID が「MO01L」の数量がマイナスで誤っていることに注意のこと．
④ バッチファイル「93_明細確認」の実行： 入力した数量のチェックが行われる．
⑤ 結果ビューの確認： (1) と同様に結果ビューのメッセージを Excel に読み込む．③ で入力した数量については，図 9.3 の (c) のメッセージが表示される．
⑥ ③ に戻って商品 ID が「MO01L」の数量を「1」に修正し，④，⑤ の手順を繰返して，表 9.2 の「正常に終了しました．」のメッセージが表示されることを確認する．
⑦ バッチファイル「94_明細反映」の実行： 明細入力テーブルから数量の指定されているデータだけが明細テーブルに登録され，注文テーブルの合計金額が設定される．

注文ID	会員ID	注文日	合計
C001	M001	2015/7/1	18000
C002	M002	2015/7/5	6600
C003	M001	2015/7/6	

(a) 注文テーブルの Excel 画面

注文ID	商品ID	販売価格	数量
C003	MO01L	15000	-1
C003	MT08M	1500	2
C003	WB35S	1700	

(b) 明細入力テーブルの Excel 画面

テーブル名	キー項目	メッセージ番号	メッセージ
明細入力	C003-MO01L	41	数量に1以上でないものがあります．

(c) 結果ビューの Excel 画面

図 9.3 注文入力と結果ビューの Excel 画面

(3) 支払入力

支払入力の誤りは，すでに登録済のデータの二重登録，注文 ID の誤り，支払日の不正（7 月 32 日，など）がある．しかし，これらの誤りは各々，キー制約，参照整合性制約，ドメイン制約という整合性制約で防止できるため，追加のチェックは行わない．
① 支払情報の登録： MySQL for Excel で「支払」テーブルを選択し，「Edit MySQL Data」—「Import」をクリックし，支払テーブルに支払情報を登録，更新，削除する．こ

こでは，図 9.4 の (a) に示す存在しない注文 ID である「C999」を指定した事例を示す．
② 参照整合性制約に反するので，「Commit」をクリックすると図 9.4 の (b) に示すエラーメッセージが表示される．詳細を確認するには，「Show Details」をクリックする．
③ 注文 ID を注文テーブルに存在する「C002」に修正し，再度，Commit をクリックして，正常に登録されることを確認する．

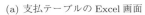

(a) 支払テーブルの Excel 画面　　　　(b) 参照整合性制約のエラーメッセージ

図 9.4　支払入力の Excel 画面とエラーメッセージ

9.2.3　本章で追加するテーブルとビューの設計

表 9.3 に示した機能を実装するために，表 8.1 で設計したテーブルに加えて図 9.1 に示すテーブルとビューの追加が必要になる．これらのテーブルおよびビューの一覧を表 9.4 に，各々の設計を表 9.5 に示す．表 9.5 で，明細入力テーブルは明細テーブルと同じ構造なので省略する．結果ビューは仮想的なテーブルであり，図 9.2 の (b)，図 9.3 の (c) に示すようにメッセージテーブルと確認結果テーブルを自然結合した結果が検索される．ビューを使用することにより，検索の都度 SQL 文で自然結合の条件を入力しなくとも，検索結果を得ることができる．

表 9.4　本章で追加するテーブルとビューの一覧

区分	No	名称	備考
テーブル	(1)	メッセージ	表 9.1 のメッセージを保存．
	(2)	確認結果	データをチェックした結果を保存．
	(3)	明細入力	明細テーブルと同じ構成．ただし，参照整合性制約は付加しない．
ビュー	(4)	結果ビュー	図 9.2 (2) の確認結果テーブルにメッセージを付加したビュー．

9.2.4　本章で追加するテーブルとビューの実装

メッセージテーブルと結果確認テーブルを作成するために，A5M2 で図 9.5 に示す両者の ER 図を作成する．これらの ER 図から，8.3 節と同様の操作で，テーブルを作成するリスト 9.1 の SQL 文を生成する．また，明細入力テーブルは，リスト 9.2 の (1) に示すように，create table 文で like 句を使用して明細テーブルと同じ構造のテーブルを作成する．ただし，参照整合性制約は追加しない．結果ビューについては，上記のテーブルの自然結合の select 文を使用して，

表 9.5 本章で追加するテーブルとビューの設計

(1) メッセージテーブルの設計

列名	列の型および長さ	キー	備考
テーブル名	全角 10 文字の文字列型	PK	表 9.1 参照.
メッセージ番号	整数型	PK	表 9.1 参照.
メッセージ	全角 25 文字の文字列型		表 9.1 参照.

(2) 確認結果テーブルの設計

列名	列の型および長さ	キー	備考
テーブル名	全角 10 文字の文字列型	PK, FK	表 9.2 参照.
キー項目	半角 20 文字の文字列型	PK	表 9.2 参照.
メッセージ番号	整数型	PK, FK	表 9.2 参照.

(3) 結果ビューの設計

列名	列の型および長さ	キー	備考
テーブル名	確認結果テーブルに同じ		
キー項目	確認結果テーブルに同じ		
メッセージ番号	確認結果テーブルに同じ		
メッセージ	メッセージテーブルに同じ		

補足事項：並び順は，メッセージ番号，キー項目

リスト 9.2 の (2) の create view 文によって作成する．最後に，リスト 9.3 の SQL 文により，メッセージテーブルに表 9.1 のメッセージを登録する．

なお，like 句を使用したテーブル作成の詳細は付録 5 の 5.6.6 項を，ビューの詳細は同 5.4 節を参照のこと．また，新たにテーブルやビューを作成しても，起動中の MySQL for Excel には反映されない．反映の操作は同 5.5.2 項を参照のこと．

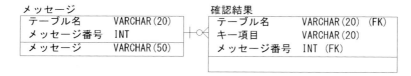

図 9.5 メッセージに関する ER 図

リスト 9.1 　メッセージテーブルと確認結果テーブル作成の SQL 文

```
-- メッセージテーブルの作成
drop table if exists 'メッセージ' cascade;
create table 'メッセージ' (
  'テーブル名' VARCHAR(20)
  , 'メッセージ番号' INT
  , 'メッセージ' VARCHAR(50)
  , constraint 'メッセージ_PKC' primary key ('テーブル名','メッセージ番号')
);

-- 確認結果テーブルの作成
drop table if exists '確認結果' cascade;
create table '確認結果' (
  'テーブル名' VARCHAR(20)
  , 'キー項目' VARCHAR(20)
  , 'メッセージ番号' INT
  , constraint '確認結果_PKC' primary key ('テーブル名','キー項目','メッセージ番号')
);

-- 参照整合性制約の追加
alter table '確認結果'
  add constraint '確認結果_FK1' foreign key ('テーブル名','メッセージ番号')
  references 'メッセージ'('テーブル名','メッセージ番号');
```

リスト 9.2 　明細入力テーブルと結果ビュー作成の SQL 文

```
-- (1) 明細入力テーブルの作成
drop table if exists '明細入力';
create table '明細入力' like '明細';

-- (2) 結果ビューの作成
drop view if exists '結果ビュー';
create view '結果ビュー' as
  select テーブル名, キー項目, メッセージ番号, メッセージ from メッセージ
  inner join 確認結果 using (テーブル名, メッセージ番号)
  order by メッセージ番号, キー項目;
```

リスト 9.3 　メッセージ登録用 SQL 文

```
insert into メッセージ values
('なし', 0, '*** 正常に終了しました．　***'),
('会員', 1, 'メールアドレスに「@」がありません．'),
('会員', 2, '郵便番号に「-」がないか，長さが 8 文字未満です．'),
('会員', 3, '性別に「男」，「女」以外が設定されています．'),
('会員', 4, '同じ「氏名」と「メールアドレス」の会員が登録されています．'),
('明細入力', 41, '数量に 1 以上でないものがあります．'),
('明細入力', 42, '数量が 1 件も設定されていません．');
```

9.2.5 会員入力機能の実装

図 9.1 の (1) の会員入力における，バッチファイル「91_会員確認」で実行される SQL 文をリスト 9.4 に，バッチファイルのコマンドをリスト 9.5 に示す．以下で，①，② などの番号はリスト 9.4 に対応している．まず，① で確認結果テーブルのデータを削除する．② から ⑤ で会員テーブルに表 9.1 に示す誤りがないかを順次確認して，誤りがある場合には確認結果テーブルにメッセージを登録する．誤りがない場合には，⑥ で正常終了のメッセージを登録する．これらのメッセージは結果ビューで図 9.2(b) の形式で検索できる．

リスト **9.4** 会員テーブルの誤り有無の確認 SQL 文（91_会員確認.sql）

```
-- ① 確認結果の初期化
delete from 確認結果;

-- ② メールアドレスに「@」がありません．
insert into 確認結果 select '会員', 会員ID, 1 from 会員
 where メールアドレス not like '%@%';

-- ③ 郵便番号に「-」がないか，長さが 8 文字未満です．
insert into 確認結果 select '会員', 会員ID, 2 from 会員
 where substring(郵便番号, 4, 1) <> '-' or char_length(郵便番号) < 8;

-- ④ 性別が「男」，「女」以外です．
insert into 確認結果 select '会員', 会員ID, 3 from 会員
 where (性別 <> '男' and 性別 <> '女') or 性別 is null;

-- ⑤ 同じ「氏名」と「メールアドレス」の会員が登録されています．
insert into 確認結果 select '会員', concat(min(会員ID), '-', max(会員ID)), 4
 from 会員 group by 会員名, メールアドレス having count(*) >= 2;

-- ⑥ 確認結果にメッセージがない場合に，正常終了のメッセージを登録．
insert into 確認結果 select 'なし' ,'なし', 0 from 確認結果 having count(*) = 0;
```

リスト **9.5** 会員テーブルの誤り有無の確認コマンド（91_会員確認.bat）

```
mysql -u root -p shop_db < 91_会員確認.sql
pause
```

次に，リスト 9.4 の SQL 文を説明する．② は like 演算子でメールアドレスが「@」を含む文字列であるか判定し，含まない場合にはメッセージを確認結果テーブルに登録している．③ の substring は文字列の指定位置から指定した文字数を取り出す文字列関数であり，substring(郵便番号,4,1) では郵便番号の 4 文字目から 1 文字が取り出される．同じく，char_length は文字列の文字数を返す文字列関数である．ここでは郵便番号について，4 文字目が「-」ではないか，または 8 文字未満である場合に ② と同様にメッセージを登録している．④ では，性別が「男」，「女」以外か未設定の場合に誤りと判定し，誤りの場合には同様にメッセージを登録している．性別の値が空値 (null) の場合が未設定であり，空値の判定には is null 演算子を使用する．

次の⑤，⑥では集約関数を使用する．⑤では group by 句で同じ会員名とメールアドレスをもつ会員をグループ化して集約関数 count(*) で件数を集計し，having 句で件数が 2 件以上あるか判定している．2 件以上の場合にはメッセージを登録するが，「キー項目」として 2 つの会員 ID を結合するため文字列関数 concat[2] により「-」で結合している．having 句の詳細は付録 5 の 5.6.3 項を，文字列関数の詳細は同 5.6.1 項を参照のこと．⑥では，②から⑤で誤りが検出されたか否かを判定するために確認結果テーブルの行数をカウントし，having 句で行数が 0 か判定して，0 の場合，すなわちエラーがない場合には正常終了のメッセージを登録している．

9.2.6 注文入力機能の実装

注文入力機能のうち，バッチファイルで実行される SQL 文のデータ操作を以下に説明する．

(1) 明細入力テーブル作成（92_明細作成.bat）

図 9.3 の (b) に示す明細入力の Excel 画面に対応した明細入力テーブルのデータを登録する．リスト 9.6 に示すように，最初に①で明細入力テーブルのデータを削除し，②では注文テーブルの合計が空値の行の注文 ID と，商品テーブルの商品 ID，標準価格を結合した結果を登録する．ここで，合計が空値の行は，図 9.3(a) に示すように新たに登録しようとしている注文である．また，商品テーブルのすべての行と結合するため，結合条件は指定していない．リスト 9.6 の SQL 文を実行するバッチファイルのコマンドをリスト 9.7 に示す．

リスト **9.6** 明細入力テーブル作成 SQL 文（92_明細作成.sql）

```
-- ①  明細入力テーブルの初期化
delete from 明細入力;

-- ②  明細入力テーブルへのデータ登録
insert into 明細入力
 select 注文 ID, 商品 ID, 標準価格, null from 注文 as A join 商品 as B
 where 合計 is null;
```

リスト **9.7** 明細入力テーブル作成コマンド（92_明細作成.bat）

```
mysql -u root -p shop_db < 92_明細作成.sql
pause
```

(2) 明細入力テーブル確認（93_明細確認.bat）

リスト 9.8 に示すように，9.2.4 項と同様に確認結果テーブルに確認結果を登録する．この SQL 文を実行するバッチファイルのコマンドをリスト 9.9 に示す．

---

[2] concat 関数は MySQL 独自の関数であり，Access では使用できない．

リスト 9.8　明細入力テーブルの誤り有無の確認 SQL 文（93_明細確認.sql）

```
-- ①　確認結果テーブルの初期化
delete from 確認結果;

-- ②　数量に 1 以上でないものがあります．
insert into 確認結果
select '明細入力', concat(注文ID, '-', 商品ID), 41 from 明細入力 where 数量 <= 0;

-- ③　数量が 1 件も設定されていません．
insert into 確認結果
select '明細入力', '---', 42 from 明細入力 where 数量 is not null
 having count(*) = 0;

-- ④　確認結果にメッセージがない場合に，正常終了のメッセージを登録．
insert into 確認結果 select 'なし', 'なし', 0 from 確認結果 having count(*) = 0;
```

リスト 9.9　明細入力テーブルの誤り有無の確認コマンド（93_明細確認.bat）

```
mysql -u root -p shop_db < 93_明細確認.sql
pause
```

(3)　明細テーブルと注文テーブルへの反映（94_明細反映.sql）

SQL 文をリスト 9.10 に示す．① で，明細入力テーブルのデータのうち，数量が 1 以上のデータだけを明細テーブルに登録している．ここで，数量が空値の行は，この検索条件の対象外になる．② では副問合せにより明細テーブルから注文の合計金額，すなわち，販売価格×数量の合計を計算し，注文テーブルの「合計」を更新する．この SQL 文を実行するバッチファイルのコマンドをリスト 9.11 に示す．副問合せの詳細は付録 5 の 5.6.4 項を参照のこと．

リスト 9.10　明細入力データ反映 SQL 文（94_明細反映.sql）

```
-- ①　明細入力のデータを明細に反映
insert into 明細 select * from 明細入力 where 数量 >= 1;

-- ②　注文ごとの合計金額を注文の合計欄に反映
update 注文 as A set A.合計 = (select sum(B.販売価格 * B.数量) from 明細 as B
where A.注文ID = B.注文ID) where 合計 is null;
```

リスト 9.11　明細入力データ反映コマンド（94_明細反映.bat）

```
mysql -u root -p shop_db < 94_明細反映.sql
pause
```

9.3 MS Accessによる実装

Accessによるデータの入力は，Accessのフォームで実装し，表9.1の誤ったデータが入力できない構成にする．

9.3.1 会員フォームの実装

会員入力は図9.6の会員フォームから行い，誤ったデータに対してはメッセージを表示すると共に，入力させない構成にする．

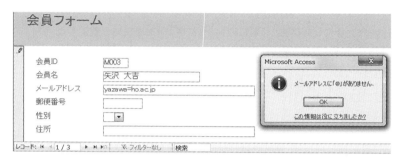

図 9.6 会員フォームによる入力の事例

次に会員フォームを実装する．まず，「会員」テーブルを選択して，「作成」タブの「フォーム」グループにある「フォームウィザード」をクリックする．「テーブル: 会員」の設定でフォームウィザードが開かれるので，指示に従って，①「選択したフィールド」にすべてのフィールドを，②次のレイアウトは単票形式を選択し，③次のフォーム名は「会員フォーム」を入力し「フォームのデザインを編集する」を選択して「完了」をクリックする．図9.7の会員フォームのデザインビューが表示されるので，以下のようにプロパティシートを利用して「入力規則」と「エラーメッセージ」を設定していく．なお，プロパティシートが開いていないときは，「F4」

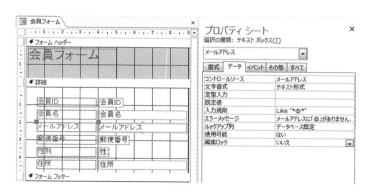

図 9.7 会員フォームのデザインビュー

キーを押して開く.

(1) 「メールアドレス」の設定

「データ」タブの「入力規則」に「*@*」を入力し「Enter」キーを押すと,図9.7に示すように「Like "*@*"」に変換される.これは,「メールアドレス」が「@」を含む文字列であるという入力規則を示す.反した場合のメッセージとして,表9.1のメッセージ番号1のエラーメッセージに設定する.

(2) 「郵便番号」と「住所」の設定

郵便番号は「住所入力支援ウィザード」で設定する.図9.7の「住所」フィールドを選択し,プロパティシートの「その他」タブで「住所入力支援」を選択し,「...」ボタンをクリックすると「住所入力支援ウィザード」が起動されるので,① 「郵便番号」は「郵便番号」フィールドを,② 次の「住所の構成」は「分割なし」,「住所」は「住所」を選択して「完了」をクリックする.この設定により,「郵便番号」は指定された形式でのみ入力され,「住所」は郵便番号から自動的に設定されるようになる.

(3) 「性別」の設定

性別はコンボボックスで実装し,「男」,「女」のみから入力を選択する構成にする.付録6の6.9節を参照してコントロールの種類をコンボボックスに設定し,図9.8に示すように,プロパティシートの「データ」タブの「値集合タイプ」で「値リスト」を選択し,「値集合ソース」にリストに表示する値を「;」で区切った「男;女」を指定,他の値を入力できないように「入力チェック」で「はい」を選択する.最後に「値リストの編集の許可」で「いいえ」を選択する.

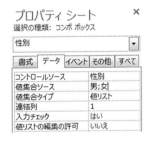

図 9.8 プロパティシートの編集

図 9.9 会員テーブルのインデックスの設定

(4) 同一会員の重複登録の防止

メッセージ番号4の「氏名」と「メールアドレス」が同じ会員の登録は,会員テーブルのインデックス機能で防止する.まず,会員テーブルのデザインビュー表示し,「デザイン」タブの「インデックス」を表示する.図9.9に示すようにインデックス名に「重複防止」を指定し,フィールド名に「会員名」と「メールアドレス」を選択した後,「固有」で「はい」を選択する.

(5) 動作の確認と会員データの追加

以下の手順で会員フォームから図 9.10 に示す会員データの登録を行う．会員 ID「M003」で図 9.10 のメールアドレスの「@」を「.」として入力して図 9.6 のメッセージが表示されることを確認し，その上で修正して登録されることを確認する．同じく，会員 ID を「M004」として図 9.10 のメールアドレスを「imai@to.ac.jp」に変更して入力し，登録できないことを確認した上で図 9.10 のメールアドレスに修正して登録する．最後に，会員 ID が「M001」と「M002」の郵便番号を再入力し，住所を変更する．

会員ID	会員名	メールアドレス	郵便番号	性別	住所
M001	今井 美紀	imai@to.ac.jp	1000001	女	東京都千代田区千代田
M002	本田 圭	honda@fu.ac.jp	8120001	男	福岡県福岡市博多区大井
M003	矢沢 大吉	yazawa@ho.ac.jp	0600001	男	北海道札幌市中央区北一条西
M004	今井 美紀	imai@oo.ac.jp	5300001	女	大阪府大阪市北区梅田

図 9.10　会員データの登録

9.3.2　注文フォームの実装

注文入力では，1 件の注文データに対して 1 件以上の明細データが発生する．このため，注文フォームでは，図 9.11 に示すように明細をサブフォームとして組み込む構成にする．注文フォームでは注文テーブルの列に加えて会員名を表示し，会員 ID はコンボボックスで選択する．明細サブフォームでは，明細テーブルの列に加えて商品の情報，小計，明細合計を表示し，商品 ID は会員 ID と同様にコンボボックスで選択して，販売価格は「反映」ボタンで標準価格を反映する．また，明細合計は「合計反映」ボタンで注文フォームの合計に反映し，入力不要のテキストボックスは網掛けしておく．

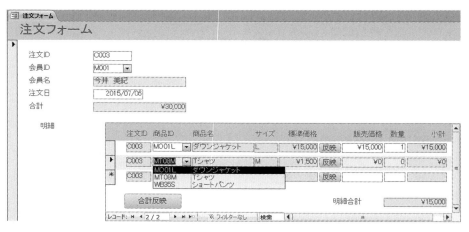

図 9.11　注文フォームの事例

注文フォームの実装手順を以下に示す.

(1) 注文クエリの作成

注文フォームに表示するデータは，注文クエリを使用する.「作成」タブの「クエリ」グループから「クエリデザイン」を選択し,「テーブルの表示」で「注文」と「会員」テーブルを選択する. さらに，デザイングリッドに図 9.12 のフィールドを選択し,「並べ替え」の「注文 ID」で「昇順」を選択する.

フィールド:	注文ID	会員ID	会員名	注文日	合計
テーブル:	注文	注文	会員	注文	注文
並べ替え:	昇順				
表示:	✓	✓	✓	✓	✓
抽出条件:					
または:					

図 **9.12** 注文クエリのデザイングリッドの設定

(2) 明細クエリの作成

明細サブフォームに表示するデータは，明細クエリを使用する. (1) と同様に「明細」と「商品」テーブルを選択し，デザイングリッドに図 9.13 のフィールドを選択し,「並べ替え」の「注文 ID」と「商品 ID」で「昇順」を選択する. ここで，小計フィールドは図 9.13 のように「フィールド名: 式」の形式で,「小計: 販売価格*数量」と直接入力する.

フィールド:	注文ID	商品ID	商品名	サイズ	標準価格	販売価格	数量	小計: 販売価格*数量
テーブル:	明細	明細	商品	商品	商品	明細	明細	
並べ替え:	昇順	昇順						
表示:	✓	✓	✓	✓	✓	✓	✓	✓
抽出条件:								
または:								

図 **9.13** 明細クエリのデザイングリッドの設定

(3) フォームの作成

「作成」タブの「フォーム」グループにある「フォームウィザード」をクリックする. ①「クエリ: 注文クエリ」ですべてのフィールドを「選択したフィールド」にし,「クエリ: 明細クエリ」についても同様にすべてのフィールドを選択する. ② 次の「データの表示方法」は「by 注文」と「サブフォームがあるフォーム」, ③ 次のサブフォームのレイアウトは「表形式」を選択し, ④ 次の「フォーム」は「注文フォーム」,「サブフォーム」は「明細サブフォーム」を指定する.

さらに，以下の手順で設定を行い，図 9.14 に示すフォームのデザインビューを作成する

(4) 注文フォームの設定

注文フォームの「会員 ID」は，会員テーブルに登録されている会員 ID から選択し，図 9.11 の商品 ID と同様に，リストで会員 ID と会員名を表示する構成にする. 付録 6 の 6.9 節を参照

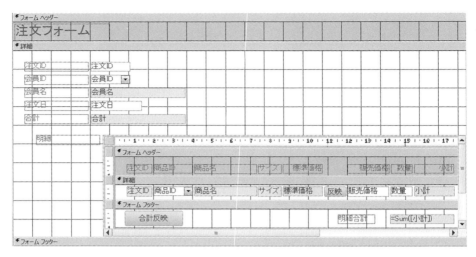

図 9.14　フォームのデザインビューの最終的な構造

してコントロールの種類をコンボボックスに設定し，プロパティシートの「値集合ソース」で「会員」テーブルの「会員 ID」，「会員名」を選択する．

(5) 明細サブフォームの設定

以下の手順で，図 9.14 の「明細」サブフォームのコントロールの設定を行う．

(a) 「明細合計」テキストボックスの配置：　「デザイン」タブの「コントロール」グループからテキストボックスを配置する．ウィザードが表示されるが，「キャンセル」をクリックする．プロパティシートの「その他」タブの名前に「明細合計」を指定し，「書式」タブの書式に「通貨」を選択する．さらに，左側に併せて配置されるラベルの標題を図 9.14 のように「明細合計」に指定する．

(b) 「合計反映」ボタンの配置：　ボタンを配置し，(a) と同様に名前に「合計反映_ボタン」を，「書式」タブの標題に「合計反映」を指定する．

(c) 「反映」ボタンの配置：　「標準価格」と「販売価格」の間を広げてボタンを配置し，(b) と同様の手順で，名前に「反映_ボタン」を，標題に「反映」を指定する．

(d) 「注文 ID」の設定：　「注文」フォームの「注文 ID」の値を設定するため，「プロパティシート」の「データ」タブにある「規定値」の「…」ボタンを押して図 9.15 の式ビルダーを起動し，「式の要素」ボックスの Access のファイル名を展開して「注文フォーム」を選択し，「式のカテゴリ」ボックスの「注文 ID」をダブルクリックして「[Forms]![注文フォーム]![注文 ID]」を設定する．

(e) 「商品 ID」の設定：　商品テーブルに登録されている「商品 ID」から選択し，リストで商品 ID と商品名を表示する構成にする．(4) の会員 ID と同様に，コントロールの種類をコンボボックスに設定し，プロパティシートの「値集合ソース」で「商品」テーブルの「商品 ID」，「商品名」を選択する．

9.3 MS Access による実装 ◆ 119

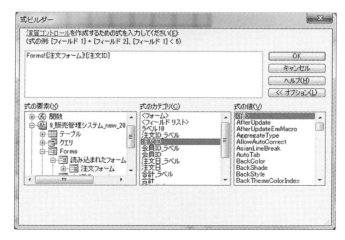

図 9.15 式ビルダーによる設定

(f) 「数量」の設定： 表9.1のメッセージ番号41の入力誤りを検出する設定を行う．プロパティシートの「データタブ」の「入力規則」に「>=1」を，「エラーメッセージ」に「数量に1以上でないものがあります．」を指定する．

(g) 「明細合計」の設定： 「小計」の合計を設定する．プロパティシートの「データタブ」の「コントロールソース」に「=Sum(小計)」と直接入力する．

(6) マクロの作成

マクロはAccessの処理や操作を自動実行する機能である．まず，「合計反映」ボタンをクリックしたときに，「合計」に「明細合計」の値を反映するマクロを作成する．図9.16(1)に示すプロパティシートの，「イベント」タブの「クリック時」で「…」ボタンをクリックすると「ビルダーの選択」が表示されるので，「マクロビルダー」を選択する．図9.16(2)のマクロツールが表示されるので，「デザイン」タブの「すべてのアクションを表示」をクリックし，「新しいアクションの追加」から「値の代入」を選択する．図9.16(2)に示すように「アイテム」の右のボタンをクリックすると式ビルダーが表示されるので，(5)の(d)と同様の手順での「注文フォー

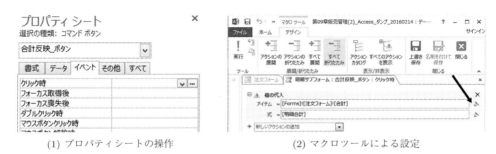

(1) プロパティシートの操作　　(2) マクロツールによる設定

図 9.16 マクロの記述

ム」の「合計」を設定する．同様に，「式」では「式の要素」ボックスで「明細サブフォーム」を選択し，「式のカテゴリ」ボックスの「明細合計」をダブルクリックする．最後に「上書き保存」，「閉じる」をクリックするとプロパティシートに反映される．

同様の手順で，「反映」ボタンをクリックしたときに，「販売価格」に「標準価格」の値を反映するマクロを作成する．

(7) 非入力フィールドの設定

「会員名」，「合計」，「注文 ID」，「商品名」，「サイズ」，「標準価格」，「小計」，「明細合計」は入力項目ではないため，付録 6 の 6.9 節を参照して「プロパティシート」の「背景色」で「テキスト（淡色）」を，「編集ロック」で「はい」を，「タブストップ」で「いいえ」を選択する．

(8) 動作の確認

図 9.11 に示すようにデータを入力して動作を確認する．なお，「販売価格」は「反映」ボタンで「標準価格」をコピーした後で値を変更できること，明細サブフォームの入力完了後に「合計反映」ボタンで「明細合計」を注文フォームの「合計」フィールドに反映することに注意のこと．また，「数量」を入力しない場合の誤りの検出は行わない．

9.3.3 支払フォームの実装

支払入力を行うための支払フォームを作成する．「支払」テーブルを選択して，「作成」タブの「フォーム」グループにある「フォームウィザード」をクリックする．「テーブル: 支払」が設定されたフォームウィザードが開かれるので，指示に従って，① 「選択したフィールド」にすべてのフィールドを，② 次のレイアウトは「表形式」を選択し，③ 次のフォーム名は「支払フォーム」を指定して「完了」をクリックする．

図 9.17 に注文テーブルに存在しない注文 ID である「C999」を指定した事例を示す．参照整合性制約に反するため，エラーメッセージが表示される．注文 ID を「C002」に修正し，正常に登録されることを確認する．

図 9.17 支払フォームとエラーメッセージ

演習問題

設問1 MySQLの実装で，9.2節の(1)会員入力，(2)注文入力について，販売管理情報入力機能を使用して以下の手順でデータの登録を実施せよ．

　［問1］　すべての誤りのメッセージが表示されるように誤ったデータを登録せよ．ただし，(1)と(2)は個別に実行し，(2)については，各々の誤りを個別の実行で順次検出すること．

　［問2］　登録したデータを正しく修正せよ．さらに，(2)の注文入力で注文するすべての商品の販売価格を標準価格から変更せよ．その上で，誤りが検出されなくなったことを確認せよ．ただし，(1)と(2)は個別に実行すること．

　［問3］　(2)の注文入力で，注文テーブル，明細テーブルへの反映を行い，注文テーブルの合計が標準価格ではなく販売価格によって計算されていることを確認せよ．

設問2 MySQLの実装で，図9.1の支払テーブルについて以下の誤りのメッセージを表示する確認機能を作成し，誤りが検出されることを確認せよ．ただし，誤りがない場合にはメッセージ番号0のメッセージを表示するものとする．

(1) メッセージ番号：61
(2) メッセージ：支払日が注文日より前です．

設問3 Accessの注文フォームで，新たに販売価格を標準価格から変更した注文を登録し，「合計」欄の金額が標準価格ではなく販売価格によって計算されていることを確認せよ．

設問4 Accessの実装で，支払フォームの「注文ID」の入力をコンボボックスとし，注文テーブルに登録されている注文IDを選択して入力できるように変更せよ．ただし，「注文ID」のリストには，図のように「注文ID」と「注文日」を表示するものとする．

第10章
販売管理サブシステム その3

学習のポイント

第9章で学んだように，注文や支払の販売管理情報は随時システムに入力されデータベースに蓄積されていく．一方で，販売管理の業務では定期的に販売に関するさまざまな情報を確認し，販売や入金などの状況を把握することが必要になる．本章では，データベースに蓄積したデータから，業務の用途に適した形式のレポートとしてデータを抽出する方法を学ぶ．

- ある条件を満たすデータを抽出する方法を理解する．
- データを集計する方法を理解する．
- 複数のデータ項目を，時系列の推移として2次元的に表示する方法を理解する．

キーワード

レポート作成機能，ビュー，MySQL for Excel，Access レポート

10.1 レポート一覧

本章では表 10.1 に示すレポート作成機能を実装する．レポートは MySQL では MySQL for Excel を使用した Excel ファイルとして，また，Access ではレポート機能を使用して指定されたレイアウトで作成する．以下で，レポートの事例は各テーブルに図 10.1 のデータを設定した場合のものである．なお，商品テーブルは第7章のデータを使用する．ここで，明細テーブルで注文 ID が「C004」の販売価格は，すべて標準価格とは別の価格に変更していることに留意のこと．

表 10.1 レポート一覧

レポート名	概要
未払一覧	入金がされていない注文を把握するために，入金のない注文と，注文した会員の情報の一覧表を作成する．
売上集計	製品，販売価格ごとの販売数量，売上を表示する．
売上推移	注文日ごとに，男女別，および両者の合計の売上を表示する．

(1) 明細テーブル

注文ID	商品ID	販売価格	数量
C001	MO01L	15000	1
C001	MT08M	1500	2
C002	MT08M	1500	1
C002	WB35S	1700	3
C003	MO01L	15000	1
C003	MT08M	1500	2
C004	MO01L	10000	2
C004	MT08M	1000	2
C004	WB35S	1500	3
C005	MO01L	15000	1
C005	MT08M	1500	1
C005	WB35S	1700	1

(注) 網掛けは標準価格から変更した販売価格.

(2) 会員テーブル

会員ID	会員名	メールアドレス	郵便番号	性別	住所
M001	今井 美紀	imai@to.ac.jp	100-0001	女	東京都
M002	本田 圭	honda@fu.ac.jp	812-0001	男	福岡県
M003	矢沢 大吉	yazawa@ho.ac.jp	060-0001	男	北海道
M004	今井 美紀	imai@oo.ac.jp	530-0001	女	大阪府

(3) 注文テーブル

注文ID	会員ID	注文日	合計
C001	M001	2015/7/1	18000
C002	M002	2015/7/5	6600
C003	M001	2015/7/6	18000
C004	M002	2015/7/7	26500
C005	M004	2015/7/7	18200

(4) 支払テーブル

注文ID	支払日
C001	2015/7/1
C002	2015/7/6
C003	2015/7/10

図 10.1 第 10 章の例題で使用する販売管理サブシステムのデータ

10.2 MySQL による実装

MySQL によるレポートの実装は，表 10.1 のデータを検索できるビューを作成し，MySQL for Excel でビューを検索する構成とする．

10.2.1 未払一覧ビューの実装

未払一覧のレポートは，未払一覧ビューとして実装する．未払一覧ビューは，図 10.2 に示すように支払テーブルにデータが登録されていない注文テーブルの注文情報を，会員情報と共に注文 ID 順に一覧で表示する．

注文ID	会員ID	会員名	注文日	合計	支払日
C004	M002	本田 圭	2015/07/07	26500	
C005	M004	今井 美紀	2015/07/07	18200	

図 10.2 未払一覧ビューの事例

リスト 10.1 に未払一覧ビューを作成する SQL 文を示す．まず，ビューを再作成する場合に備えて，テーブルの作成と同様に先頭でビューを削除する．次のビューの作成では，まず，注文テーブルと支払テーブルを，left outer join で支払テーブルに存在しない行を含めて左外部結合し，その結果と会員テーブルを join で内部結合する．外部結合の詳細は付録 5 の 5.6.5 項を参照のこと．さらに，where 句の is null 演算子を使用して支払テーブルの支払日（「B.支払日」）が空値 (null) の行を選択し，order by 句で注文 ID 順に検索している．なお，9.2.4 項に示したように MySQL for Excel を起動中に SQL 文を実行した場合には，付録 5 の 5.5.2 項を参照して未払一覧ビューを反映する．

リスト 10.1　未払一覧ビューの create view 文

```
drop view if exists '未払一覧ビュー';
create view '未払一覧ビュー' as
  select 注文ID, 会員ID, 会員名, 注文日, 合計, 支払日 from 注文
  left outer join 支払 using (注文ID) join 会員 using (会員ID)
  where 支払日 is null order by 注文ID;
```

10.2.2　売上集計ビューの実装

売上集計は，売上集計ビューとして実装する．図 10.3 に示すよう商品 ID と販売価格でグループ化し，それぞれのグループごとに注文テーブルの「数量」と「合計」を集計した値を表示する．ここで，1 つの商品に販売価格が複数存在する場合には，それぞれ 1 行として表示されることに注意のこと．さらに，最後の「総計」の行に全体を集計した値を表示する．並び順は商品 ID の昇順，販売価格の降順であり，合計の行では並び順を整合させるために商品 ID の列に「ZZZZZ」を設定する．

商品ID	商品名	サイズ	販売価格	数量	合計
MO01L	ダウンジャケット	L	15000	3	45000
MO01L	ダウンジャケット	L	10000	2	20000
MT08M	Tシャツ	M	1500	6	9000
MT08M	Tシャツ	M	1000	2	2000
WB35S	ショートパンツ	S	1700	4	6800
WB35S	ショートパンツ	S	1500	3	4500
ZZZZZ	総計	--	---	20	87300

図 10.3　売上集計ビューの事例

リスト 10.2 に売上集計ビューを作成する SQL 文を示す．最初の select 文では group by 句で指定された商品 ID と販売価格ごとに集約関数 sum で合計を求め，次の select 文では全体の合計を求めている．さらに，union 演算子によりグループごとの合計と全体の総計の和集合を作成し，最後の order by 句で全体が商品 ID の昇順，販売価格の降順で並ぶように指定している．union 演算子による和集合演算の詳細は付録 5 の 5.6.2 項を参照のこと．

リスト 10.2　売上集計ビューの create view 文

```
drop view if exists '売上集計ビュー';
create view '売上集計ビュー' as
  (select 商品ID, 商品名, サイズ, 販売価格, sum(数量) as 数量,
    sum(販売価格*数量) as 合計
    from 商品 join 明細 using (商品ID) group by 商品ID, 商品名, サイズ, 販売価格)
  union
  (select 'ZZZZZ' as 商品ID, '総計' as 商品名, '--' as サイズ,
    '---' as 販売価格, sum(数量) as 数量, sum(販売価格*数量) as 合計
    from 商品 join 明細 using (商品ID))
  order by 商品ID, 販売価格 desc;
```

10.2.3 売上推移ビューの実装

売上推移は，売上推移ビューとして実装する．図 10.4 に示すように，「女」の列は該当注文日の女性分の売上を，「男」の列は男性分の売上を，「合計」の列は両者の合計を示している．

注文日	合計	女	男
2015/07/01	18000	18000	
2015/07/05	6600		6600
2015/07/06	18000	18000	
2015/07/07	44700	18200	26500

図 **10.4** 売上推移ビューの事例

注文日	合計
2015/7/1	18000
2015/7/5	6600
2015/7/6	18000
2015/7/7	44700

(1) 合計分

注文日	女
2015/7/1	18000
2015/7/6	18000
2015/7/7	18200

(2) 女性分

注文日	男
2015/7/5	6600
2015/7/7	26500

(3) 男性分

図 **10.5** 売上推移の各列のビューの事例

ビューは，テーブルと同様に他のビューを使用して作成することができる．そこで，まず図 10.5 に示すように，売上推移の各列を検索するビューを作成し，これらを結合することで売上推移ビューを作成する．これらのビューを作成する SQL 文をリスト 10.3 に示す．(1) から (3) の SQL 文は図 10.5 の各番号に対応する「合計推移ビュー」,「女性推移ビュー」,「男性推移ビュー」を作成しており，group by 句を用いて集計し，order by 句で日付の昇順に表示する．また,「sum(合計)」には各々,「合計」,「男」,「女」の別名を付けて，表示の際に列名が別名で表示されるようにする.「売上推移ビュー」はリスト 10.3(4) に示すように，これらの合計推移ビューについて left outer join で左外部結合し，注文日の昇順に表示している．

リスト **10.3** 売上推移ビューの create view 文

```
-- (1) 合計分のビューを作成
drop view if exists ‘合計推移ビュー‘;
create view ‘合計推移ビュー‘ as select 注文日, sum(合計) as 合計 from 注文
  group by 注文日 order by 注文日;

-- (2) 女性分のビューを作成
drop view if exists ‘女性推移ビュー‘;
create view ‘女性推移ビュー‘ as select 注文日, sum(合計) as 女 from 注文
  inner join 会員 using (会員 ID) where 性別=’女’ group by 注文日
  order by 注文日;

-- (3) 男性分のビューを作成
drop view if exists ‘男性推移ビュー‘;
create view ‘男性推移ビュー‘ as select 注文日, sum(合計) as 男 from 注文
  inner join 会員 using (会員 ID) where 性別=’男’ group by 注文日
  order by 注文日;

-- (4) (1)〜(3) を結合し，売上推移のビューを作成
drop view if exists ‘売上推移ビュー‘;
create view ‘売上推移ビュー‘ as select 注文日, 合計, 女, 男
  from ‘合計推移ビュー‘ left outer join ‘女性推移ビュー‘ using (注文日)
  left outer join ‘男性推移ビュー‘ using (注文日) order by 注文日;
```

なお，この方法で 10.2.2 項の売上集計のように，最後に総計の行を追加することが可能である．これは，演習問題としている．

10.3　MS Access による実装

Access によるレポートの実装は，まず表 10.1 のデータを一覧で検索するクエリを作成し，Access のレポートで，このクエリを呼び出す構成とする．なお，全体の総計や，表題，日付，ページ番号などはレポート側で作成する．

10.3.1　未払一覧レポートの実装

未払の注文を把握するために，図 10.6 に示す未払一覧レポートを作成する．図 10.6 では未払の注文と会員の情報を表示している．

未払一覧レポート				
注文ID　会員ID　会員名		注文日	合計	支払日
C004　M002　本田　圭		2015/07/07	¥26,500	
C005　M004　今井　美紀		2015/07/07	¥18,200	
2016年2月18日				1/1 ページ

図 10.6　未払一覧レポートの事例

まず，レポートに表示されているフィールドを検索するクエリである，「未払一覧クエリ」を作成する．「作成」タブの「クエリデザイン」をクリックすると「テーブルの表示」サブウィンドウが表示されるので，図 10.7(1) に示すように「会員」，「注文」，「支払」のテーブルを選択する．ここで，「支払」テーブルは未入金の場合にはデータが登録されていない．したがって，「支払」テーブルを外部結合して，フィールドの値が空値の行を検索する．この設定のため，「注文」テーブルと「支払」テーブルのリレーションシップをダブルクリックして図 10.7(2) の結合プロパティを表示し，図のように「2」のラジオボタンを選択する．

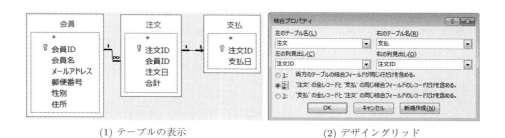

(1) テーブルの表示　　　　　　(2) デザイングリッド

図 10.7　未払一覧クエリのテーブルの設定

デザイングリッドで図 10.8(1) に示すフィールドを選択し，データの抽出条件として「支払日」の「抽出条件」に「Null」を入力すると「Is Null」に変換される．さらに，注文 ID 順に並べるため，「注文 ID」の「並べ替え」で「昇順」を選択する．データシートビューを表示すると，図 10.8(2) に示すデータが検索される．

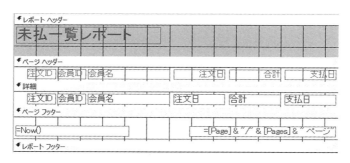

(1) デザイングリッド　　　　　　　　　(2) データシートビューの事例

図 10.8　未払一覧クエリの設定

次に，図 10.6 に示すレポートを以下の手順で作成する．「作成」タブの「レポートウィザード」をクリックし，①「テーブル/クエリ」で「クエリ: 未払一覧クエリ」を選択してすべてのフィールドを選択し，② 次のデータの表示方法で「by 支払」を選択，③ 次のグループレベルは指定せず，④ 次の並べ替えは「注文 ID」の「昇順」，⑤ 次の印刷形式には「表形式」を選択し，⑥ 次のレポート名には「未払一覧レポート」を指定する．未払一覧レポートのデザインビューを図 10.9 に示す．レポートビューで図 10.6 が表示されることを確認する．

図 10.9　未払一覧レポートのデザインビュー

10.3.2　売上集計レポートの実装

各製品の販売価格ごとに販売数と売上を把握するための，売上集計レポートの事例を図 10.10 に示す．まず，10.3.1 項と同様にクエリを作成するが，最下段の「総計」はレポートの機能を使用して表示する．

売上集計クエリのデザイングリッドを図 10.11 に示す．まず，商品と明細のテーブルから図 10.11 に示すフィールドのうち，「商品 ID」から「数量」までを指定する．ここで，「合計」フィールドは導出属性のため，「フィールド名: 式」の形式で「合計: **販売価格*数量**」と直接入力する

売上集計レポート

商品ID	商品名	サイズ	販売価格	数量	合計
MO01L	ダウンジャケット	L	¥15,000	3	¥45,000
MO01L	ダウンジャケット	L	¥10,000	2	¥20,000
MT08M	Tシャツ	M	¥1,500	6	¥9,000
MT08M	Tシャツ	M	¥1,000	2	¥2,000
WB35S	ショートパンツ	S	¥1,700	4	¥6,800
WB35S	ショートパンツ	S	¥1,500	3	¥4,500
	総計			20	¥87,300

2016年2月18日　　　1/1 ページ

図 10.10　売上集計レポートの事例

フィールド:	商品ID	商品名	サイズ	販売価格	数量: 数量	合計: [販売価格]*[数量]
テーブル:	商品	商品	商品	明細	明細	
集計:	グループ化	グループ化	グループ化	グループ化	合計	合計
並べ替え:	昇順			降順		
表示:	☑	☑	☑	☑	☑	☑
抽出条件:						
または:						

図 10.11　売上集計クエリのデザイングリッド

と図 10.11 のように変換される.

商品 ID と販売価格ごとの合計を求めるために, 図 10.11 のデザイングリッドで「集計」行を表示する. これは,「デザイン」タブの「表示/非表示」にある「集計」をクリックすることで表示される.「集計」行の初期値は「グループ化」となっているので,「数量」と「合計」の列は「合計」を選択し,「数量」の列のフィールド名は「数量」を指定する.「並べ替え」行は「商品 ID」と「販売価格」の列で各々, 昇順, 降順を選択する.

次に, 図 10.10 に示すレポートを以下の手順で作成する.「作成」タブの「レポートウィザード」をクリックし, ①「テーブル/クエリ」で「クエリ: 売上集計クエリ」を選択してすべてのフィールドを選択し, ② 次のグループレベル, ③ 次の並べ替えは指定せず, ④ 次のレイアウトは「表形式」, ⑤ 次のレポート名には「売上集計レポート」を指定する.

レポートが作成されたら,「数量」と「合計」の欄の最下行に「総計」の行を追加する. まず,「ホーム」タブの「表示」で「レイアウトビュー」を選択し, 図 10.12(1) に示すように「数量」と「合計」の列を順次選択して「デザイン」タブの「集計」で「合計」をクリックする. さらに,「合計」の列に追加した行のプロパティシートで,「書式」タブでの「書式」に「通貨」を選択する.

最後に「総計」の表示を追加する. 図 10.12 (2) のデザインビューを表示し,「デザイン」タブの「コントロール」から「ラベル」を選択して配置し, プロパティシートの「書式」タブの「標題」に「総計」を指定する. レポートビューで図 10.10 が表示されることを確認する.

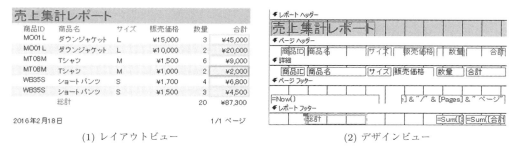

(1) レイアウトビュー　　　　　　　　　(2) デザインビュー

図 10.12　売上集計レポートの合計行の追加

10.3.3　売上推移レポートの実装

注文日ごとの男女別の売上推移を把握するための，売上推移レポートの事例を図 10.13 に示す．売上推移レポートでは行で「注文日」ごと，列で「性別」ごとに，注文テーブルの「合計」の集計を行う．このように，行と列の両方に集計項目を配置した集計表を，クロス集計表という．クロス集計表は，クロス集計クエリを使用して作成する．

売上推移レポート			
注文日	合計	女	男
2015/07/01	¥18,000	¥18,000	
2015/07/05	¥6,600		¥6,600
2015/07/06	¥18,000	¥18,000	
2015/07/07	¥44,700	¥18,200	¥26,500

2016年2月18日　　　　　　　　　　　　　　　　　　　　　　　　　　　　1/1 ページ

図 10.13　売上推移レポートの事例

まず，図 10.14 に示すように，売上推移レポートに表示する注文日，性別，合計をもつ注文会員クエリを作成する．次に，クロス集計クエリの売上推移クエリを作成する．「作成」タブの「クエリウィザード」をクリックし，「クロス集計クエリウィザード」を選択して「OK」をクリックする．クロス集計クエリウィザードが表示されるので，「表示」で「クエリ」を選択し，上記の「クエリ：注文会員クエリ」を選択する．以下，「次へ」をクリックして画面を移動しながら，行見出しに「注文日」，列見出しに「性別」，集計方法で図 10.15 のように「フィールド」

フィールド:	注文ID	会員ID	注文日	性別	合計
テーブル:	注文	注文	注文	会員	注文
並べ替え:					
表示:	✓	✓	✓	✓	✓
抽出条件:					
または:					

図 10.14　注文会員クエリのデザイングリッド

で「合計」,「集計方法」で「合計」を選択し,最後にクエリ名で「売上推移クエリ」を指定して「完了」をクリックする.

図 10.15 クロス集計クエリ（売上推移クエリ）のフィールドの選択

売上推移クエリのデザイングリッドで,4番目の列のフィールド名が「合計 合計」と表示されているので,売上推移レポートに合せて,図 10.16(1) の ① に示すように「合計」に変更する.データシートビューを表示すると,図 10.16(2) のようになる.

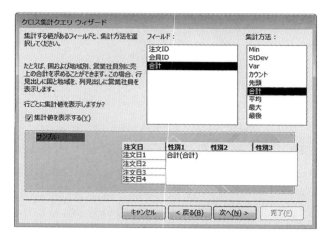

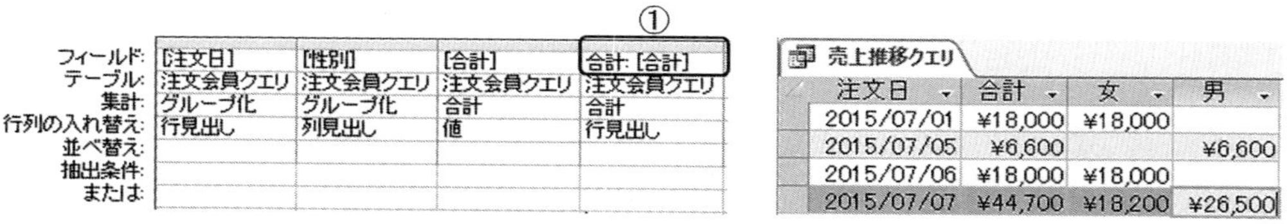

(1) デザイングリッド (2) データシートビューの事例

図 10.16 売上推移クエリの実装

最後に 10.3.2 項と同様に売上推移レポートを作成する.「作成」タブの「レポートウィザード」をクリックし,売上推移クエリのすべてのフィールドを選択してデフォルトのまま「次へ」をクリックしていき,レポート名で「売上推移レポート」を指定して「完了」をクリックする.レポートビューを表示すると,図 10.13 の売上推移レポートが表示される.

なお,売上集計レポートと同様に,合計,女,男の各フィールドの総計の行を追加することもできる.これは演習問題としている.

演習問題

設問1 MySQL による実装で，図 10.4 の売上推移ビューに，図 10.3 の売上集計ビューと同様に，列ごとの総計を追加したビューを作成せよ．なお，列ごとの総計の行の注文日付は，'9999-01-01' とし，最下行に表示されるようにせよ．

設問2 Access による実装で，図 10.13 の売上推移レポートに，図 10.10 の売上集計レポートと同様に，列ごとの総計を追加したレポートを作成せよ．なお，総計の形式は，図 10.10 の売上集計レポートに準ずるものとする．

第11章
在庫管理サブシステム その1

□ 学習のポイント

　第11章，第12章では，第1章で説明した，カジュアルウェアショップシステムの中の在庫管理サブシステムを実装する．このサブシステムは，それぞれの倉庫に仕入れた商品を入庫する，あるいは，注文された商品を出庫するときに発生する在庫数量の更新を行う．第11章で，在庫管理サブシステムの機能の全体図を作成した後に，テーブル構造をER図で作成し，テスト用のデータの登録を行う．第12章で，倉庫フォーム，在庫フォーム，在庫品レポートを作成する方法を理解する．

- 在庫管理サブシステムで使用する3つのテーブルとその相互関係を理解する．
- 各テーブルの作成方法を理解する．
- 各テーブルへのデータ登録方法を理解する．

□ キーワード

　　在庫管理サブシステム，倉庫テーブル，在庫テーブル，フォーム，レポート

11.1　在庫管理サブシステムとは

　在庫管理サブシステムは，第1章で説明したカジュアルウェアショップの在庫を管理するためのサブシステムであり，第8章，第9章，第10章の販売管理サブシステムを使って販売される商品の在庫の管理を行う．倉庫は全国の拠点にあり，配送先に最も近い倉庫から出庫される．在庫管理サブシステムでは，倉庫の新設，統廃合に伴う倉庫情報の管理や商品の入庫および出庫に伴う商品の在庫数量の増減の管理を行う．在庫管理サブシステムの機能全体図を図11.1に示す．在庫管理サブシステムは，次の機能をもつ．

- 商品管理サブシステムが管理する商品テーブルを参照し，商品の入庫に伴う在庫データの個別入力／更新／削除機能
- 販売管理サブシステムが管理する商品の注文情報に基づく在庫データの個別入力／更新／削除機能
- 倉庫に保管されている商品（在庫品）に関するデータの集計情報作成機能
- 倉庫の新設，統廃合に伴う倉庫データの個別入力／更新／削除機能

また，在庫管理サブシステムで利用するテーブルは下記のものがある．

- 「商品」：商品の情報が登録されているテーブルである．
- 「倉庫」：倉庫の情報が登録されているテーブルである．
- 「在庫」：倉庫に保管されている商品とその個数に関する情報が登録されているテーブルである．

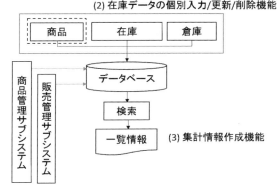

図 11.1　在庫管理サブシステムの機能全体図

11.2　在庫管理サブシステムの要件とデータベース設計

注文を受けた商品を，受取人の住所に最も近い倉庫から出庫する．そのため，どの倉庫に商品がどれだけ保管されているかを管理する必要がある．想定している在庫管理サブシステムの要件を以下に示す．

- 倉庫は複数存在する．
- 在庫として保管される商品に関するデータは，商品テーブルにあるものを使用し，在庫数量のみを在庫管理サブシステムで管理する．
- 商品は複数の倉庫で保管する．

倉庫は複数存在することから倉庫を管理するための倉庫テーブルを作成する．在庫管理サブシステムでは倉庫に保管されている商品の在庫数量を管理するが，保管される商品に関するデータは商品テーブルの管理下にあるため，商品テーブルを参照することが必要になる．商品は複数の倉庫で保管され，倉庫には複数の商品が保管されることから，倉庫と商品には多対多の関連があることがわかる．したがって，在庫テーブルを使って商品と格納先の倉庫のデータを管理する（4.7 節参照）．図 11.2 は，在庫管理サブシステムで使用する 3 テーブルの関係を示す ER 図である．各テーブルの属性については，第 5 章で述べたとおりである．

商品，倉庫，在庫テーブルの設計は表 11.1 のようになる．外部キーを使ってテーブル間の参

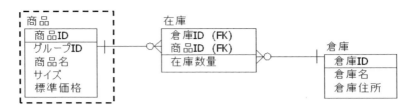

図 11.2　在庫管理サブシステムのテーブル構造

照関係を表現している．なお，商品テーブルは，第 6 章で述べたものと同一であるので，ここでは省略する．

表 11.1　倉庫テーブル，在庫テーブルの設計

(1) 倉庫テーブルの設計

列名	列の型および長さ	キー	備考
倉庫 ID	半角 5 文字	PK	倉庫を識別する ID
倉庫名	全角文字列 30 文字		倉庫の名称
倉庫住所	全角文字列 30 文字		倉庫の所在場所

(2) 在庫テーブルの設計

列名	列の型および長さ	キー	備考
倉庫 ID	半角 5 文字	PK, FK	倉庫を識別する ID
商品 ID	半角 5 文字	PK, FK	商品を識別する ID
在庫数量	整数型		商品の在庫数量

（注）PK: 主キー　　FK: 外部キー

動作確認のためのデータとして表 11.2 の (1) と (2) に示すものを利用する．なお，商品データについては，第 6 章の表 6.2(3) に示したものを使用する．

11.3　MySQL による実装

11.3.1　テーブル設計

表 11.1 に基づき MySQL のテーブルの設計を行う．結果を表 11.3 に示す．なお，商品データについては，第 6 章の表 6.3(3) に示したものを使用するので，ここでは省略する．

(1)　データ属性を組み込んだ ER 図の作成

表 11.1 で行った倉庫と在庫の設計結果を ER 図に反映したものを図 11.3 に示す．破線で囲んだ実体は，第 6 章の商品管理サブシステム，および，第 8 章の販売管理サブシステムで作成した実体である．データ属性を含めた定義が完了すると，A5M2 ツールからテーブル作成に必要なデータ定義言語を自動で生成できる．なお，A5M2 ツールの利用方法については付録 2 を参照のこと．

表 11.2 倉庫テーブルと在庫テーブルの動作確認のためのデータ

(1) 倉庫テーブルのデータ

倉庫 ID	倉庫名	倉庫住所
SK01	札幌倉庫	札幌市豊平区
SK13	東京倉庫	東京都中央区
SK27	大阪倉庫	大阪市城南区
SK40	福岡倉庫	福岡市西区

(2) 在庫テーブルのデータ

倉庫 ID	商品 ID	在庫数量
SK01	KO41L	29
SK01	MB15S	10
SK01	MO01L	30
SK01	MT08M	35
SK01	WB35S	15
SK13	KB55S	14
SK13	KT48M	59
SK13	MB15S	21
SK13	MO01L	35
SK13	MT08M	10
SK13	WB35S	33
SK13	WT28M	58
SK27	KO41L	27
SK27	KT48M	12
SK27	MB15S	10
SK27	MT08M	23
SK27	WB35S	19
SK40	KO41L	17
SK40	MT08M	19
SK40	WB35S	25
SK40	WT28M	18

表 11.3 MySQL テーブル設計値

(1) 倉庫テーブル

列名	データ型	キー	備考
倉庫 ID	VARCHAR(5)	PK	半角文字列 5 文字
倉庫名	VARCHAR(60)		全角文字列 30 文字
倉庫住所	VARCHAR(60)		全角文字列 30 文字

(2) 在庫テーブル

列名	データ型	キー	備考
倉庫 ID	VARCHAR(5)	PK, FK	半角文字列 5 文字
商品 ID	VARCHAR(5)	PK, FK	半角文字列 5 文字
在庫数量	INT		整数

(注) データ型の長さは，半角単位で指定する

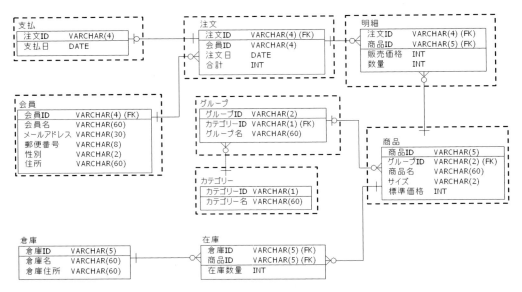

図 11.3 システム全体の ER 図

(2) テーブル作成

第 6 章で作成したデータベースに，倉庫テーブルと在庫テーブルを追加する．A5M2 ツールの ER 図のメニューの「DDL を作成する」を使って，図 11.3 に示した ER 図に対応するテーブルを定義する SQL 文を作成することができる．リスト 11.1 に示した SQL 文は，倉庫テーブルに対するものである．倉庫テーブルは，実体として存在する「倉庫」に対応するテーブルであるので，倉庫を識別する倉庫 ID を主キーとしている．属性としては，倉庫名と倉庫住所がある．

リスト 11.1 　A5M2 で作成した倉庫テーブルの SQL 文

```
drop table if exists '倉庫' cascade;
create table '倉庫' (
  '倉庫ID' VARCAHR(5)
  , '倉庫名' VARCAHR(60)
  , '倉庫住所' VARCAHR(60)
  , constraint '倉庫_PKC' primary key ('倉庫ID')
);
```

リスト 11.2 に示した SQL 文は，在庫テーブルに対するものである．在庫テーブルは，商品と倉庫を関連付けるものであることから，倉庫 ID と商品 ID の組を主キーとしている．さらに，在庫テーブルの倉庫 ID は，倉庫テーブルの倉庫 ID の外部キーとして定義されている．同様に，商品 ID は，商品テーブルの商品 ID の外部キーとして定義されている．A5M2 ツールの DDL の作成機能では，外部キーを alter table 文の add constraint によって付与している．なお，MySQL による，データベース作成，テーブル作成の手順については，第 6 章で述べた

とおりであるので，ここでは省略する．

リスト **11.2**　A5M2 で作成した在庫テーブルの SQL 文

```
drop table if exists '在庫' cascade;
create table '在庫' (
  '倉庫ID' VARCAHR(5)
  , '商品ID' VARCAHR(5)
  , '在庫数量' INT
  , constraint '在庫_PKC' primary key ('倉庫ID','商品ID')
);
alter table '在庫'
  add constraint '在庫_FK1' foreign key ('倉庫ID') references '倉庫'('倉庫ID');
alter table '在庫'
  add constraint '在庫_FK2' foreign key ('商品ID') references '商品'('商品ID');
```

11.3.2　各テーブルへのデータ登録

リスト 11.3 は，表 11.2(1) に示した倉庫テーブルに関するデータを insert 文に編集したものである．このコマンドを直接，MySQL の操作画面から入力することも可能であるが，リスト 11.3 のコマンドをテキストファイルとして編集しておけば，MySQL モニタにテキストを貼り付けることで登録することができる．

リスト **11.3**　倉庫テーブルへのデータ登録 SQL 文

```
insert into 倉庫 values
    ('SK01','札幌倉庫','札幌市豊平区'),
    ('SK13','東京倉庫','東京都中央区'),
    ('SK27','大阪倉庫','大阪市城南区'),
    ('SK40','福岡倉庫','福岡市西区');
```

リスト 11.4 は，表 11.2(2) に示した在庫テーブルに関するデータを insert 文に編集したものである．なお，在庫テーブルは，倉庫テーブルの倉庫 ID を外部キーとして参照しているので，データの登録は，リスト 11.3 に続いてリスト 11.4 を実行する必要がある．

リスト 11.4　倉庫テーブルへのデータ登録 SQL 文

```
insert into   在庫 values
('SK01','KO41L',29),
('SK01','MB15S',10),
('SK01','MO01L',30),
('SK01','MT08M',35),
('SK01','WB35S',15),
('SK13','KB55S',14),
('SK13','KO41L',59),
('SK13','MB15S',21),
('SK13','MO01L',35),
('SK13','MT08M',10),
('SK13','WB35S',33),
('SK13','WT28M',58),
('SK27','KO41L',27),
('SK27','KT48M',12),
('SK27','MB15S',10),
('SK27','MT08M',23),
('SK27','WB35S',19),
('SK40','KO41L',17),
('SK40','MT08M',19),
('SK40','WB35S',25),
('SK40','WT28M',18);
```

　データ登録が完了したら，(a) および (b) の select 文で各テーブルに登録されているデータを確認することができる．なお，第 6 章で述べたように，データの更新は update 文，データの削除は delete 文，テーブルの削除は drop table 文で実行できる．

```
select * from 倉庫;                                      ---(a)
```

```
select * from 在庫;                                      ---(b)
```

11.4　MS Access による実装

11.4.1　各テーブル設計

(1)　テーブル設計

　表 11.1 に基づき Access のテーブルの設計を行う．結果を表 11.4 に示す．なお，商品データについては，第 6 章の表 6.4(3) に示したものを使用するので，ここでは省略する．

(2)　データベースの作成とテーブルの作成

　第 6 章で作成したデータベースに，倉庫テーブルと在庫テーブルを追加する．テーブル作成

表 11.4　Access テーブル設計値

(1) 倉庫テーブルの設計

フィールド名	データ型	フィールド長	キー	備考
倉庫 ID	短いテキスト	5	PK	文字列 5 文字
倉庫名	短いテキスト	30		文字列 30 文字
倉庫住所	短いテキスト	30		文字列 30 文字

(2) 在庫テーブルの設計

フィールド名	データ型	フィールド長	キー	備考
倉庫 ID	短いテキスト	5	PK, FK	文字列 5 文字
商品 ID	短いテキスト	5	PK, FK	文字列 5 文字
在庫数量	整数型			商品の在庫数量

の方法は，付録 6.2 節に記載があるので，ここでは省略する．図 11.4 に，倉庫テーブルと在庫テーブルの作成結果を示す．

図 11.4　倉庫テーブルと在庫テーブルの作成結果

(3) リレーションシップの定義

テーブル定義が完了したら，「データベースツール」タブの「リレーションシップ」を使ってテーブル間のリレーションシップを定義する．リレーションシップの作成の方法は，付録 6.5 節に記載があるので，ここでは省略する．図 11.5 に，完成したリレーションシップを示す．在庫管理サブシステムで設定したリレーションシップは，倉庫と在庫間の 1 対多の関連，商品と在庫間の 1 対多の関連の 2 つである．

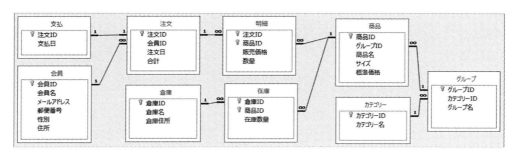

図 11.5　システム全体のリレーションシップ図

11.4.2 各テーブルへのデータ登録

作成したテーブルにレコードを登録する場合，テーブルのフォームを作成しデータの登録を行う．

(1) 倉庫テーブルへのデータ登録

「倉庫」テーブルを選択した後，「作成」タブの「フォームウィザード」を選択する．倉庫テーブルのすべてのフィールドを選択し，「完了」ボタンを押下することで，倉庫フォームが完成する．作成したフォームからデータを入力することができる．なお，操作方法については第6章と同様であるので，詳細を省略する．図11.6に示したフォームは，表11.2(1)に示した倉庫テーブルのデータの登録を完了した時点の画面である．

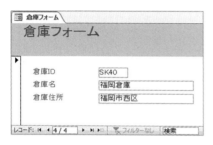

図 11.6　倉庫フォーム

図 11.7　在庫フォーム

(2) 在庫テーブルへのデータ登録

同様にして，在庫フォームを作成する．図11.7に示したフォームは，表11.2(2)に示した在庫テーブルのデータの登録を完了した時点の画面である．

在庫テーブルの倉庫IDと商品IDは，それぞれ，倉庫テーブルの倉庫IDと商品テーブルの商品IDを参照している．表11.2(2)に示した在庫データのように，参照整合性制約を満たすデータを登録する場合には，図11.7に示したフォームを使ってデータを登録することができる一方で，追加登録しようとするデータの倉庫IDまたは商品IDが，参照整合性制約を満たさない場合は，エラーが発生する．したがって，在庫データを登録する場合は，倉庫IDおよび商品IDに対応するデータが，それぞれ，倉庫テーブルおよび商品テーブルに登録済みであることを確認する必要がある．そのようなフォームの作り方については，12.3節で述べる．

演習問題

設問1 在庫数が20個以下であり，かつ，商品の標準価格が2000円以下のデータを検索せよ．表示する列名は，在庫数量，倉庫名，商品名，標準価格とする．

[問1] MySQLを使って，データを検索せよ．

[問2] Accessを使って，データを検索せよ．

設問2 在庫テーブルの倉庫IDがSK13，商品IDがWB35Sの在庫数量33を48に更新せよ．

[問3] MySQLを使って，データを更新せよ．

[問4] Accessを使って，データを更新せよ．

第12章
在庫管理サブシステム その2

□ 学習のポイント

第11章では，在庫管理サブシステムのためのテーブル設計とデータ登録を行った．第12章では，倉庫テーブルと在庫テーブルのデータ更新を行うための支援機能について理解する．倉庫に保管してある在庫品は日々変化し，週末や月末には在庫品のチェックを行うが，この作業を支援するための在庫一覧を作成する方法を理解する．

- MySQL for Excel によるデータの追加や更新機能を理解する．
- SQL 文を使った在庫一覧の作成方法を理解する．
- MS Access のフォームを使ったデータの追加や更新機能を理解する．
- MS Access のレポート機能を使った在庫一覧の作成方法を理解する．

□ キーワード

在庫管理サブシステム，MySQL for Excel，Access フォーム，Access レポート

12.1 この章の範囲

第11章では，在庫管理サブシステムを構成する倉庫テーブルと在庫テーブルのテーブル設計を行い，両テーブルへのデータ登録を行った．第1章で述べたように，販売管理サブシステムからの出庫情報に応じて倉庫から商品を出庫する．この業務に対応するために，在庫管理サブシステムでは，データ更新を行うための支援機能が必要になる．また，仕入れた商品を倉庫に保管する入庫も必要になる．新規の商品が入庫した場合，倉庫への商品データの登録作業が発生する．また，すでに保管されている商品が入庫した場合は，在庫数量の更新が必要になる．この章では，倉庫テーブルと在庫テーブルのデータ更新を行うための支援機能を，MySQL for Excel および Access フォームを使って作成する方法を理解する．

週末や月末など一定の頻度で，倉庫に保管されている在庫品の数のチェックを行うが，この作業を支援するために，在庫品一覧を作成する必要がある．この章では，MySQL for Excel および Access のレポート機能を使った在庫一覧の作り方を理解する．

12.2 MySQLによる実装

12.2.1 MySQL for Excelによる支援機能

(1) MySQLへの接続

第6章で述べたように，Excelの「データ」タブのMySQL for Excelアイコンを押下することで，データベースに接続することができる．以降，MySQLへの接続を行った後の操作について述べる．

(2) 倉庫データの検索・更新・登録・削除

テーブルの検索・更新・登録・削除は，MySQL for ExcelのEdit MySQL Data機能を使う．まず，倉庫テーブルを選択する（図12.1(a)）．次に，Edit MySQL Dataを選択すると，データのプレビュー画面が表示される（図12.1(b)）．プレビュー画面の「OK」ボタンを押下すると，テーブル名と同じ名前のシートが追加され，そのシートにデータが転記される．テーブルのデータを選択すると，データ更新のポップアップ・ウィンドウが表示される（図12.1(c)）．

データ更新は，Excelシート上で該当するデータを更新した後に，データ更新ポップアップ・ウィンドウのCommit Changesボタンを押下することで実施できる．なお，データを追加する

(a) 倉庫テーブルの選択結果

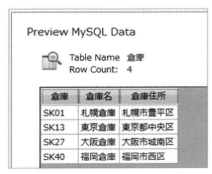
(b) 倉庫テーブルのプレビュー画面

(c) 倉庫テーブルのデータをExcelに取り込んだときの画面

図 12.1　MySQL for Excelによる倉庫テーブルの編集

場合は，追加するデータを Excel 上で追加し，Commit Changes ボタンを押下することで実施できる（図 12.2）．また，データを削除する場合は，Excel 上で該当する行を削除し，Commit Changes ボタンを押下することで更新したデータを元のデータに戻すことができる（図 12.3）．以降，図 12.3 に示した 4 行のデータが登録されているものとする．

	A	B	C	D	E	F
1	倉庫ID	倉庫名	倉庫住所			
2	SK01	札幌倉庫	札幌市豊平区			
3	SK13	東京倉庫	東京都中央区			
4	SK27	大阪倉庫	大阪市城南区			
5	SK40	福岡倉庫	福岡市西区			
6	SK14	湘南倉庫	神奈川県鎌倉市			
7						

図 **12.2** 倉庫データを追加したときの画面

データの挿入は，テーブルの最後の行（黄色の塗りつぶし）にデータを記入し，Commit Changes ボタンを押下することで実施できる（図 12.3）．

	A	B	C	D	E	F
1	倉庫ID	倉庫名	倉庫住所			
2	SK01	札幌倉庫	札幌市豊平区			
3	SK13	東京倉庫	東京都中央区			
4	SK27	大阪倉庫	大阪市城南区			
5	SK40	福岡倉庫	福岡市西区			
6						

図 **12.3** 追加した倉庫データを削除したときの画面

倉庫テーブルの倉庫 ID は，在庫テーブルから外部キーとして参照されている．そのため，在庫テーブルで参照している倉庫 ID を更新，削除することは参照整合性制約に違反するため MySQL でエラーが発生する．なお，該当する Excel を閉じることで，Edit MySQL Data 機能を終了することができる．

(3) 在庫データの検索・更新・登録・削除

倉庫テーブルと同様に，MySQL for Excel の Edit MySQL Data 機能を使って，在庫テーブルのデータを操作することができる．ただし，11.3 節で述べたように，在庫テーブルの倉庫 ID と商品 ID は外部キーであり，倉庫名や商品名などの詳細な情報は，倉庫テーブルや商品テーブルに記載されている．これらの情報を倉庫 ID や商品 ID から推察することは困難であることから，在庫テーブルのデータ操作を行う場合は，倉庫テーブルや商品テーブルの内容を参照しながら行うことになる．Excel には，同じブック（Excel ファイル）内の複数のシートを同時に表示する機能があり，この機能を使うことで，倉庫テーブルと商品テーブルを参照しつつ，在庫テーブルのデータを操作することができる（図 12.4）．この画面例の作り方は，以下のとおり．

① Import MySQL Data を使って，倉庫テーブルと商品テーブルのデータをシートに貼り付ける．
② Edit MySQL Data を使って在庫テーブルのデータを別のシートに貼り付ける．
③ Excel の「表示」タブの「新しいウィンドウを開く」を使って作成したシートを別々のウィンドウで表示する．

在庫テーブルのデータ操作方法は，外部キーを含まないテーブルと同様である．ただし，参照先のテーブルに登録されていない倉庫 ID や商品 ID を指定すると MySQL からエラーが戻され，データ操作が中断される．

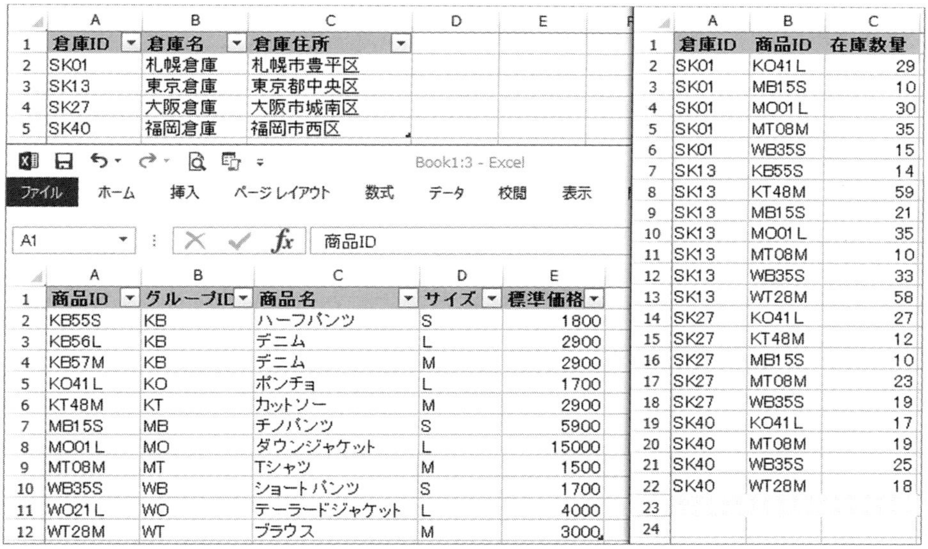

	倉庫ID	倉庫名	倉庫住所
2	SK01	札幌倉庫	札幌市豊平区
3	SK13	東京倉庫	東京都中央区
4	SK27	大阪倉庫	大阪市城南区
5	SK40	福岡倉庫	福岡市西区

	商品ID	グループID	商品名	サイズ	標準価格
2	KB55S	KB	ハーフパンツ	S	1800
3	KB56L	KB	デニム	L	2900
4	KB57M	KB	デニム	M	2900
5	KO41L	KO	ポンチョ	L	1700
6	KT48M	KT	カットソー	M	2900
7	MB15S	MB	チノパンツ	S	5900
8	MO01L	MO	ダウンジャケット	L	15000
9	MT08M	MT	Tシャツ	M	1500
10	WB35S	WB	ショートパンツ	S	1700
11	WO21L	WO	テーラードジャケット	L	4000
12	WT28M	WT	ブラウス	M	3000

	倉庫ID	商品ID	在庫数量
2	SK01	KO41L	29
3	SK01	MB15S	10
4	SK01	MO01L	30
5	SK01	MT08M	35
6	SK01	WB35S	15
7	SK13	KB55S	14
8	SK13	KT48M	59
9	SK13	MB15S	21
10	SK13	MO01L	35
11	SK13	MT08M	10
12	SK13	WB35S	33
13	SK13	WT28M	58
14	SK27	KO41L	27
15	SK27	KT48M	12
16	SK27	MB15S	10
17	SK27	MT08M	23
18	SK27	WB35S	19
19	SK40	KO41L	17
20	SK40	MT08M	19
21	SK40	WB35S	25
22	SK40	WT28M	18

図 **12.4** 倉庫テーブルと商品テーブルを参照した在庫テーブルの操作画面

12.2.2 MySQL 文を使った集計レポートの作成

第 2 章で述べたように，SQL 文には合計を求める集約関数がある．以下，集約関数を使った select 文の実行結果をテーブルに保存し，そのテーブルのデータを MySQL for Excel に取り込むことで集計レポートを作成する方法について述べる．なお，レポートには，在庫テーブルのデータに加え，倉庫ごとの在庫総数を集計した結果をまとめるものとする．

① レポートを構成するデータを格納するテーブルを定義する．リスト 12.1 の SQL 文で在庫名テーブルを生成する．続いて，リスト 12.2 に示した insert 文を実行して在庫名テーブルにデータを登録する．この insert 文では，select 文を使って在庫テーブル，商品テーブル，倉庫テーブルを結合して倉庫 ID に対応する倉庫名，および，商品 ID に対応する商品名と在庫数量を抽出し，抽出したデータを在庫名テーブルに登録している．

リスト 12.1　在庫名テーブルを生成する SQL 文

```
drop table if exists '在庫名' cascade;
create table '在庫名' (
  '倉庫ID' VARCHAR(5) not null
  , '倉庫名' VARCHAR(60)
  , '商品ID' VARCHAR(5) not null
  , '商品名' VARCHAR(60)
  , '在庫数量' INT
  , constraint '在庫名_PKC' primary key ('倉庫ID','商品ID')
);
alter table '在庫名'  add constraint '在庫名_FK11' foreign key ('商品ID')
references '商品'('商品ID');
alter table '在庫名'  add constraint '在庫名_FK22' foreign key ('倉庫ID')
references '倉庫'('倉庫ID');
```

リスト 12.2　在庫名テーブルにデータを登録する SQL 文

```
insert into 在庫名
select z.倉庫ID, 倉庫名, z.商品ID, 商品名, 在庫数量
from 在庫 as z, 商品 as m, 倉庫 as s
where z.倉庫ID=s.倉庫ID and z.商品ID=m.商品ID;
```

② リスト 12.3 の SQL 文で，倉庫ごとの在庫総数を記憶する在庫集計テーブルを生成する．続いて，リスト 12.4 に示した insert 文を実行して在庫名テーブルにデータを登録する．この insert 文では，集約関数 sum を使った select 文で倉庫 ID ごとの在庫数量を集計し，倉庫 ID, 倉庫名とともに在庫集計テーブルに登録している．

リスト 12.3　在庫集計テーブルを生成する SQL 文

```
drop table if exists '在庫集計' cascade;
create table '在庫集計' (
  '倉庫ID' VARCHAR(5)
  , '倉庫名' VARCHAR(60)
  , '在庫総数' INT
  , constraint '在庫集計_PKC' primary key ('倉庫ID')
);
```

リスト 12.4　在庫集計テーブルにデータを登録する SQL 文

```
insert into 在庫集計
select 倉庫ID, 倉庫名, sum(在庫数量) from 在庫名 group by 倉庫ID;
```

③ MySQL for Excel を使って，在庫名テーブルと在庫集計テーブルを Excel シートに読み込み，体裁を整える．図 12.5 は，レポートの一例であり，在庫テーブルと在庫集計テーブルのデータを Excel シートに読み込み，テーブルにタイトルと罫線を付加し，体裁を整え

在庫名テーブル

倉庫ID	倉庫名	商品ID	商品名	在庫数量
SK01	札幌倉庫	KO41L	ポンチョ	29
SK01	札幌倉庫	MB15S	チノパンツ	10
SK01	札幌倉庫	MO01L	ダウンジャケット	30
SK01	札幌倉庫	MT08M	Tシャツ	35
SK01	札幌倉庫	WB35S	ショートパンツ	15
SK13	東京倉庫	KB55S	ハーフパンツ	14
SK13	東京倉庫	KT48M	カットソー	59
SK13	東京倉庫	MB15S	チノパンツ	21
SK13	東京倉庫	MO01L	ダウンジャケット	35
SK13	東京倉庫	MT08M	Tシャツ	10
SK13	東京倉庫	WB35S	ショートパンツ	33
SK13	東京倉庫	WT28M	ブラウス	58
SK27	大阪倉庫	KO41L	ポンチョ	27
SK27	大阪倉庫	KT48M	カットソー	12
SK27	大阪倉庫	MB15S	チノパンツ	10
SK27	大阪倉庫	MT08M	Tシャツ	23
SK27	大阪倉庫	WB35S	ショートパンツ	19
SK40	福岡倉庫	KO41L	ポンチョ	17
SK40	福岡倉庫	MT08M	Tシャツ	19
SK40	福岡倉庫	WB35S	ショートパンツ	25
SK40	福岡倉庫	WT28M	ブラウス	18

在庫集計テーブル

倉庫ID	倉庫名	在庫総数
SK01	札幌倉庫	119
SK13	東京倉庫	230
SK27	大阪倉庫	91
SK40	福岡倉庫	79

図 12.5　SQL を使った在庫テーブルに関するレポートの例

たものである．

12.3　MS Access による実装

12.3.1　倉庫データと在庫データ登録の支援機能

Access のフォームは，GUI ベースでテーブルに対する操作を行う機能を提供する．

(1)　倉庫フォーム

倉庫テーブルは，倉庫の追加，更新，削除に応じてデータを更新する必要がある．そのため，倉庫テーブルに対する倉庫フォームを作成する．図 12.6(a) に，倉庫フォームの作成例を示す．

この倉庫フォームでは，レコードの登録・保存・削除ボタンを実装していて，レコードの操作をこれらのボタンを押すだけで容易に行うことができる．例えば，「レコードの追加」ボタンを押すと，フォームにはデータが未記入の画面が表示される．この画面を使って，新規の倉庫データを登録することができる．特定のフィールドのデータを更新し，「レコードの保存」ボタンを押すことで，データの更新がデータベースに反映される．図 12.6(b) は，フォームを使って倉庫データ 'SK14'，'湘南倉庫'，'神奈川県鎌倉市' を新たなフィールドとして追加した画面である．また，特定のレコードを表示した状態で，「レコードの削除」ボタン押すと，その時点で表示されている行を削除することができる．以降，図 12.6(b) で登録した倉庫データを削除し，図 12.6(a) に示した 4 行のレコードが登録されているものとする．

なお，フォームの下側に配置されている，レコード移動ボタンの ▶ を押すことで次のデータを表示することができる．◀ を押すことで前のデータを表示することができる．レコード移動ボタンの ▶ と ◀ を押すことで，特定のレコードを表示することができる．

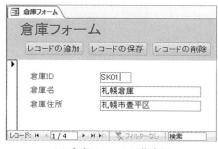 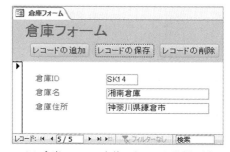

(a) 倉庫フォームの作成例　　　　　　(b) 倉庫フォームを使ったデータ登録の例

図 **12.6**　倉庫フォーム

次に，倉庫フォームの作成方法の概略を説明する．詳細は，付録 6.6 節参照のこと．

① 倉庫テーブルを選択して，「作成」タブの「フォームウィザード」を起動する．
- フォームに含めるフィールドを選択する（倉庫テーブルの 3 フィールド）．
- フォームのレイアウトを指定する（単票形式を選択）．

② 倉庫フォームをデザインビューで表示する．「デザイン」タブの「コントロール」からボタンアイコンをクリックし，「フォームヘッダー」に配置する．続いて，表示されるウィザードに従って「レコードの追加」ボタンを以下の操作で定義する．
- 種類として「レコードの操作」，ボタンの動作として「新しいレコードの追加」を選択する．
- ボタンに表示するテキスト「レコードの追加」を選択する．
- フォームヘッダーに表示されたボタンアイコンのレイアウトを編集する．

③ 「レコードの追加」ボタンの定義と同様の操作で，「レコードの保存」ボタンを定義する．
- 種類として「レコードの操作」，ボタンの動作として「レコードの保存」を選択する．
- ボタンに表示するテキスト「レコードの保存」を選択する．
- フォームヘッダーに表示されたボタンアイコンのレイアウトを編集する．

④ 同様に，「レコードの削除」ボタンを以下の操作で定義する．
- 種類として「レコードの操作」，ボタンの動作として「レコードの削除」を選択する．
- ボタンに表示するテキスト「レコードの削除」を選択する．
- フォームヘッダーに表示されたボタンアイコンのレイアウトを編集する．

⑤ 「フォームのデザインビュー」で「フォームヘッダー」のプロパティ（前景色，背景色など）を適宜設定する．

以上の操作を行った時点でのフォームのデザインビューを図 12.7 に示す．

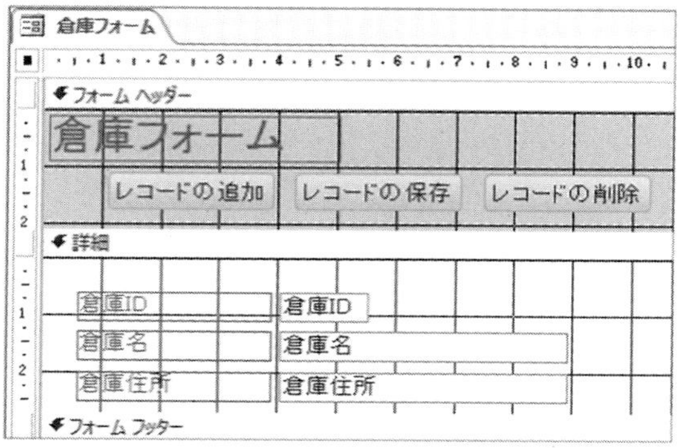

図 12.7 倉庫フォームのデザインビュー

(2) 在庫フォーム

在庫テーブルは，倉庫テーブルの主キーである倉庫 ID と，商品テーブルの主キーである商品 ID の組を主キーとしている．主キーだけでは，倉庫名や商品名を連想することが難しいことから，倉庫 ID から倉庫名，商品 ID から商品名を表示できる機能が必要になる．この機能は，クエリを作成し，クエリに対するフォームによって実装することができる．

(1) 在庫クエリの作成

図 12.8 は，作成した在庫クエリのデザインビューである．なお，クエリの作成手順については付録 6.7 節を参照のこと．

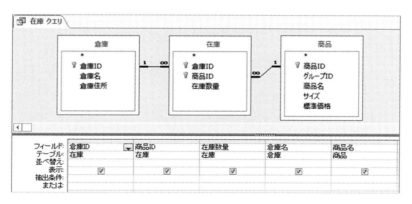

図 12.8 在庫クエリのデザインビュー

(2) 在庫拡張フォームの作成

在庫クエリに対するフォームを作成する．次に，作成方法の概要を述べるが，拡張フォームの作成手順については付録 6.8 節を参照のこと．「作成」タブの「フォームウィザード」を実行する．フォームに含めるフィールドを選択するため，まず，「在庫クエリ」を選択し，続いてフィールドを選択する（図 12.9(a)）．「>」ボタンを使えば，フォームに配置する順番を

考慮してフィールドを選択することができる．図12.9(b)は，フォームに，倉庫ID，倉庫名，商品ID，商品名，在庫数量の順にフィールドを配置するよう選択したものである．

(a) フィールドの選択前　　　　　　　　　　(b) フィールドの選択後

図 **12.9**　フィールド選択画面

次に，データの表示方法を指定する．ここでは，「by 在庫」を指定する．フォームレイアウトは「単票形式」を指定する．フォーム名は，「在庫フォーム」とする．以上の操作でフォームは完成する．なお，図12.10(a)に示した在庫フォームは，操作を容易にするために，フォームヘッダにレコード操作のためのボタンを5個配置したものである．図12.10(b)は図12.10(a)のフォームのデザインビューである．

在庫フォームを作成した後に，レコード操作のためのボタンを作成する手順の概要を以下に示す．

- 在庫フォームのデザインビューを表示する．
- 「デザイン」タブの「コントロール」からボタンアイコンをクリックし，在庫フォームのデザインビュー上のボタンを配置したい位置でクリックする．この操作で，ボタンが配置され，「コマンドボタンウィザード」が開く．
- コマンドボタンウィザードで，種類として「レコードの操作」，ボタンの動作として「新しいレコードの追加」を選択し，次へボタンをクリックする．
- 次に表示される画面で，ボタンに表示する文字列を指定し，完了ボタンをクリックする．

なお，ボタンの作成手順の詳細は付録6.16節を参照のこと．

図12.10(a)在庫フォームのフッターに示されているように，在庫テーブルには21件のデータが登録されている．レコード移動ボタン▶を押すと次のデータを表示できる．一方，業務上，特定の倉庫を選ぶ必要がある．この場合は，フィルター機能を使うことで，対象とするデータを絞り込むことができる．操作方法としては，倉庫名にマウスカーソルを移動し，ホームタブのフィルターアイコンをクリックすると倉庫名での選択が可能になる．操作方法の詳細については付録6.17節を参照のこと．図12.11(a)は，大阪倉庫または東京倉庫のデータを選択した

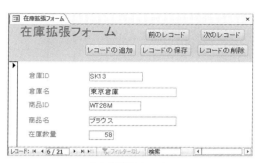

(a) 在庫フォーム　　　　　　　　(b) 在庫フォームのデザインビュー

図 12.10　在庫フォームとデザインビュー

(a) フィルター機能を使ったデータ選択　　　(b) データ選択設定後の画面

図 12.11　フィルター機能を使ったデータの絞り込み

画面であり，図 12.11(b) はデータ選択を設定後に表示される画面である．データ件数が 21 件から 12 件に減少している．

12.3.2　Access のレポート機能を使った業務集計の実装

Access のレポート機能を使うと，在庫状況の全体を把握するための在庫一覧を作成することができる．Access のレポートは，テーブルまたはクエリに対して作成することができる．在庫フォームの場合と同様に，倉庫 ID に対応する倉庫名，商品 ID に対応する商品名を表示できるとわかりやすいことから，図 12.8 に示した在庫クエリを使ってレポートを作成する．

レポート作成手順の概要を以下に示す．

- 「作成」タブの「レポートウィザード」を起動する．
- テーブル/クエリの一覧から「在庫クエリ」を選択する．

(a) データの表示方法を指定する画面

(b) グループレベルを指定した画面

(c) 集計方法を指定する画面

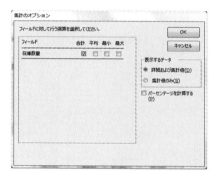
(d) 集計オプションの設定画面

図 **12.12** レポートウィザードの主要な画面

- 在庫フォームと同様の方法で，レポートに表示するフィールドを選択する．ここでは，図 12.9(b) と同様に，倉庫名，倉庫 ID，商品名，商品 ID，在庫数量 の順にフィールドを配置する．次へボタンをクリックする．
- データの表示方法は「by 在庫」を指定し（図 12.12(a)），次へボタンをクリックする．
- グループレベルは倉庫名を指定し（図 12.12(b)），次へボタンをクリックする．
- 図 12.12(c) の「集計のオプション」をクリックし，続けて表示される画面（図 12.12(d)）で在庫数量に対して合計を選択する．
- レポート名は「在庫レポート」とする．

以上の操作で，レポートの大枠が決まる．

表示項目や表示レイアウトを変更する必要がある場合は，デザインビューを開き，表示項目やレイアウトを編集する．図 12.13 は，在庫レポートの作成例であり，在庫数量の合計に関する項目のレイアウトを一部編集したものである．図 12.14 は，図 12.13 に対応するデザインビューである．なお，レポートの作成手順の詳細は付録 6.12 節を参照のこと．

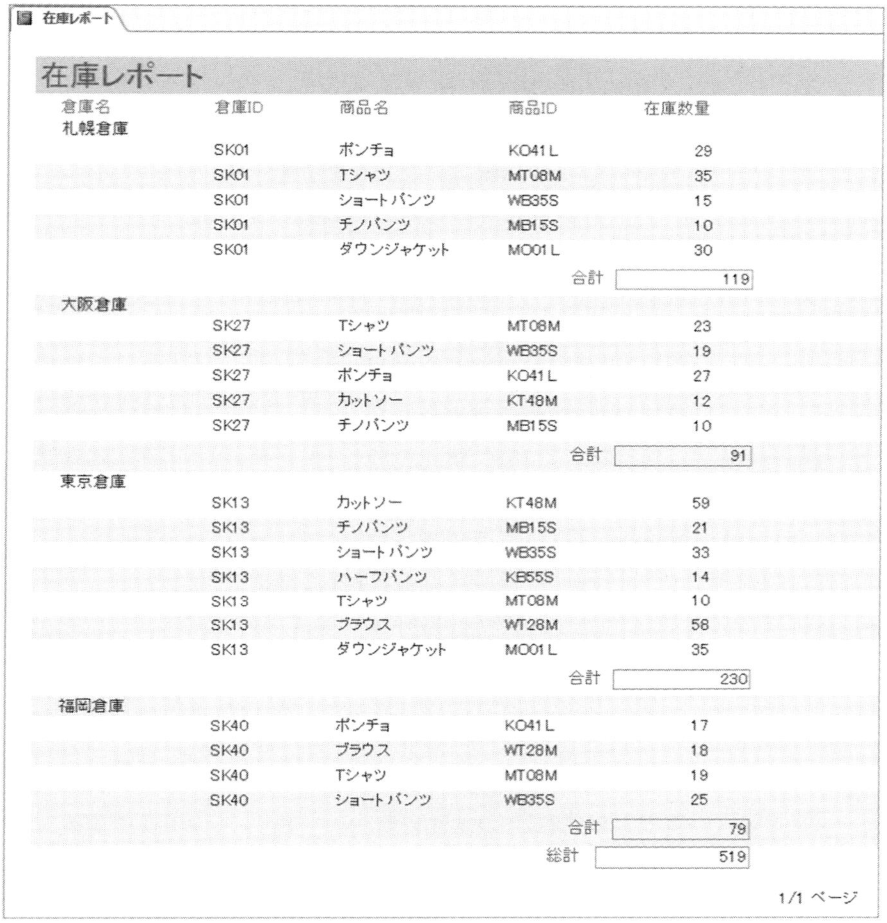

12.3 MS Access による実装 ◆ 153

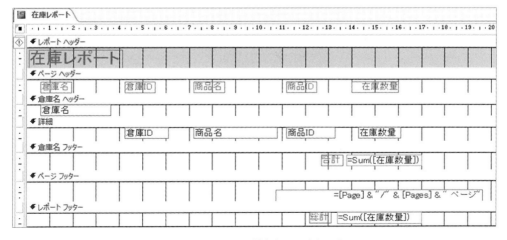

図 12.13 在庫レポートの作成例

図 12.14 図 12.13 に対応するデザインビュー

演習問題

設問 1 図 12.5 に対応するレポートで，商品の順に集計したものを作成せよ．

［問 1］ 以下の手順に従って，MySQL を使ってレポートを作成せよ．

① リスト 12.1 を修正して，商品 ID，商品名，倉庫 ID，倉庫名，在庫数量の順にデータを格納する「商品数」テーブルを作成せよ．

② リスト 12.2 の insert 文を修正して，「商品数」テーブルに商品 ID の順にデータを追加せよ．

③ リスト 12.3 を改良して，商品 ID，商品名，倉庫 ID，倉庫名，在庫総数の順にデータを格納する「商品集計」テーブルを作成せよ．

④ リスト 12.4 の insert 文を修正して，「商品集計」テーブルに商品 ID ごとに，商品名と在庫数量の合計を追加せよ．

⑤ 「商品数」テーブルと「商品集計」テーブルを Excel シートに読み込み，商品 ID の順に集計したレポートを作成せよ．

［問 2］ 以下の手順に従って，Access を使ってレポートを作成せよ．

① 「作成」タブの「レポートウィザード」を起動する．

② テーブル/クエリの一覧から「在庫クエリ」を選択する．

③ 在庫フォームと同様の方法で，レポートに表示するフィールドを選択する．ここでは，商品 ID，商品名，倉庫 ID，倉庫名，在庫数量 の順にフィールドを配置する．次へボタンをクリックする．

④ データの表示方法は「by 在庫」を指定し，次へボタンをクリックする．

⑤ グループレベルは，商品 ID を指定し，次へボタンをクリックする．

⑥ 「集計のオプション」をクリックし，続けて表示される画面で在庫数量に対して「合計」を選択する．

⑦ レポートの印刷形式は「ステップ」とする．

⑧ レポート名は「在庫商品レポート」とする．

⑨ レイアウトを一部編集する．

第13章
システム運用方式と運用テスト

学習のポイント

この章では，カジュアルウェアショップシステムの運用方式とそれに基づく運用テストについて述べる．システム運用方式は，実際の業務の流れに沿ってシステムをどのように動作させるかを決めるものである．一方，運用テストは，この流れに沿ってシステムを運用し，業務を遂行する上で問題なくシステムが動作するかをテストするものである．第13章では，システムの正常動作に対して，いくつかのケースで運用テストを行う．

- カジュアルウェアショップ運用方式について理解する．
- カジュアルウェアショップ運用のテストケースを理解する．
- テストデータの内容，テスト結果に対して確認すべき内容について理解する．

キーワード

運用方式，運用テスト，テストケース，テストデータ

13.1 システム運用方式

1.5.4項の「カジュアルウェアショップシステムの業務」に記述されているようにネットショップから注文，新規会員，支払の各データは販売管理サブシステムが受け取り，それぞれの処理を行う．注文情報に対しては，注文処理を行い，注文された商品出荷のため在庫管理サブシステムに注文IDを受け渡す．会員情報に対しては，内容の確認の後，新規会員として登録を行う．支払情報に対しては，支払テーブルに登録し，当該注文の支払状況の管理を行う．

在庫管理サブシステムは，販売管理サブシステムから注文IDを受け取ると，注文の明細情報より注文商品を確認する．また，注文データ中の会員IDより，会員情報を確認し，会員の住所に最も近い倉庫の注文商品の在庫を確認する．その倉庫に在庫が存在しないときは，その次に近い倉庫の在庫を確認する．

在庫が確認できれば，その倉庫の在庫を注文個数分だけ減少させる．また，出荷倉庫に対して，注文IDを受け渡し，出荷を依頼する．

13.2 運用テストとは

運用テストは，システムの運用方式とおりシステムが運用できることを確認するものである．このテストは，実際の業務に即してテストを行う必要があり，そのテストケースは正常ケース，異常ケースを含め膨大に数となる．

第13章では，システムの正常動作に的を絞り，いくつかのテストケースに対して運用テストを行う．また，運用テスト開始時点のデータベースの状態は，第6章から，第12章までの処理が行われた後の状態を想定している．しかし，運用テスト開始の状態を一律にするためには，共立出版のWebサイトにある本書の動作確認データの第13章開始時点データを利用するのがよい．

13.2.1 テストケース

運用テストは，表13.1の6ケースとする．

表 13.1　運用テスト6ケース

ケース番号・名称	会員	注文商品	注文結果	倉庫	備考
1 単品処理	既存会員	1商品1個	正常完了	既存倉庫	
2 複数処理	既存会員	2商品各1個	正常完了	既存倉庫	
3 新規会員	新規会員	1商品1個	正常完了	既存倉庫	
4 注文取消	既存会員	1商品2個	注文後取消	既存倉庫	送金前の取消
5 倉庫新設		商品体系新設/入庫		沖縄倉庫新設	注文はない
6 複数処理2	既存会員	2商品各複数個	正常完了	既存倉庫	

（注）ケース4, 5, 6は演習問題として実施

13.2.2 運用テストのためのデータ

次に実際に運用テストを行うための各ケースのテストデータを示す．

表 13.2　ケース1テストデータ

ケース番号	会員種別	商品	注文	出荷倉庫	備考
ケース1	M002 本田圭	MT08M Tシャツ1個	正常注文	SK40 福岡倉庫	

表 13.3　ケース2テストデータ

ケース番号	会員種別	商品	注文	出荷倉庫	備考
ケース2	M003 矢沢大吉	MB15S チノパンツ1個 KB55S ハーフパンツ1個	正常注文	SK13 東京倉庫	

表 13.4 ケース 3 テストデータ

ケース番号	会員種別	商品数	注文	出荷倉庫	備考
ケース 3	新規会員 会員登録	WB35S ショートパンツ 2 個	正常注文	SK27 大阪倉庫	

会員 ID	会員名	メールアドレス	郵便番号	性別	住所
M005	山田希	mare@yahoo.co,jp	926–0044	女	石川県七尾市相生町

13.3 MySQL による実装システムの運用テスト

ここでは，MySQL for Excel の機能を利用して行う．

13.3.1 ケース 1

表 13.2 のデータを使い下記のテストを行う．

(1) 注文の入力

① 注文テーブルを Edit MySQL Data で開き，1 件の新規注文のデータを追加する．注文 ID は未使用の C008 を使用する．合計値は空欄のままとする（図 13.1 参照）．

② バッチファイル「92_明細作成.bat」を実行する．これにより一時テーブルである明細入力テーブルが作成される．

③ 明細入力テーブルを Edit MySQL Data で開き，注文商品 MT08M の個数を 1 とする（図 13.2 参照）．

④ バッチファイル「93_明細確認.bat」を実行する．

⑤ 結果ビューを Import MySQL Data で開き，実行結果をチェックする（図 13.3 参照）．表示結果を確認した後に次に進む．

⑥ バッチファイル「94_明細反映.bat」を実行する．

⑦ 明細テーブルに注文 C008 で商品 MT08M が登録されていること（図 13.4 参照），および注文テーブルに合計金額が反映されていることを確認する（図 13.5 参照）．

注文ID	会員ID	注文日	合計
C001	M001	2015/7/1	3400
C002	M002	2015/7/5	20400
C003	M001	2015/7/6	35700
C004	M003	2015/7/7	31700
C005	M004	2015/7/10	24200
C008	M002	2015/9/9	

図 13.1 注文の登録その 1（合計は空欄）

注文ID	商品ID	販売価格	数量
C008	KB55S	1800	
C008	KB56L	2900	
C008	KB57M	2900	
C008	KO41L	1700	
C008	KT48M	2900	
C008	MB15S	5900	
C008	MO01L	15000	
C008	MT08M	1500	1
C008	WB35S	1700	
C008	WO21L	4000	
C008	WT28M	3000	

図 13.2 明細入力に数量の登録

テーブル	キー項目	メッセージ番号	メッセージ
なし	なし	0	＊＊＊　正常に終了しま…

図 13.3　結果ビュー確認

注文ID	商品ID	販売価格	数量
C001	KO41L	1700	2
C002	KB55S	1800	3
C002	MO01L	15000	1
C003	KO41L	1700	1
C003	MO01L	15000	2
C003	WO21L	4000	1
C004	KO41L	1700	1
C004	MO01L	15000	2
C005	KB55S	1800	1
C005	KO41L	1700	2
C005	MO01L	15000	1
C005	WO21L	4000	1
C008	MT08M	1500	1

図 13.4　明細テーブル

注文ID	会員ID	注文日	合計
C001	M001	2015/7/1	3400
C002	M002	2015/7/5	20400
C003	M001	2015/7/6	35700
C004	M003	2015/7/7	31700
C005	M004	2015/7/10	24200
C008	M002	2015/9/9	1500

図 13.5　注文テーブル（合計金額反映済）

	A	B
1	注文ID	支払日
2	C001	2015/7/1
3	C002	2015/7/6
4	C003	2015/7/10
5	C008	2015/9/9
6		

図 13.6　支払情報の入力

(2)　支払入力

支払がされたことの通知を受けて，支払テーブルを Edit MySQL Data で開き，C008 の支払情報を入力する（図 13.6 参照）．

(3)　在庫管理部門への出荷指示

注文されたことを受けて，在庫管理部門へ注文 ID の C008 を受け渡す．

(4)　在庫管理部門での商品出荷処理

① 注文テーブルを開き，C008 の注文の内容より注文会員番号を確認する．注文テーブルを Excel のフィルター処理を利用して（図 13.7 参照），C008 の内容を表示すると便利である（図 13.8 参照）．

② 注文した会員が，M002 であることより会員テーブル（図 13.9）を参照して，会員住所が福岡県であることを確認する．

③ C008 の明細テーブルから，注文商品が MT08M であることを確認する（図 13.10 参照）．

④ 倉庫テーブルを Import MySQL Data で開く．在庫テーブルを Edit MySQL Data で開く．これらは，1 つの画面上で，それぞれ別のウィンドウとして開く（図 13.11 参照）．

⑤ 会員の住所が福岡県であることより，福岡倉庫から出荷することとし，倉庫テーブルよ

り，福岡倉庫の倉庫 ID が SK40 であることを確認する．

⑥ SK40 の倉庫から，注文商品 MT08M の在庫数量を注文個数である 1 個減少させる．

⑦ 注文 ID の C008 を福岡倉庫部門に受け渡し，出荷指示する．

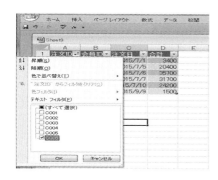

図 13.7 C008 の選択

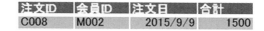

注文ID	会員ID	注文日	合計
C008	M002	2015/9/9	1500

図 13.8 C008 注文データ

会員ID	会員名	メールアドレス	郵便番号	性別	住所
M002	本田 圭	honda@fu.ac.jp	8120000	男	福岡県福岡市博多区太井

図 13.9 M002 会員情報

注文ID	商品ID	販売価格	数量
C008	MT08M	1500	1

図 13.10 C008 明細

	列1	列2	列3
2	倉庫ID	倉庫名	倉庫住所
3	SK01	札幌倉庫	札幌市豊平区
4	SK13	東京倉庫	東京都中央区
5	SK27	大阪倉庫	大阪市城南区
6	SK40	福岡倉庫	福岡市西区

	倉庫ID	商品ID	在庫数量
2	SK01	KO41L	29
3	SK01	MB15S	10
4	SK01	MO01L	30
5	SK01	MT08M	35
6	SK01	WB35S	15
7	SK13	KB55S	14
8	SK13	KT48M	59
9	SK13	MB15S	21
10	SK13	MO01L	35
11	SK13	MT08M	10
12	SK13	WB35S	33
13	SK13	WT28M	58
14	SK27	KO41L	27
15	SK27	KT48M	12
16	SK27	MB15S	10
17	SK27	MT08M	23
18	SK27	WB35S	19
19	SK40	KO41L	17
20	SK40	MT08M	19
21	SK40	WB35S	25
22	SK40	WT28M	18

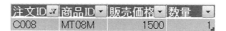

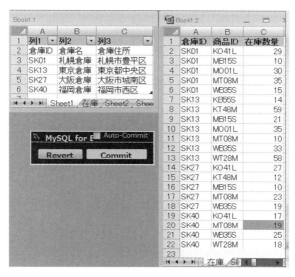

図 13.11 福岡倉庫 ID 確認と福岡倉庫の MT08M 在庫数量削減

13.3.2 ケース 2

表 13.3 のデータを使い下記のテストを行う．

(1) 注文の入力
  ① 注文テーブルを Edit MySQL Data で開き，1 件の新規注文のデータを追加する．注文 ID は未使用の C009 を使用する．合計値は空欄のままとする．
  ② バッチファイル「92_明細作成.bat」を実行する．
  ③ 明細入力テーブルを Edit MySQL Data で開き，商品 MB15S，KB55S をそれぞれの個数 1 とする（図 13.12 参照）．
  ④ バッチファイル「93_明細確認.bat」を実行する．
  ⑤ 結果ビューを Import MySQL Data で開き，実行結果をチェックする．問題なければ，次に進む．
  ⑥ バッチファイル「94_明細反映.bat」を実行する．
  ⑦ 明細テーブルに，注文 C009 で商品 MB15S，KB55S が登録されていることを確認する．
  ⑧ 注文テーブルに合計金額が反映されているのを確認する（図 13.13 参照）．

(2) 支払入力
支払テーブルを Edit MySQL Data で開き，C009 の支払情報を入力する（図 13.14 参照）．

(3) 在庫管理部門への出荷指示
注文されたことを受けて，注文 ID の C009 を在庫管理部門へ渡す．

(4) 在庫管理部門での商品の出荷
  ① 注文テーブルを開き，C009 の注文の内容より会員番号を確認する．
  ② 注文した会員が，M003 であることより会員テーブル（図 13.15 参照）を参照して，会員住所が札幌であることを確認する．
  ③ C009 の明細テーブルから，注文商品が MB15S と KB55S であることを確認する（図 13.16 参照）．
  ④ 倉庫テーブルを Import MySQL Data で開く．在庫テーブルを Edit MySQL Data で開く．これらは，1 つの画面上で，それぞれ別のウィンドウとして開く．
  ⑤ 会員の住所が札幌であることより，札幌倉庫から出荷することを決定し，倉庫テーブルより，倉庫 ID が SK01 であることを確認する．
  ⑥ SK01 の倉庫には，注文商品 MB15S は存在するが，KB55S が存在しないことから，札幌に最も近い東京倉庫からの出荷と決定する．
  ⑦ 東京倉庫 SK13 の MB15S と KB55S の各在庫を注文個数である 1 個減少させる．
  ⑧ 注文 ID の C009 を東京倉庫部門に渡し，出荷指示する．

注文ID	商品ID	販売価格	数量
C009	KB55S	1800	1
C009	KB56L	2900	
C009	KB57M	2900	
C009	KO41L	1700	
C009	KT48M	2900	
C009	MB15S	5900	1
C009	MO01L	15000	
C009	MT07L	1500	
C009	MT08M	1500	
C009	MT09S	1500	
C009	WB35S	1700	
C009	WB36L	2800	
C009	WB37M	2800	
C009	WB38S	2800	
C009	WO21L	4000	
C009	WT28M	3000	

注文ID	会員ID	注文日	合計
C001	M001	2015/7/1	18000
C002	M002	2015/7/5	6600
C003	M001	2015/7/6	18000
C004	M002	2015/7/7	26500
C005	M004	2015/7/7	18200
C008	M002	2015/9/9	1500
C009	M003	2015/9/12	7700

	A	B
1	注文ID	支払日
2	C001	2015/7/1
3	C002	2015/7/6
4	C003	2015/7/10
5	C008	2015/9/9
6	C009	2015/9/13
7		

図 **13.12** 明細入力 C009 の登録　　図 **13.13** 注文 C009 の登録　　図 **13.14** 支払 C009 登録

会員ID	会員名	メールアドレス	郵便番	性別	住所
M003	矢沢　大吉	yazawa@ho.ac.jp	600001	男	北海道札幌市中央区北一条西

図 **13.15**　M003 会員情報

注文ID	商品ID	販売価格	数量
C009	KB55S	1800	1
C009	MB15S	5900	1

図 **13.16**　C009 明細

13.3.3　ケース 3

表 13.4 のデータを使い下記のテストを行う．

(1) 新規会員の登録

① ネットショップから注文を受けた顧客が未登録顧客であることから，まずは，会員の登録を行う．

② 会員テーブルを Edit MySQL Data で開き，新規会員の登録を行う．会員 ID は未使用の M005 を使用する．

③ バッチファイル「91_会員確認.bat」を実行する．

④ 結果ビューを Import MySQL Data で開き，実行結果をチェックする．問題なければ，次に進む．

(2) 注文の入力

① 注文テーブルを Edit MySQL Data で開き，表 13.4 の 1 件の新規注文のデータを追加する．注文 ID は未使用の C010 を使用する．合計値は空欄のままとする．

② バッチファイル「92_明細作成.bat」を実行する．

③ 明細入力テーブルを Edit MySQL Data で開き，注文商品 WB35S の個数を 2 とする．

④ バッチファイル「93_明細確認.bat」を実行する．
⑤ 結果ビューを Import MySQL Data で開き，実行結果をチェックする．表示結果を確認した後に次に進む．
⑥ バッチファイル「94_明細反映.bat」を実行する．
⑦ 明細テーブルに注文 C010 で商品 WB35S が登録されていることを確認する．
⑧ 注文テーブルに合計金額が反映されていることを確認する．

(3) 支払入力

支払テーブルを Edit MySQL Data で開き，C010 の支払情報を入力する．

(4) 在庫管理部門への出荷指示

注文されたことを受けて，注文 ID の C010 を在庫管理部門へ渡す（図 13.17 参照）．

(5) 在庫管理部門での商品の出荷

販売部門から送付されてきた注文 ID が C010 であることから，次のことを行う．
① 注文テーブルを開き，C010 の注文の内容より注文会員番号を確認する（図 13.17 参照）．
② 注文した会員が，M005 であることより会員テーブル（図 13.18 参照）を参照して，会員住所が石川県であることを確認する．
③ C010 の明細から，注文商品 WB35S であることを確認する（図 13.19 参照）．
④ 倉庫テーブルを Import MySQL Data で開く．在庫テーブルを Edit MySQL Data で開く．これらは，1つの画面上で，それぞれ別のウィンドウとして開く．
⑤ 会員の住所が石川県であることより，大阪倉庫から出荷することを決定し，倉庫テーブルより，倉庫 ID が SK27 であることを確認する．
⑥ SK27 の倉庫から，注文商品 WB35S の在庫を注文個数である 2 個減少させる．
⑦ 注文 ID の C010 を大阪倉庫部門に渡し，出荷指示する．

注文ID	会員ID	注文日	合計
C010	M005	2015/9/9	3400

図 **13.17** 注文 ID の C010 の内容

図 **13.18** M005 会員情報

注文ID	商品ID	販売価格	数量
C010	WB35S	1700	2

図 **13.19** C010 明細

13.4 MS Access で実装したシステムの運用テスト

13.4.1 ケース1

表13.2のデータを使い下記のテストを行う．

(1) 注文の入力

ネットショップから注文情報が送付されてきたとき，注文フォームを開き，一番下の移動ボタンをクリックし，データの未入力レコードを表示し，1件の注文情報を入力する．

① 注文IDは，未使用のC008を使用する．
② 会員IDは，プルダウンメニューでM002を選択する．
③ 注文日は，カレンダーから選択する．
④ 明細の欄で商品IDのプルダウンメニューでMT08Mを選択する．
⑤ 「反映」ボタンのクリックで「標準価格」が「販売価格」に反映される．
⑥ 「数量」を1に設定する．
⑦ 明細欄のレコードセレクター「▶」を次の欄に進めた後「合計反映」ボタンのクリックで「合計」欄に金額が反映される．以上の結果を図13.20に示す．

図 13.20　商品の注文処理結果　　　　　図 13.21　支払情報入力結果

(2) 支払入力

支払情報が送付されてきたことを受け，支払フォームを開き，データの未入力レコードを表示し注文IDのC008をプルダウンメニューで選択し，支払日を記入した後，レコードセレクター「▶」を下の欄に進め，レコードの更新を確定する．その結果を図13.21に示す．

(3) 在庫管理部門への出荷指示

注文されたことを受けて，注文IDのC008を在庫管理部門へ受け渡す．

図 13.22　フィルターの設定

(4)　在庫管理部門での商品の出荷

販売部門から送付されてきた，注文 ID の C008 に対して，次のことを行う．

① 注文フォームを開き C008 注文情報を確認する．このとき，図 13.22 に示すフィルターを利用すると便利である（フィルター処理の詳細については付録 6.17 節参照のこと）．注文フォーム C008（図 13.22 と同等画面）から，注文商品が，MT08M であることを確認する．また，会員 ID が M002 であることから，会員フォームを開き（図 13.23 参照），M002 の会員の住所が福岡県であることを確認する．

② 在庫拡張フォームを開く．倉庫名の表示されているフィールドを選んだ後，フィルターで，福岡倉庫の表示のみとする．

③ 「前のレコード」「次のレコード」ボタンをクリックして，注文のあった商品を探す．

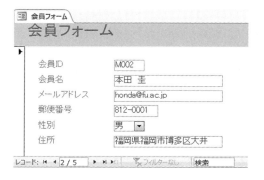

図 13.23　会員フォーム M002

図 13.24　福岡倉庫在庫の削減

「MT08M」が見つかれば，在庫数量を注文数である1件を減少させたのち，「レコード保存」ボタンをクリックし変更を確定する（図13.24参照）．
④ 注文IDのC008を福岡倉庫部門に受け渡し，出荷指示する．

13.4.2　ケース2

表13.3のデータを使い下記のテストを行う．

(1)　注文の入力

ネットショップから注文情報が送付されてきたことを受け，注文フォームを開き，1件の注文情報を入力する．注文IDはC009を使用する．会員IDはM003を選択する．注文日は，カレンダーから選択する．明細の欄でプルダウンメニューを開き，商品IDのMB15SとKB55Sを選択する．以上の結果を図13.25に示す．

(2)　支払入力

支払情報が送付されてきたことを受け，支払フォームの注文IDのC009に支払日を登録する（図13.26参照）．

(3)　在庫管理部門への出荷指示

注文されたことを受けて，注文IDのC009を在庫管理部門に受け渡す．

(4)　在庫管理部門での商品の出荷

販売部門から送付されてきた，注文IDのC009に対して，次のことを行う．
① 注文フォームを開きC009注文情報を確認する．注文フォームC009（図13.25参照）から，注文商品が，MB15SとKB55Sであることを確認する．また，会員フォームを開き，M003の会員の住所が北海道であることを確認する．
② 在庫拡張フォームを開き，札幌倉庫に注文商品のMB15Sは存在するが，KB55Sが存在しないことから，札幌に最も近い東京倉庫からの出荷とし，それぞれの在庫を1つ減らす．

図 13.25　ケース2商品の注文結果

図 13.26　C009支払日登録

③ 注文 ID の C009 を東京倉庫部門に受け渡し，出荷指示する．

13.4.3 ケース 3

表 13.4 のデータを使い下記のテストを行う．

(1) 会員の登録

ネットショップから注文の顧客が未登録顧客であることから，まずは，会員の登録を行う．会員フォームを開き，一番下のレコード移動ボタンをクリックし，データの未入力レコードを表示し会員の登録を行う．会員 ID は未使用の M005 を使用する．登録結果を図 13.27 に示す．

(2) 注文情報の入力

注文 ID は C010 を使用する．会員 ID は M005 を選択する．注文日は，カレンダーから選択する．明細の欄でプルダウンメニューを開き，商品 ID の WB35S を選択する．以上の結果を図 13.28 に示す．

(3) 支払入力

支払情報が送付されてきたことを受け，支払フォームの注文 ID の C010 に支払日を登録する．

(4) 倉庫管理部門への出荷指示

注文されたことを受けて，注文 ID の C010 を在庫管理部門に受け渡す．

(5) 在庫管理部門での商品の出荷

① 販売部門から送付されてきた注文 ID の C010 に対して，注文フォームを開き，C010 の会員 ID が M005 であることを確認した後，会員フォームを開き，M005 の会員の住所が石川県であることを確認し，大阪倉庫からの出荷とする．
② 大阪倉庫の在庫商品 WB35S の個数を 2 件減らす．
③ 注文 ID の C010 を大阪倉庫に出荷情報として受け渡し，出荷指示する．以上で在庫管理部門の処理は完了する．

図 **13.27** 登録された新規会員

図 **13.28** 注文フォーム C010

演習問題

設問1 下記のケース4の運用テストを行え．

商品の注文があり，入金前に取消されるため出荷はない．

ケース番号	会員種別	商品	注文	出荷倉庫	備考
ケース4 注文取消	M001 今井美紀	WT28M ブラウス　1個	注文後の 取消	――	入金前の 取消

[問1] MySQLの実装システムで設問1を解答せよ．

[問2] Accessの実装システムで設問1を解答せよ．

設問2 下記のケース5の運用テストを行え．

沖縄倉庫を新設し，在庫の登録を行う．

ケース番号	会員種別	商品	注文	出荷倉庫	備考
ケース5 倉庫新設	なし	下記の表	なし	SK60 沖縄倉庫 沖縄市安里	商品の登 録のみ

カテゴリー	グループ		商品名		サイズ	標準価格	在庫
子供　K	エイサー衣装	KA	エイサー打掛	KA61L	L	2,000 円	50
男性　M	エイサー衣装	MA	うみんちゅ用久葉笠	MA66M	M	1,200 円	60
男性　M	琉球衣装	MR	紅型柄トゥジン	MR71M	M	9,500 円	30
男性　M	琉球衣装	MR	ドゥジン・カカン	MR76M	M	16,000 円	20
女性　W	本場琉球かすり	WR	市松二玉	WR81M	M	90,000 円	15
女性　W	本場琉球かすり	WR	上布二玉	WR86M	M	65,000 円	15

[問3] MySQLの実装システムで設問2を解答せよ．

[問4] Accessの実装システムで設問2を解答せよ．

設問3 下記のケース6の運用テストを行え．

複数商品の複数個の注文を行う．

ケース番号	会員種別	商品	注文	出荷倉庫	備考
ケース6 複数処理2	M004 知花クララ	MB15S チノパンツ 2個 WB35S ショートパンツ 3個	正常注文	SK27 大阪倉庫	

[問5] MySQLの実装システムで設問3を解答せよ．

[問6] Accessの実装システムで設問3を解答せよ．

第14章
データの活用

□ 学習のポイント

　第13章のようなシステムの運用を行うことによって，データが次第に蓄積される．これらのデータは，売上集計などの定型的な帳票出力に利用するだけでなく，さまざまな活用方法がある．本章では，Excelのピボットテーブル機能を利用して，これらのデータの活用方法を実習する．

- データの活用は，どのような目的で行うかを理解する．
- データベースのデータをExcelへ取り込む方法を理解する．
- 非定型検索とそれによって得られる非定型レポートの作成方法を，実習を通して理解する．
- 大計・小計による集計表，クロス集計表の作成を理解する．
- 多次元分析について理解する．
- 多次元分析の操作方法である，ダイシング，スライシング，ドリルダウン，ドリルアップ，ドリルスルーを理解する．

□ キーワード

　ピボットテーブル機能，非定型検索，非定型レポート，クロス集計表，ピボットグラフ，データ分析，BI（ビジネス・インテリジェンス），多次元分析，OLAP，キューブ，ダイシング，スライシング，ドリルダウン，ドリルアップ，ドリルスルー

14.1　データ活用とは

　情報システムでは，業務の運用が行われ，その過程でデータが蓄積されていく．カジュアルウェアショップシステムでは，注文が発生するたびに，注文データと明細データが蓄積される．システム運用の節目でこれらのデータを集計し，次の業務展開に生かす活動が行われる．例えば第10章で示した売上推移レポートが，データ活用の例である．このレポートは，このままの形式でかつ定型的な検索によって，繰り返し作成される．このような定型的な検索を，定型という言葉を使い「定型検索」と呼ぶ．
　また，売上推移レポートは，集計に対するキーを日付とし，男女別の集計を行ったレポートである．確かに，このレポートは，日ごとの販売状況を把握するために重要なレポートである．

しかし，月ごとに集計結果を知りたい場合もあるし，男女別ではなくカテゴリーやグループでの集計結果を知りたい場合もある．それぞれの責任範囲で仕事をしている従業員に対して，その数だけ参照したいレポートが存在し，さらに売り上げの状況などによって，通常とは異なる集計結果を必要とすることもあり得る．このように，さまざまなユーザからの要求が大きくなると，システム運用部門は，その要求に応えきれない状態に陥ってしまう．蓄積されたデータを定型的なレポートなどに「データ利用」することを超えて，さまざまな要求に対して応えるための「データ活用」が企業活動には重要である．このような検索を，「非定型検索」と呼ぶ．また，非定型検索によって作成するレポートを「非定型レポート」と呼ぶ．

このようなデータの活用のために，Excel のピボットテーブル機能がある．データ分析の方法にはいくつかの種類が存在するが，ピボットテーブル機能で行うことができるデータ分析方法は，多次元分析である．業務システムなどから蓄積される企業内の膨大なデータを，蓄積・分析・加工して，原因の究明や新しい発見を行い，企業の意思決定に活用しようとする手法を BI（ビジネス・インテリジェンス）という．多次元分析はその中の 1 つの手法で，直ちに目的の結果を得ながら行うことができる分析であることから OLAP（OnLine Analytical Processing: オンライン分析処理）とも呼ばれる．

この章では，ピボットテーブル機能を利用し，注文の履歴を保持する注文テーブルと明細テーブルの情報を活用した，さまざまな集計結果の取得方法，多次元分析による分析方法について示す．

データベースのデータは，共立出版の Web サイトから入手し登録する．

14.2 データの取込み

Excel 上に，データベースからデータを抽出し，ピボットテーブルでいろいろな視点で集計を行うことができるように，データを抽出する．抽出データの具体的な項目は以下である．

- 注文 ID　明細テーブルの注文 ID
- 商品 ID　明細テーブルの商品 ID
- カテゴリー　明細に関連する商品のカテゴリー ID とカテゴリー名の連結文字列
- グループ　明細に関連する商品のグループ ID とグループ名の連結文字列
- 商品　明細に関連する商品の商品 ID と商品名の連結文字列
- 注文日　明細に関連する注文の注文日
- 性別　明細に関連する会員の性別
- 金額　「明細テーブルの販売価格」×「明細テーブルの数量」

MySQL と Access の場合の抽出データを取込む方法を以下に示す．抽出したデータの具体例の一部を表 14.1 に示す．使用するデータは，2015 年 3 月 16 日から 3 月 18 日（3 日間）の注文に関するデータとする．また，抽出データは，注文 ID，商品 ID の並び順で取得する．並び順を指定する理由は，抽出データの確認を容易にするためで，集計や分析の結果に影響しない．

表 14.1 抽出したデータの具体例（一部）

注文ID	商品ID	カテゴリー	グループ	商品	注文日	性別	金額
C901	KO41L	K子供	KOアウター	KO41Lポンチョ	2015/3/16	男	17000
C901	KT48M	K子供	KTトップス	KT48Mカットソー	2015/3/16	男	20300
C901	MB15S	M男性	MBボトムス	MB15Sチノパンツ	2015/3/16	男	23600
C901	MT08M	M男性	MTトップス	MT08MTシャツ	2015/3/16	男	21000
C901	WB35S	W女性	WBボトムス	WB35Sショートパンツ	2015/3/16	男	18700
C901	WT28M	W女性	WTトップス	WT28Mブラウス	2015/3/16	男	18000
C902	KO41L	K子供	KOアウター	KO41Lポンチョ	2015/3/16	女	20400
C902	KT48M	K子供	KTトップス	KT48Mカットソー	2015/3/16	女	20300

（続く）

14.2.1 MySQLによるデータ抽出

リスト 14.1 のようなビューを作成することで，表 14.1 のデータの抽出ができる．ビューの結果を Excel のテーブルとして取込む方法については，付録 5.4 節と付録 5.5 節を参照とする．

リスト 14.1　分析ビュー

```
create view 分析ビュー as
    select
        明細.注文ID,
        明細.商品ID,
        concat(カテゴリー.カテゴリーID, カテゴリー.カテゴリー名) as カテゴリー,
        concat(商品.グループID, グループ.グループ名) as グループ,
        concat(商品.商品ID, 商品.商品名) as 商品,
        注文.注文日,
        会員.性別,
        明細.販売価格*明細.数量 as 金額
    from
        会員, カテゴリー, グループ, 商品, 明細, 注文
    where
        会員.会員ID = 注文.会員ID
        and カテゴリー.カテゴリーID = グループ.カテゴリーID
        and グループ.グループID = 商品.グループID
        and 商品.商品ID = 明細.商品ID
        and 注文.注文ID = 明細.注文ID
        and ('2015/3/16' <= 注文日 and 注文日 <= '2015/3/18')
    order by 明細.注文ID, 明細.商品ID asc;
```

14.2.2 MS Accessによるデータ抽出

Access のクエリデザインで，図 14.1 のクエリ「分析クエリ」を作成する．クエリの作成方法については，付録 6.7 節を参照とする．図 14.1 のフィールドにおいて，以下を指定する．

- カテゴリー: [カテゴリー]![カテゴリーID] & [カテゴリー]![カテゴリー名]
- グループ: [グループ]![グループID] & [グループ]![グループ名]

- 商品: [商品]![商品ID] & [商品]![商品名]
- 金額: [明細]![販売価格]*[明細]![数量]

また,「注文日」の抽出条件に以下を指定する.

- >= #2015/03/16# And <= #2015/03/18#

なお,「&」は文字列を連結する演算子,「#」は日付データを示す記号である.

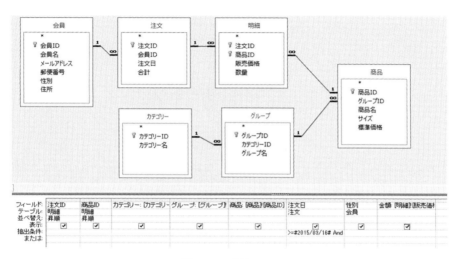

図 14.1 分析クエリ

Access ファイルを閉じてから, Excel において, 以下の手順で, データを取込む.

- メニューバーの「データ」タブをクリックし, リボンの「外部データの取込み」をクリックし,「Access データベース」をクリックして, Access ファイルを選択する.
- 「テーブルの選択」画面で,「分析クエリ」を選択し, OK ボタンをクリックする.
- 「データのインポート」画面で,「テーブル」を選択して, OK ボタンをクリックする.

14.3 ピボットテーブルによる集計

抽出データに対して集計操作を行う方法を記述する.

14.3.1 ピボットテーブルの作成

以下の手順で, 図 14.2 のピボットテーブルを表示する Excel シートを作成する.

- Excel に取り込んだテーブル内の任意のセルをクリックする.
- メニューバーの「挿入」タブをクリックし, リボンの「ピボットテーブル」をクリックして, OK ボタンをクリックする.

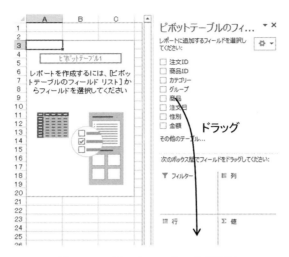

図 14.2　ピボットテーブルの初期画面

　図 14.2 の画面右の「ピボットテーブルのフィールド」リストで，フィールド一覧の「注文日」を「行」ボックスに，「商品」を「行」ボックスの「注文日」の下に，「金額」を「値」ボックスに，それぞれドラッグ＆ドロップして設定する．図 14.3 のようなピボットテーブルが表示され，大計を注文日，小計を商品とする金額の集計表を得ることができる．

図 14.3　大計・小計の集計表

　また，図 14.4 のように，「行」ボックスの「商品」をフィールド一覧に戻し，「注文日」を「行」ボックスから「列」ボックスにドラッグして移動し，フィールド一覧の「カテゴリー」を「行」ボックスにドラッグすると，縦軸をカテゴリー，横軸を注文日とするクロス集計表が表示

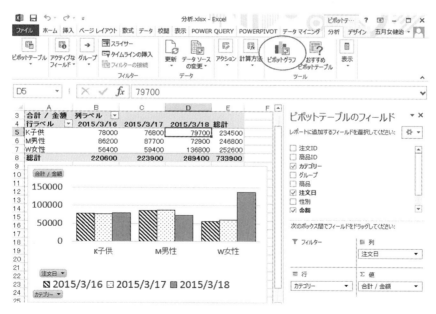

図 14.4 クロス集計表

される．クロス集計とは，集計項目を縦軸と横軸に配置した集計をいう．

ピボットテーブル内の任意のセルをクリックし，「ピボットテーブルツール／分析」メニューの「ピボットグラフ」をクリックすると，図 14.5 のようなグラフを作成できる．

図 14.5 ピボットグラフ

画面右の「ピボットテーブルのフィールド」リストが非表示になった場合は，ピボットテーブル内の任意のセルをクリックすると，再表示される．

縦軸が「0」から表示されない場合は，軸の数値部分（0, 50000, 100000, 150000 が表示

されている箇所）を右クリックして「軸の書式設定」を選択すると設定画面が表示されるので，「軸オプション」の境界値の最小値に「0」を入力する．

14.4 ピボットテーブルによる分析

14.4.1 概要

　ピボットテーブルは，縦軸・横軸を自由に変えて集計できる操作性と柔軟性の高さから，データ分析のツールとして利用できる．ピボットテーブルは，あらかじめ決められた集計方法ではなく，ある方法で集計した結果を見て，次の集計方法を決めて，直ちに目的の結果を得るというサイクルを行うことができる．

　ピボットテーブルで行うことができるデータ分析方法は，多次元分析である．多次元分析では，集計キーの値のすべての組み合わせの集計値を図 14.6 のような大きな立方体と考える．この集計値をキューブ (cube)，集計キーの軸を次元 (dimension) という．図 14.6 は 3 次元であるが，多くの集計キーがあることが通常であり，それによって多次元のキューブとなることから多次元分析と呼ばれる．

　図 14.6 は，（会員の）性別軸，注文日軸，商品軸からなるキューブである．キューブの 1 つの立方体は，集計キーの具体値による集計値である．例えば，①は，(性別：男，注文日：3/18，商品：KB55S ハーフパンツ) の集計値を示す．②は，(性別：男，注文日：すべて，商品：KB55S ハーフパンツ) すなわち (性別：男，商品：KB55S ハーフパンツ) の集計値を示す．③は，性別のすべて，注文日のすべて，商品のすべてを示しており，分析対象のすべての合計を示す．集計キーのカテゴリーとグループは，商品を分類するものであることから，基本的には商品と同じ軸と考える．なお，図 14.6 は，キューブを平易に理解できるよう，各集計キーの具体値は 2 つのみとしている．

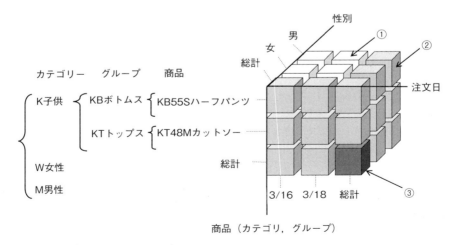

図 14.6　キューブ

このようなキューブを頭の中に構築して分析を行うのが多次元分析である．この集計値のキューブを，ダイシング，スライシング，ドリルダウン，ドリルアップ，ドリルスルーという操作方法によって，さまざまな角度から分析を行う．Excel のピボットテーブル機能は，これらの分析方法を備えた分析ツールである．表 14.2 に，分析の各操作方法の概要を示す．

実際の企業のデータは，集計キーやその階層が多数に及ぶことがあり，やみくもにピボットテーブルを利用しても，正しい分析結果は得られない．多次元分析のような分析方法を理解できれば，複雑なデータにおいても，問題の原因にたどり着くための手助けになる．

表 14.2　分析の操作方法

分析の操作方法	説明
ダイシング	キューブの軸を置き換える． 例：「性別」軸と「注文日」軸で集計値を表示した状態から，「カテゴリー」軸と「注文日」軸の集計値を表示する．
スライシング	キューブの断面を切り取ることで，より詳細な集計値を得る． 例：「カテゴリー」軸と「注文日」軸で集計値を表示した状態から，性別が「女」だけの集計値を表示する．
ドリルダウン	軸の階層に基づいて，集計値を細分化する． 例：「カテゴリー」軸と「注文日」軸で集計値を表示した状態から，「商品」軸と「注文日」軸の集計値を表示する．
ドリルアップ	ドリルダウンと逆の操作を行う． 例：「商品」軸と「注文日」軸で集計値を表示した状態から，「カテゴリー」軸と「注文日」軸の集計値を表示する．
ドリルスルー	集計に使用した明細データを表示する． 例：「カテゴリー」軸の「子供」欄と「注文日」軸の「3/18」欄の集計値に使用した明細データをすべて表示する．

14.4.2　ダイシング

ピボットテーブルで分析するときは，「行」ボックス，「列」ボックス，「フィルター」ボックスを利用して 3 次元のキューブを作成する．図 14.7(a) のように，「行」ボックスにカテゴリー，「列」ボックスに性別，「フィルター」ボックスに注文日を配置したとき，キューブは図 14.7(b) のようなイメージになる．ピボットテーブルを見てわかるように，キューブにおいて見える部分は，手前に並んだ 9 つの集計値である．

ここで，ピボットテーブルのグラフを見ると，集計値にあまり違いがないようである．ダイシングによって別の集計方法による値を参照することで，集計値の特徴が現れるかもしれない．

ダイシングとは，軸を置き換えて分析する操作をいい，図 14.7(b) のキューブの状態から，図 14.8(b) のように集計値を求める操作である．図 14.8(a) のように，「フィルター」ボックスを性別，「列」ボックスを注文日に置き換えると，カテゴリー「W女性」かつ注文日「2015/3/18」の集計値が他の集計値より大きいことが確認できる．

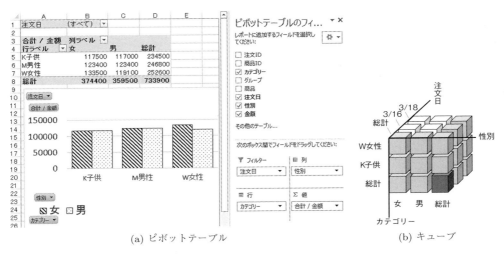

図 14.7　ピボットテーブルとキューブ

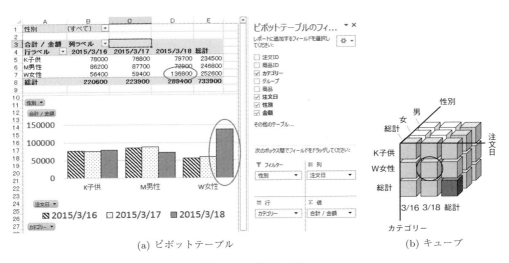

図 14.8　ダイシング

14.4.3　スライシング

　図 14.8(a) で，カテゴリー「W女性」かつ注文日「2015/3/18」の集計値が大きいのは，「男」，「女」どちらの性別が寄与しているのか調べることにする．スライシングによって，このような詳細な集計値を得ることができる．スライシングとは，キューブの断面を切り取ることで，より詳細な集計値を得る操作である．

　性別「女」の集計値を得るために，「フィルター」ボックスに設定した性別を「女」に絞り込むスライシングを行う．図 14.8(a) の左上の「性別（すべて）」の「▼」をクリックする．図 14.9 が表示されるので，「女」を選んで，OK ボタンをクリックする．

図 14.9 スライシングの設定

図 14.10(a) のように，性別を「女」に絞った，カテゴリーと注文日を軸とする集計値が得られる．図 14.10(b) では，性別軸で，手前に「女」の集計値があることから，性別を「女」に絞ったキューブのスライス断面を得たことを示している．図 14.10(a) のグラフを見ると，カテゴリー「W女性」かつ注文日「2015/3/18」の集計値が大きいのは，性別「女」が寄与していることがわかる．

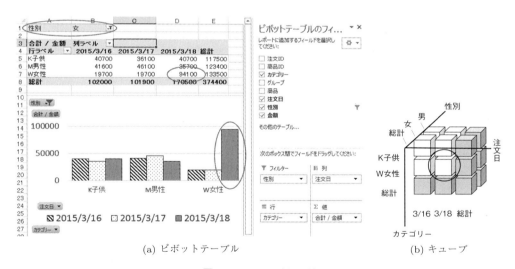

(a) ピボットテーブル　　　　　　　　　　(b) キューブ

図 14.10　スライシング

14.4.4　ドリルダウン

上述のスライシングによって，集計値が大きいのは，注文日「2015/3/18」，性別「女」，カテゴリー「W女性」の条件であることがわかった．カテゴリー「W女性」には，いくつかの商品が含まれる．図 14.10(a) で，カテゴリー「W女性」内のすべての商品が同じように寄与してい

るのか，あるいは特定の商品が寄与しているのか，さらに調べることにする．ドリルダウンによって，このような詳細な集計値を得ることができる．ドリルダウンは，カテゴリー，グループ，商品のような分類が階層化されているとき，階層に基づいてさらに集計値を細分化する操作をいう．図 14.11(a) のように，「行」ボックスにすでに配置されている「カテゴリー」の下に「商品」を配置することによって，階層的な集計値を参照できるピボットテーブルを作成できる．図 14.11 (a) のグラフを見ると，カテゴリー「W女性」の中で，商品「WB35S ショートパンツ」が寄与していることがわかる．最初に図 14.8(a) で見つけたカテゴリー「W女性」かつ注文日「2015/3/18」の集計値は，これまでの操作によって，商品「WB35S ショートパンツ」，注文日「2015/3/18」，性別「女」の集計値が寄与しているという詳細な情報を得ることができた．図 14.11(b) は，図 14.10(b) のカテゴリー軸を商品軸に置き換えたキューブである．

ドリルダウンとは逆の操作をドリルアップという．例えば，図 14.11 のピボットテーブルから，図 14.10 のピボットテーブルを参照する操作である．

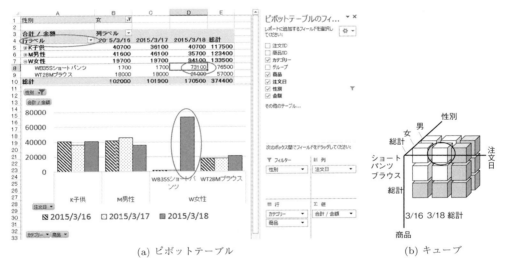

図 **14.11** ドリルダウン

図 14.11(a) では，カテゴリー「W女性」だけに着目した分析を行っているので，ピボットテーブルやピボットグラフ上では，カテゴリー「K子供」，「M男性」の情報は不要である．カテゴリー「K子供」，「M男性」の情報を非表示にする方法を以下に示す．

図 14.11(a) のピボットテーブル内で，「行ラベル」の右の「▼」をクリックすると，図 14.12 の画面が表示されるので，図のとおり，「K子供」，「M男性」のチェックをはずして「OK」をクリックすると，図 14.13 のピボットテーブルとピボットグラフが表示される．

図 14.12　フィールドの選択

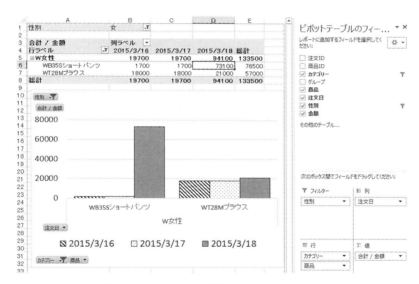

図 14.13　フィールド選択したピボットテーブル

14.4.5　ドリルスルー

　ドリルスルーとは，集計に使用した明細データを表示する操作である．図 14.11(a) の商品「WB35S ショートパンツ」，注文日「2015/3/18」の明細を参照したいとき，集計値 73100 が表示されているフィールドをダブルクリックすると，図 14.14 の明細データを表示したシートが表示される．

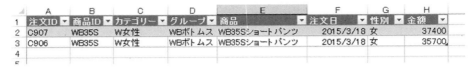

図 14.14　ドリルスルー

演習問題

設問1　以下のデータを Excel シートに入力し，ピボットテーブルを表示して，設問に解答せよ．

表 14.3　設問 1 データ

日付	商品	店舗	売上個数
2016/4/1	鉛筆	東京	60
2016/4/1	鉛筆	大阪	70
2016/4/1	消しゴム	東京	10
2016/4/1	消しゴム	大阪	50
2016/4/2	鉛筆	東京	70
2016/4/2	鉛筆	大阪	60
2016/4/2	消しゴム	東京	130
2016/4/2	消しゴム	大阪	70

[問1]　値ボックスに「売上個数」，行ボックスに「日付」，「商品」を設定した集計表を作成せよ．

[問2]　値ボックスに「売上個数」，行ボックスに「商品」，列ボックスに「店舗」，フィルターボックスに「日付」を設定し，ピボットテーブルを作成して，本文と同じ縦棒グラフを表示せよ．

設問2　設問1のデータにおいて，他に比べて2倍程度の増加となっている条件（日付，商品，店舗）を分析の操作方法を使って特定せよ．なお，分析の手順は，[問2]のピボットテーブルから始めて，ダイシング，次にスライシングを行うこととする．

第15章
総合演習問題

学習のポイント

本書の各演習課題の位置付けは，次のものである．本文の課題でシステム実装の基本的な手順を学ぶ．15.1節から15.4節の演習課題は，期末レポートまたはゼミなどにおける発展課題として用意されている．また，各章の課題の延長として15.5節で，成績管理システムの一連の実装手順を学ぶ．そのため，15.5節の演習課題は，各章対応の演習課題として構成されている．

キーワード

スケジュール調整システム，所要量計算システム，履修管理システム，図書館システム，成績管理システム

15.1 スケジュール調整システム

スケジュール調整システムとは，何かの会合（会議や飲み会）などを開催するときに参加予定者のスケジュールを調整するものである．スケジュール調整者は，データベース上に各自の出欠予定を記入できるテーブルを作成する．参加予定者は，このテーブルに予定を記入すると共に他人の出欠予定を確認することもできる．このような機能は，「伝助 スケジュール調整サービス」としてネットで公開されている．このスケジュール調整システムの実装においては，表15.1のテーブルを作成することにより行う．

- 行事テーブルは，開催される行事に対するテーブルであり，1つの行事に対して1つの行が作成される．
- 日程テーブルには，1つの行事に対して複数の日程（候補）が作成される．
- 参加状況テーブルは，1つの日程に対して複数の参加予定者が○，×，△を登録する．1つの行事に対して複数の日程に参加予定を登録することになる．

表 15.1 スケジュール調整システムのテーブル

(1) 行事テーブル

列名	列の型および長さ	キー	備考
行事 ID	半角 5 文字	PK	行事を識別するコード
行事名	全角文字列 30 文字		任意の行事の名称
行事説明	全角文字列 30 文字		任意の行事の説明

(2) 日程テーブル

列名	列の型および長さ	キー	備考
日程 ID	半角 5 文字	PK	日程を識別するコード
行事 ID	半角 5 文字	FK	この日程が属する行事の ID
日程	全角文字列 30 文字		日程を表現する自由な文字列

(3) 参加状況テーブル

列名	列の型および長さ	キー	備考
参加状況 ID	半角 5 文字	PK	参加状況を識別するコード
日程 ID	半角 5 文字	FK	この参加状況が属する日程の ID
参加者	全角文字列 30 文字		参加者名
ステータス	全角 1 文字		○,×,△,―を記載する

また,このシステムの ER 図は,図 15.1 のようになる.

図 15.1　スケジュール調整システム ER 図

設問 1　スケジュール調整システムの実装を完成させよ.

[問 1]　MySQL を利用してスケジュール調整システムの実装を完成させよ.下記の手順で行うのがよい.

① MySQL 用のテーブル設計
　表 15.1 に基づき,MySQL 用のテーブル設計を行う.
② ER 図作成
　A5M2 による ER 図作成(リレーションシップ)と,DDL の作成を行う.
③ データベースの作成
④ テーブル作成
⑤ 運用テスト
　行事は G001,日程は D001,参加者状況は E001 から順にカウントアップしたデータとし,MySQL for Excel を利用する.

[問 2]　Access を利用してスケジュール調整システムの実装を完成させよ.

(1) 実装するシステムのイメージを下記に示す．システムとしては，図15.2「メイン画面」をクリックすることにより図15.3「行事一覧フォーム」に飛び，ID（行事）の左のボタンをクリックすることにより，行事の日程と参加者を入力する図15.4のフォームに飛ぶ．

図 15.2　メイン画面

図 15.3　行事一覧フォーム

図 15.4　行事日程参加状況フォーム

(2) 実装手順
① Access 用のテーブル設計
表15.1に基づき，Access 用のテーブル設計を行う．このとき，行事ID，日程ID，参加状況IDはいずれも自動採番の「オートナンバー」を利用する．
② データベースの作成
③ テーブルの作成
④ テーブル間のリレーションシップの設定
Access のデータベースツールによりテーブル間のリレーションシップを設定する．
⑤ 行事一覧作成
行事テーブルを指定しフォームウィザードで行事一覧フォームを作成する．作

成方法は付録 6.13 節参照.
⑥ 行事日程参加状況クエリ作成.
⑦ 行事日程参加状況フォーム作成.
⑧ 行事一覧と行事日程参加状況の連携の作成. 作成方法は付録 6.14 節参照
⑨ メインメニュー画面の作成. 作成方法は付録 6.15 節参照
⑩ 運用テスト

15.2 所要量計算システム

製品が複数の部品から構成されている場合, 製品を製造するためにはあらかじめ必要な数の部品を準備しておく必要がある. この必要な部品の数を所要量と呼ぶ.

所要量計算システムとは, 複数の製品を製造する場合に, 各製品の製造数から各々の部品の所要量を計算するシステムである. ここでは, パソコンを対象とし, 所要量と併せて各部品の材料費, および全体の材料費も計算する. これらは以下の式で求めるものとし, 式 (1) は各々の部品ごとに計算する.

部品の材料費 = 部品の単価 × 部品の所要量　　－ (1)
全体の材料費 = 部品の材料費の合計　　　　　　－ (2)

図 15.5 に所要量計算システムの概念を示す. ① の「製品情報」はパソコンの製品情報であり, 製品番号, 製品名, 型式番号, 型式名, 製造数を示す. ここで,「型式」は製品を小型, 中型, 大型に区分するものである. ② の「部品情報」はパソコンで使用される部品情報であり, 部品番号, 部品名, 単価を示す. ③ の「所要量情報」は各製品 1 台で使用する部品の所要量を示す.

例えば, 製品番号が「PC1-1」の製品では, 部品番号が「B1」,「C1」,「K1」,「M1」の部品を 1 つずつ,「S1」,「D1」の部品を 2 つずつ使用している. また,「PC1-1」は 20 台,「PC1-2」は 30 台, 製造されるため, 部品「B1」の所要量は 50 (20+30) となる. したがって, 式 (1) から B1 の材料費は 150 万 (30,000 × 50) となる. 式 (2) に従って, 各々の部品ごとの材料費を集計したものが「全体の材料費」となる.

図 15.5 から作成した製品・部品・所要量一覧テーブルの事例を表 15.2 に示す. ここでは, 製品 PC1-1 と PC1-2 のデータのみを記載している. また, 表 15.2 の製品・部品・所要量一覧テーブルの設計を表 15.3 に示す.

以上に基づき, 以下の設問に従って所要量計算システムを実装せよ. なお, 所要量計算システムで使用するデータベースは新たに作成するものとする.

15.2 所要量計算システム ◆ 185

		①製品情報				
		製品番号	PC1-1	PC1-2	PC2-1	PC2-2	PC3-1

②部品情報

			①製品情報				
			製品番号	PC1-1	PC1-2	PC2-1	PC2-2	PC3-1
			製品名	モデル11	モデル12	モデル21	モデル22	モデル31
部品番号	部品名	単価	型式番号	S		M		L
			型式名	小型		中型		大型
			製造数	20	30	40	50	60
B1	PC1本体	30,000	③所要量情報	1	1			
B2	PC2本体	40,000				1	1	
B3	PC3本体	50,000						1
S1	メモリ1	8,000		2				
S2	メモリ2	10,000			3	4	2	4
D1	ディスク1	15,000		2				
D2	ディスク2	20,000			2	4	2	2
C1	ディスプレイ1	25,000		1	1			
C2	ディスプレイ2	30,000				1	1	1
K1	キーボード1	1,000		1	1	1	1	
K2	キーボード2	2,000						1
M1	マウス1	1,000		1	1	1	1	
M2	マウス2	3,000						1

図 15.5 所要量計算システムの概念

表 15.2 製品・部品・所要量一覧テーブルの事例 (PC1-1, PC1-2)

製品番号	製品名	型式番号	型式名	製造数	部品番号	部品名	単価	所要量
PC1-1	モデル11	S	小型	20	B1	PC1 本体	30,000	1
					S1	メモリ 1	8,000	2
					D1	ディスク 1	15,000	2
					C1	ディスプレイ 1	25,000	1
					K1	キーボード 1	1,000	1
					M1	マウス 1	1,000	1
PC1-2	モデル12	S	小型	30	B1	PC1 本体	30,000	1
					S2	メモリ 2	10,000	3
					D2	ディスク 2	20,000	2
					C1	ディスプレイ 1	25,000	1
					K1	キーボード 1	1,000	1
					M1	マウス 1	1,000	1

表 15.3 製品・部品・所要量一覧テーブルの設計

列名	列の型および長さ	キー
製品番号	半角 8 文字の文字列型	PK
製品名	全角 10 文字の文字列型	
型式番号	半角 2 文字の文字列型	
型式名	全角 2 文字の文字列型	
製造数	整数型	
部品番号	半角 8 文字の文字列型	
部品名	全角 10 文字の文字列型	
単価	通貨型	
所要量	整数型	

(注 1)「キー」の欄の「PK」は主キーを示す.

設問1 表15.2の製品・部品・所要量一覧テーブルを第3正規形に正規化せよ．
【ヒント】 テーブルは，型式，製品，部品，および所要量の4つのテーブルに分解される．

設問2 以下の手順で，MySQLにより所要量計算システムを実装せよ．

表 15.4 部品ごとの集計ビュー

部品番号	部品名	所要量	材料費
B1	PC1 本体	50	1,500,000
C1	ディスプレイ1	50	1,250,000
D2	ディスク2	60	1,200,000
S2	メモリ2	90	900,000
D1	ディスク1	40	600,000
S1	メモリ1	40	320,000
K1	キーボード1	50	50,000
M1	マウス1	50	50,000

表 15.5 製品ごとの集計ビュー

製品番号	製品名	材料費
PC1-1	モデル11	2,060,000
PC1-2	モデル12	3,810,000
ZZZZZZZZ	合計	5,870,000

[問1] 表15.3に基づき，設問1で正規化したテーブルのER図を作成せよ．
[問2] 新たにデータベースを作成し，問1のテーブルを作成するためのSQL文を作成して，テーブルを作成せよ．なお，外部キーについては参照整合性制約を課すものとする．
[問3] 問2で作成したテーブルに対し，MySQL for Excelを用いて表15.2のPC1-1とPC1-2のデータを登録せよ．
[問4] 表15.4に示す部品ごとに所要量と材料費を集計するビューを作成し，MySQL for Excelにより検索結果を示せ．なお，材料費の降順，部品番号の昇順に並べるものとする．
[問5] 表15.5に示す製品ごとに材料費を集計して，最後の行に全体の材料費の合計を表示するビューを作成し，MySQL for Excelにより検索結果を示せ．なお，製品番号の昇順に並べるものとする．
[問6] MySQL for Excelを用いて問2の「型式」，「製品」，「部品」テーブルに，図15.5のすべてのデータを登録せよ．なお，「所要量」テーブルはここでは登録しない．
[問7] 各製品でPC本体，キーボード，マウスの所要量は1であるとする．この所要量の設定の誤り有無を確認する機能を，第9章に示した「メッセージ」テーブル，「確認結果」テーブル，「結果ビュー」を使用して実装せよ．なお，第9章に示したバッチファイルを使用する方法で実行し，「結果ビュー」では誤りのある「製品番号」と「部品番号」を特定できるものとする．その上で，「所要量」テーブルにモデル22とモデル31のPC本体，キーボード，マウスの各々の所要量を「2」としたデータをMySQL for Excelを用いて登録し，誤りが検出されることを確認せよ．なお，モデル21の所要量はここでは登録しない．

[問 8]　図 15.5 に示す，モデル 22 とモデル 31 の所要量を MySQL for Excel を用いて登録し，問 7 のバッチファイルを実行して誤りがないことを確認せよ．なお，問 7 で登録したデータは正しく修正すること．

[問 9]　モデル 21 は，モデル 22 と使用する部品の種類が同じであり，メモリとディスクの所要量が 2 倍である．このことを利用して，モデル 21 の所要量を以下の手順で「所要量」テーブルに登録せよ．

　① モデル 21 について，モデル 22 と同様の所要量データを「所要量」テーブルに登録する SQL 文と，それを実行するバッチファイルを作成し，実行せよ．

　② MySQL for Excel により，必要なデータの修正を行い，登録を完了せよ．

[問 10]　問 9 の段階で図 15.5 のすべてのデータの登録が完了している．これに対し，問 4 と問 5 のビューで部品ごとの材料費，および製品ごとの材料費と材料費の合計を求めよ．

[問 11]　実装した所要量計算システムを使用して，「メモリ 1」の単価を 9,000 円にした場合に材料費がいくらになるかを求めよ．なお，MySQL for Excel により操作するものとする．

[問 12]　問 11 の前提で，「モデル 22」の部品「ディスク 2」を「ディスク 1」に変更した場合に，全体の材料費がいくらになるかを求めよ．なお，MySQL for Excel により操作するものとする．

[問 13]　問 12 の前提で，各製品を 100 式ずつ製造した場合の，各々の部品の所要量と全体の材料費を求めよ．なお，MySQL for Excel により操作するものとする．

設問 3　以下の手順で，Access により所要量計算システムを実装せよ．

図 15.6　所要量フォーム

[問 14]　新たに作成したデータベースで，設問 1 で正規化したテーブルを作成せよ．

[問 15]　問 14 のテーブルのリレーションシップを作成せよ．なお，リレーションシップには参照整合性制約を課すものとする．

[問 16]　型式，製品，部品の各々のテーブルに対し，テーブルのデータシートビューから表 15.2 の PC1-1 と PC1-2 のデータを登録せよ．

[問17] 図 15.6 の所要量フォームを作成し，所要量のテーブルに表 15.2 の PC1-1 と PC1-2 のデータを登録せよ．ここで，「製品番号」，「部品番号」は，各々，製品と部品のテーブルに登録されているものから選択するコンボボックスである．また，リストには，各々，製品名，部品名も表示されるものとする．また，製品名，部品名のフィールドは，各々，製品番号，部品番号を選択すると自動表示され入力はできないものとする．

[問18] 表 15.4 を参考にして，部品ごとに所要量と材料費を集計するクエリを作成し，さらに，この結果を表示するレポートを作成せよ．なお，レポートは材料費の降順，部品番号の昇順に並べるものとする．

[問19] 表 15.5 を参考にして，製品ごとに材料費を集計するクエリを作成し，さらに，この結果を表示するレポートを作成せよ．レポートは製品番号の昇順に並べ，最後に全体の材料費の合計を表示するものとする．

[問20] 図 15.5 のすべてのデータを登録し，問 18 と問 19 のレポートを作成せよ．ただし，製品と部品のデータは各テーブルのデータビューから，所要量のデータは問 17 の所要量フォームから登録するものとする．

[問21] 実装した所要量計算システムを使用して，「メモリ 1」の単価を 9,000 円にした場合に，全体の材料費がいくらになるかを求めよ．

[問22] 問 21 の前提で，「モデル 22」の部品「ディスク 2」を「ディスク 1」に変更した場合に，全体の材料費がいくらになるかを求めよ．

[問23] 問 22 の前提で，各製品を 100 式ずつ製造した場合の各部品の所要量と，全体の材料費を求めよ．

15.3 履修管理システム

履修管理システムとは，学生が履修する授業と成績を管理するシステムである．履修管理システムが対象とする作業は，以下である．

(1) 学生登録

学生が入学したとき，学生に関するデータを登録する作業である．登録する内容は，学生 ID，氏名，入学年月日である．

(2) 授業登録

開講している授業に関するデータを登録する作業である．登録する内容は，授業 ID，授業名，単位数，教員名，曜日時限，教室名とする．このシステムでは，各々の授業を担当する教員は 1 名とする．また，授業は，毎週同じ曜日時限に，同じ教室で実施するものとする．

(3) 履修登録

学生が受講を希望する授業に関するデータを登録する作業である．学生は複数の授業を履修できる．登録する内容は，学生 ID，授業 ID と成績である．成績は 0～100 点とする．

表 15.6 履修管理システムのテーブル

(1) 学生テーブル

学生 ID	氏名	入学年月日
1501	今井　美紀	2015/04/01
1502	本田　圭	2015/04/01
1601	矢沢　大吉	2016/04/01
1602	知花　クララ	2016/04/01

(2) 授業テーブル

授業 ID	授業名	単位数	教員名	曜日時限	教室名
100	情報数学	2	花形　小百合	月曜 2 時限	312
250	データベース	2	エドガ　コッド	木曜 3 時限	118
270	Java プログラミング	4	力石　一徹	金曜 1 時限	1102
301	研究セミナー	8	野原　信介	水曜 4-5 時限	707

(3) 履修テーブル

学生 ID	授業 ID	成績
1501	250	90
1501	301	82
1502	270	75
1601	100	65
1602	270	95

動作確認のためのテストデータを表 15.6 に示す．

設問 1　MySQL を利用して，履修管理システムを実装せよ．

[問 1]　データモデリングと DDL の作成

業務を分析して実体と関連を抽出し，A5M2 を利用して ER 図を作成せよ．A5M2 の DDL 作成機能を使って，MySQL 用の DDL を生成せよ．

[問 2]　データベースとテーブルの作成

MySQL にデータベース（名称は Risyuu_db）を作成し，問 1 で生成した DDL を投入してテーブルを作成し，正しく作成されたことを確認せよ．なお，データベースの文字コードは sjis とする．

[問 3]　データの登録

表 15.6 に示すデータを登録する insert 文を作成せよ．

[問 4]　データの追加

MySQL for Excel の機能を使用して，以下に示す学生データ，授業データ，履修データを追加せよ．

　　学生データ：　1707, 羽生　貞治, 2017/4/1

　　授業データ：　256, 特別講義, 2, 坂田　鉄時, 土曜 1 時限, 118

　　履修データ：　1707, 256, 100

設問 2　Access を利用して，履修管理システムを実装せよ．

[問5] データモデリングとデータベースの作成

業務を分析して実体を抽出せよ．Accessを使って，新しいデータベース（Risyuu_db.accdb）を作成し，実体に対応するテーブルを作成せよ．

[問6] テーブル間の参照整合性制約の作成

業務を分析して関連を抽出せよ．関連に対応する参照整合性制約を，Accessのリレーションシップ機能を使って実装せよ．

[問7] フォームの作成

Accessのフォーム作成機能を利用して，学生フォーム，授業フォーム，履修フォームを作成せよ．なお，履修フォームには，学生フォームと授業フォームをサブフォームとして表示するものとする．

[問8] データの追加

学生フォーム，授業フォーム，履修フォームを使用して，以下に示す学生データ，授業データ，履修データを追加せよ．

学生データ： 1707, 羽生　貞治, 2017/4/1
授業データ： 256, 特別講義, 2, 坂田　鉄時, 土曜1時限, 118
履修データ： 1707, 256, 100

15.4 図書館システム

図書館システムとは，図書や会員の管理，貸出や返却業務を行うシステムである．

15.4.1 業務内容

図書館システムの業務は，以下である．

(1) 図書登録

新しい図書を取り扱うとき，図書情報を登録する作業である．図書情報を更新・削除する作業も含む．登録内容は，図書IDと書名である．

(2) 会員登録

新しい会員が入会したとき，会員情報を登録する作業である．会員情報を更新・削除する作業も含む．登録内容は，会員ID，氏名，電話番号である．

(3) 貸出

会員が図書の貸出を希望したときに，貸出情報を登録する作業である．1回の貸出で，複数の図書を貸出できる．なお，会員が一時期に借りることができる図書は5冊までとする．貸出時に登録する内容は，会員ID，貸出日（当日の日付），図書IDである．登録時には，会員IDと図書IDの入力誤りがないように，それぞれのIDの会員名，図書名を確認する．

(4) 返却

会員が返却した図書を返却処理する作業である．返却時に必要な内容は，図書ID，返却日（当日の日付）である．返却時には，図書IDの入力誤りがないように，書名を確認する．

(5) 図書一覧表示

図書の一覧を表示する．表示内容は，図書ID，書名，状況（貸出中または貸出可）である．

15.4.2 テストデータ

表15.7のテストデータを使用する．

表 15.7 図書館業務のテストデータ

(a) 図書データ

図書ID	書名
1	国語の教科書
2	算数の教科書
3	体育の教科書
4	国語のドリル
5	算数のドリル
6	体育のドリル

(b) 会員データ

会員ID	氏名	電話番号
1	Aさん	03-0000-0001
2	Bさん	03-0000-0002

15.4.3 実装上の要件

システムの実装上の要件を満たすためには，いくつかの実現方法が考えられる．15.4.1項の業務内容で記述されていない図書館システムの実装上の要件に対して，演習課題の解答例で採用する実現方法と業務への影響について記述する．データモデリングに実装上の要件を反映するときは，最適化のステップで対応する．

(1) 図書の貸出状況

貸出中に誤って再度貸出があったときに確認できるように，または図書一覧の表示時に，状況（貸出中または貸出可）を簡単に取得できるように，図書ごとの現在の状況（貸出可，貸出中）をデータベースの図書情報に保持し，業務に以下の処置を追加する．

- 図書登録時に，該当図書の「状況」に初期値「貸出可」を設定する．
- 貸出時に，該当図書の「状況」を「貸出中」に変更する．
- 返却時に，該当図書の「状況」を「貸出可」に変更する．

(2) 会員の貸出数

貸出時に，会員の貸出数制限（5冊）を簡単に確認できるように，会員ごとの現在の貸出数をデータベースの会員情報に保持し，業務に以下の処置を追加する．

- 会員登録時に，該当会員の「貸出数」に初期値「0」を設定する．

- 貸出時に，該当会員の「貸出数」に貸出す図書数を加算する．
- 返却時に，該当会員の「貸出数」から1を減算する．

設問1 MySQL を利用して，システムを実装せよ．

[問1] データモデリング

業務内容 (1) から (5) の業務から実体と関連を抽出し，データモデルを作成せよ．「実体の抽出」，「関連の設定」，「属性の設定」，「正規化」，「最適化」を実施し，A5M2 を利用して ER 図を作成する．

[問2] テーブルの設計と DDL 生成

問1で作成した ER 図の各属性にデータ型を設定しテーブル設計を行え．DDL は，A5M2 の DDL 作成機能で自動生成する．

[問3] データベースとテーブルの作成

データベースを作成し，問2で生成した DDL を投入してテーブルを作成せよ．

[問4] 業務の実施

図書館システムの業務を以下の手順で実施せよ．

業務は，本書で使用した MySQL for Excel の機能を使用して実施する．

(1) 図書登録

表 15.7(a) の図書データを登録し，「状況」に初期値「貸出可」を設定する．

(2) 会員登録

表 15.7(b) の会員データを登録し，「貸出数」に初期値「0」を設定する．

(3) 貸出

貸出情報（会員 ID，貸出日，図書 ID）の登録と同時に，15.4.3 項に示した，該当会員の「貸出数」，該当図書の「状況」を更新すること．

- 当日の日付（例：2015/12/12），A さんに，国語の教科書を貸出す．
- 当日の日付（例：2015/12/13），B さんに，算数の教科書，体育の教科書を貸出す．

(4) 返却

返却情報（図書 ID，返却日）の登録と同時に，15.4.3 項に示した，該当会員の「貸出数」，該当図書の「状況」を更新すること．

- 当日の日付（例：2015/12/15），算数の教科書が返却される．

(5) 図書一覧

図 15.7 のような図書一覧を表示し，状況欄が正しく表示されていることを確認する．

15.4 図書館システム ◆ 193

図書ID	書名	状況
1	国語の教科書	貸出中
2	算数の教科書	貸出可
3	体育の教科書	貸出中
4	国語のドリル	貸出可
5	算数のドリル	貸出可
6	体育のドリル	貸出可

図 15.7　図書一覧

設問 2　Access を利用して，システムを実装せよ．

[問 5]　データモデリング

業務内容 (1) から (5) の業務から実体と関連を抽出し，データモデルを作成せよ．
Access のテーブルの作成機能とリレーションシップ機能を利用して，「実体の抽出」，「関連の設定」，「属性の設定」，「正規化」，「最適化」を実施する．

[問 6]　テーブルの設計

問 5 で作成したテーブルの各属性にデータ型を設定せよ．

[問 7]　フォームの作成

Access のフォーム作成機能を利用して，業務ごとの画面フォームを作成せよ．
主な画面フォームの例を図 15.8，図 15.9，図 15.10 に示す．ただし，必ずしも画面フォームを一致させる必要はない．
図 15.8，図 15.9 において，15.4.3 項に示した，該当会員の「貸出数」，該当図書の「状況」を更新する場合は，フォーム上にこれらのフィールドを表示する．

図 15.8　貸出業務のフォーム例　　　　図 15.9　返却業務のフォーム例

```
図書一覧
図書ID  書名           状況
   1   国語の教科書    貸出中
   2   算数の教科書    貸出可
   3   体育の教科書    貸出中
   4   国語のドリル    貸出可
   5   算数のドリル    貸出可
   6   体育のドリル    貸出可
```

図 15.10　図書一覧のフォーム例

[問8]　業務の実施

図書館システムの業務を，以下の手順で実施せよ．

業務は，作成したフォームを使用して実施する．

(1) 図書登録

　　表 15.7(a) の図書データを登録し，「状況」に初期値「貸出可」を設定する．

(2) 会員登録

　　表 15.7(b) の会員データを登録し，「貸出数」に初期値「0」を設定する．

(3) 貸出

　　貸出情報（会員 ID，貸出日，図書 ID）の登録と同時に，15.4.3 項に示した，該当会員の「貸出数」，該当図書の「状況」を更新すること．

- 当日の日付（例：2016/02/11），A さんに，国語の教科書を貸出す．
- 当日の日付（例：2016/02/12），B さんに，算数の教科書，体育の教科書を貸出す．

(4) 返却

　　返却情報（図書 ID，返却日）の登録と同時に，15.4.3 項に示した，該当会員の「貸出数」，該当図書の「状況」を更新すること．

- 当日の日付（例：2016/02/13），算数の教科書が返却される．

(5) 図書一覧

　　図書一覧を表示し，状況欄が正しく表示されていることを確認する．

15.5　成績管理システム（各章演習問題）

　第 3 章から第 13 章まで，各章で実施する演習問題を示す．本文のカジュアルウェアショップシステムの構築の流れと同様に，成績管理システムを題材に，各章の問題を順次実施することで，データモデリングから構築まで実施する構成となっている．

15.5.1 概要

模擬試験の成績（点数）を管理するシステム（成績管理システム）である．模擬試験の概要は以下のようである．

- 高校の受験生（中学 3 年生）を対象に実施する．
- 科目は，国語，社会，数学，理科，外国語とする．
- 試験は，各科目に付き 0 から 100 点で採点する．
- 受験生は，1 回の試験ですべての科目を受験する．
- 受験生は，複数回受験できる．

15.5.2 業務

このシステムに対する業務を以下に示す．

(1) 科目の登録

システムの新規稼働時に，科目を登録する．

科目情報は，表 15.8 のとおり，科目 ID，科目名からなる．

表 15.8 科目データ

科目 ID	科目名
K01	国語
K02	社会
K03	数学
K04	理科
K05	外国語

(2) 受験生の登録

模擬試験に申込んだ受験生を登録する．

登録情報は，受験者の受験生 ID，受験生氏名，性別，住所，電話番号とする．

(3) 成績の登録

模擬試験の終了時に，受験生ごとに，5 科目の成績を登録する．

登録情報は，成績 ID，受験生 ID，科目ごとの（科目 ID，点数）である．

登録時に，受験生氏名，科目名，5 科目の点数総計を確認する．

(4) 成績一覧作成

- 成績一覧は成績 ID 順に表示される．
- 図 15.11 のような内容を表示する．必ずしも，図 15.11 と同じレイアウトである必要はない．

成績ID	受験生ID	受験生氏名	科目ID	科目名	点数
1	S0001	Aさん			
			K01	国語	60
			K02	社会	70
			K03	数学	50
			K04	理科	80
			K05	外国語	90
				点数総計	350
2	S0002	Bさん			

・・・・

図 15.11 成績一覧

設問 1 第 3 章で実施する演習問題

成績管理システムについて，データモデリングの実体の抽出，関連の設定，属性の設定を実施した ER 図を示せ．

設問 2 第 4 章で実施する演習問題

設問 1 の ER 図に対して，変換が必要な実体を示せ．また，その理由を示せ．

設問 3 第 5 章で実施する演習問題

設問 1 の ER 図に対して，設問 2 で示した変換を実施せよ．正規化によって変換を行うときは，正規化の手順に従って説明せよ．さらに，変換後の ER 図に対して，最適化を実施した ER 図を示せ．

設問 4 第 6 章で実施する演習問題

[問 1] MySQL で，データベース（score_db）を作成し，「科目の登録」業務に対応する科目テーブルの列のデータ型を決め，テーブルを作成せよ．

[問 2] Access で，新規に Access ファイル（成績管理）を作成し，「科目の登録」業務に対応する科目テーブルの列のデータ型を決め，テーブルを作成せよ．

設問 5 第 7 章で実施する演習問題

[問 3] MySQL で，SQL の insert 文により，科目テーブルにデータを登録せよ．

[問 4] Access で，データシートビューから，科目テーブルにデータを登録せよ．

設問 6 第 8 章で実施する演習問題

[問 5] MySQL で，「受験生の登録」業務に対応する受験生テーブルの列のデータ型を決め，テーブルを作成せよ．

[問 6] Access で，「受験生の登録」業務に対応する受験生テーブルの列のデータ型を決め，テーブルを作成せよ．

設問 7 第 9 章で実施する演習問題

[問 7] MySQL for Excel で，受験生テーブルにデータを登録せよ．

[問 8] Access で，受験生テーブルから受験生フォームを作成し，受験生フォームを使用して

データを登録せよ．また，科目フォームを作成せよ．

設問 8　第 10 章で実施する演習問題

[問 9]　MySQL で，「成績の登録」業務に対応する成績テーブル，明細テーブルの列のデータ型を決め，テーブルを作成せよ．

[問 10]　Access で，「成績の登録」業務に対応する成績テーブル，明細テーブルの列のデータ型を決め，テーブルを作成せよ．また，リレーションシップを完成せよ．

設問 9　第 11 章で実施する演習問題

[問 11]　MySQL for Excel で，成績テーブル，明細テーブルに，データを登録せよ．

[問 12]　Access で，成績フォームを作成せよ（図 15.12）．また，成績フォームを使用してデータを登録せよ．

図 **15.12**　成績フォーム

設問 10　第 12 章で実施する演習問題

[問 13]　MySQL で図 15.11 のような「成績一覧」のための「成績一覧ビュー」を作成し，MySQL for Excel で表示せよ．

[問 14]　Access で，レポート作成機能を使用して，図 15.11 のような「成績一覧」を作成せよ．

設問 11　第 13 章で実施する演習問題

成績管理システムの業務を，以下の手順で運用せよ．

(1) 科目の登録

　　表 15.8 の科目データを登録する．

(2) 受験生の登録

　　表 15.9 の受験生データを登録する．

表 15.9　受験生データ

受験生 ID	受験生氏名	性別	住所	電話番号
S0001	A さん	女	東京都	03-0000-0001
S0002	B さん	男	大阪府	06-0000-0002
S0003	C さん	女	大阪府	06-0000-0003
S0004	D さん	男	東京都	03-0000-0004

(3) 成績の登録

表 15.10 の模擬試験の成績データを登録する．

表 15.10　成績データ

成績 ID	受験生氏名	国語	社会	数学	理科	外国語
1	A さん	60	70	50	80	90
2	B さん	90	55	40	80	45
3	C さん	70	60	90	90	50
4	D さん	90	90	90	80	90

(4) 成績一覧作成

図 15.11 の成績一覧を作成する．

[問 15]　MySQL for Excel で，設問 11 のとおり，成績管理システムを運用せよ．さらに，すべての科目の成績が登録されていない受験生を表示するバッチファイルを作成せよ．表示する項目は，成績 ID，受験生 ID，登録科目数とし，結果は MySQL モニタの画面に直接出力する．

[問 16]　Access で，設問 11 のとおり，成績管理システムを運用せよ．

付録 1
MySQLのインストール方法

1.1 概要

1.7節に示すように，MySQLのライセンスには無償のGPL (GNU General Public License) と，商用ライセンスがある．本書ではGPLライセンスの「MySQL Community Edition」を使用する．以下に，そのインストール方法を説明する．なお，ここではバージョンが5.7.9の事例を示している．

1.2 ダウンロード

「Download MySQL Community Server」(http://dev.mysql.com/downloads/mysql/) のページを開くと図1.1(1) が表示される．「Download」をクリックすると「Download MySQL Installer」のページが表示され，(2) の最新版（「Generally Available (GA) Release」）の表示があるので，2行目の「mysql-installer-community」の「Download」をクリックする．Login画面が表示されるが，「No thanks, just start my download.」をクリックするとログインせずにダウンロードできる．

(1) ダウンロードページ

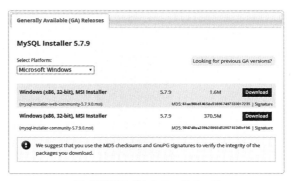
(2) 最新版のダウンロードページ

図 **1.1** MySQL インストーラのダウンロード

1.3 インストール

ダウンロードしたインストーラを起動すると，ライセンス契約（「License Agreement」）の画面が表示されるので，「I accept the license term」をチェックして「Next」をクリックする．セットアップタイプの選択画面（「Choosing a Setup Type」）が表示されるので，デフォルトのまま「Next」をクリックする．必要な製品の確認画面（「Check Requirement」）が表示されるので，事前にインストールする必要がある製品が表示された場合には一旦中断し，インストールを行う．図 1.2 の事例では，使用しない製品である「Python」のため，「Next」をクリックし，さらにサブ画面の「yes」をクリックして次に進んでいる．インストールされる製品一覧（図 1.3）が表示されるので，「Execute」をクリックするとインストールが開始される．

次の画面から，デフォルトのままで「Next」をクリックして進むと，「root」アカウントのパスワードを指定する画面（図 1.4）が表示されるので，パスワードを設定する．次の画面か

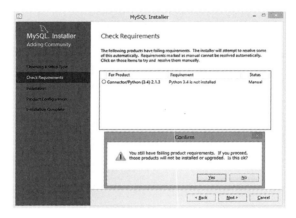

図 1.2　事前にインストールする製品の確認

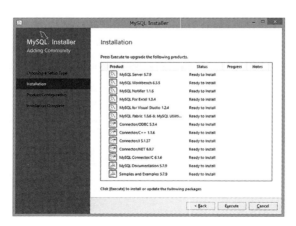

図 1.3　インストールされる製品一覧

らデフォルトのままで「Next」をクリックして進むと，MySQLサーバの設定画面（「Apply Server Configuration」）が表示されるので，「Execute」をクリックして実行し，「Finish」が表示されるのでクリックする．次の画面からデフォルトのままで「Next」をクリックして進むと，MySQLサーバに接続する画面（図1.5）が表示されるので，「Check」―「Next」の順にクリックする．再度，サーバの設定画面（「Apply Server Configuration」）が表示されるので，前回と同様に「Execute」，「Finish」をクリックする．「Installation Complete」の画面が表示されるので，「Finish」をクリックして完了する．

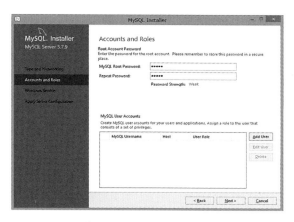

図 1.4 「root」アカウントのパスワード設定

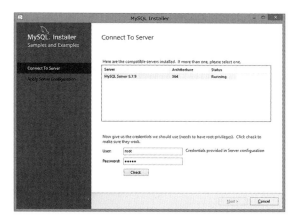

図 1.5 MySQLサーバへの接続

1.4 Pathの設定

コマンドプロンプトから使用するため，以下の手順でシステム変数のPathを設定する．図1.6に示すように，「コントロールパネル」―「システムとセキュリティ」―「システム」―「シ

ステムの詳細設定」―「環境変数」を指定し，「システムの環境変数」で「Path」を選択して「編集」をクリックする．「システム変数の編集」サブ画面が表示されるので，「新規」をクリックして MySQL の「bin」フォルダを絶対パスで追加する（図 1.6 の事例では，「C:¥Program Files¥MySQL¥MySQL Server 5.7¥bin」）．その後，「OK」をクリックして反映し，終了させる．

図 1.6　環境変数 Path の設定

正しく設定されたことを確認するため，MySQL モニタを起動する．コマンドプロンプトを起動し，リスト 1.1 の (a) のコマンドを入力すると (b) のパスワード入力要求があるので，図 1.4 で設定したパスワードを入力する．正常に起動されると，入力要求の表示が「mysql>」に変わるので，「quit」を入力して終了する．なお，操作の詳細は付録 5.2 節を参照のこと．

リスト 1.1　MySQL モニタの起動

```
c:¥>mysql -u root -p                                          -- (a)
Enter password: *****                                         -- (b)
```

1.5　MySQL for Excel のパスワードの設定

Excel を起動し，「データ」タブの「MySQL for Excel」をクリックすると，図 1.7 に示すように MySQL for Excel が表示されるので「Local Connections」の「Local Instance MySQL57」

をクリックする.「Connection Password」サブ画面が表示されるので,「Password」に図 1.4 で設定したパスワードを入力し,次回以降,パスワードの入力を不要にするために,「Store password security?」をチェックして「OK」をクリックする.なお,MySQL for Excel の操作については,付録 5.5 節を参照のこと.

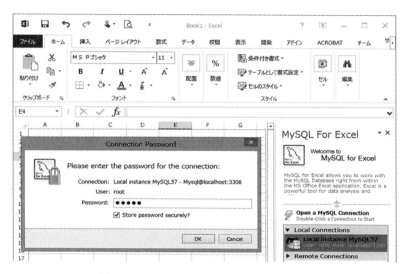

図 1.7　MySQL for Excel のパスワード設定

1.6　MySQL のアンインストール

　MySQL のバージョンアップなどで MySQL をアンインストールする場合には以下の手順で行う.

(1)「コントロールパネル」—「システムとセキュリティ」—「管理ツール」—「サービス」で,MySQL のサービスを停止する.

(2)「コントロールパネル」—「プログラム」—「プログラムと機能]で,図 1.3 のプログラムを削除する.「プログラムと機能」では,付録 1.3 節でインストールしたプログラムの「名前」は「MySQL」で始まっている.

(3) 付録 1.4 節の Path の設定と同様に,「システム環境変数」の「Path」を選択して「編集」をクリックし,MySQL に関する Path 情報を削除する.

付録 2
A5M2 インストール方法と使用方法

2.1 概要

A5:SQL Mk-2 (A5M2) のインストール方法，および本書で使用する A5M2 機能の使用方法を示す．

2.2 インストール

検索エンジンで，「A5M2　ダウンロード」を検索キーとして検索し，図 2.1 の「A5:SQL Mk-2—フリーの汎用 SQL 開発ツール/ER 図ツール」サイトを表示して，「ダウンロードはこちら」をクリックする．

図 2.2 のダウンロードページで，PC の CPU が 32bit の場合は「x86 edition」，64bit の場合は「x64 edition」の「ダウンロードページへ」をクリックして，ダウンロードを行う．

図 2.1　A5M2 サイト

図 2.2　ダウンロードページ

ダウンロードが完了したら，ダウンロードファイル a5m2_2.11.1_x64.zip（本書執筆時の最新版）を適当なフォルダに解凍する．

2.3 起動

解凍したフォルダ内の A5M2.exe をダブルクリックして，A5M2 を起動する．A5M2 が起

動したら，図 2.3 の「ファイル」メニューの「新規」を選ぶ．続いて，図 2.4 の「新規ドキュメント」の選択画面が表示されるので，「ER 図」を選ぶ．

図 2.3　新規作成

図 2.4　新規ドキュメント

図 2.5 の「ER 図プロパティ」で以下に示すプロパティを指定して「OK」をクリックすると，図 2.6 の ER 図を作成するためのページが表示される．

- プロジェクト名：カジュアルウェアショップ
- RDBMS 種類：MySQL
- フォント：12 (pt)

図 2.5　ER 図プロパティ画面

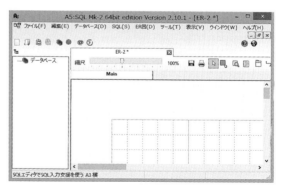

図 2.6　ER 図を作成するページ

2.4　実体の作成

図 2.7 の「エンティティの追加」記号をクリックすると，「エンティティを追加する場所をクリックしてください」というメッセージが表示される．エンティティを表示したい場所をクリックすると，図 2.8 のようなエンティティが表示される．

エンティティをダブルクリックするとプロパティ設定画面が表示されて，図 2.9 のように「エ

図 2.7 エンティティの追加

図 2.8 作成されたエンティティ

ンティティ」タブで以下を指定して「適用」をクリックする.

- 論理名：エンティティ名（ここでは「商品」）
- 物理名：空白

図 2.9 エンティティのプロパティ画面（「エンティティ」タブ）

続けて図 2.10 のように「属性（列）」タブで以下を指定して「適用」をクリックすると，図 2.11 のエンティティが表示される.

- 論理名：属性名（ここでは「商品 ID」など）
- 物理名：空白のまま

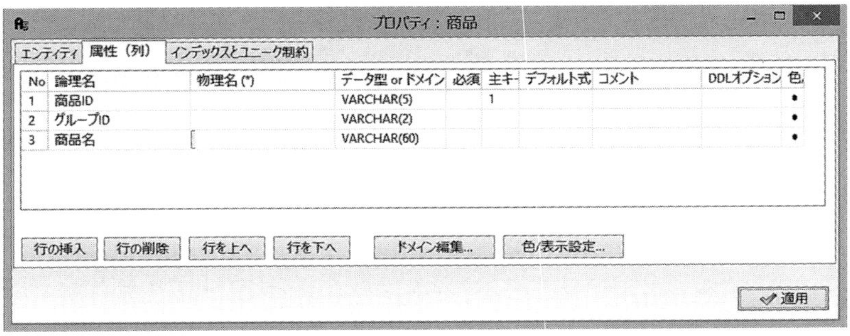

図 2.10 エンティティのプロパティ画面（「属性（列）」タブ）

図 2.11 完成したエンティティ

- データ型 or ドメイン：文字列型は「VARCHAR」，数値型または通貨型は「INT」，日付型は「DATE」をリストから選択（文字列型は文字数「(n)」を追加）
- 主キー：主キーの属性に対して「1」（2つあるときは2番目の主キーは「2」）をリストから選択

エンティティにデータ型を表示したいときは，図 2.12 のように，「ER 図」メニューの「表示レベル」で，「属性とデータ型（位置揃え）」をチェックすると，図 2.13 の表示となる．

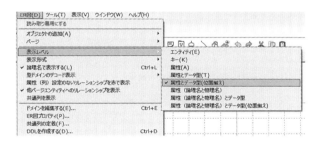

図 2.12 表示レベル設定メニュー

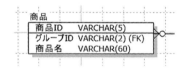

図 2.13 データ型の表示

2.5 リレーションシップの作成

図 2.14 の「リレーションシップの追加」記号をクリックすると，「リレーションシップの親エンティティをクリックしてください」というメッセージが表示されるので，メッセージに従って，親エンティティ（ここでは「グループ」）をクリックする．続けて，図 2.15 のように，「リレーションシップの子エンティティをクリックしてください」というメッセージが表示されるので，子エンティティ（ここでは「商品」）をクリックすると，図 2.16 のようにリレーションシップが設定される．リレーションシップの線上をダブルクリックすると，図 2.17 のプロパティが表示されるので，リレーションシップの親エンティティの主キーと子エンティティの外部キーの属性（ここでは両者とも「グループ ID」）を確認する．正しい属性でない場合は修正する．属性をもたないエンティティでは，リレーションシップを空白にすることができる．

多対多の場合は，親子の区別がないので，どちらか一方を親として設定し，リレーションシップのプロパティで，両者ともカーディナリティを「0 以上」とする．

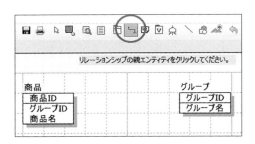
図 2.14　親エンティティの選定

図 2.15　子エンティティの選定

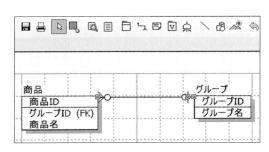
図 2.16　完成したリレーションシップ

図 2.17　リレーションシップのプロパティ

2.6　本文の ER 図に表記を合わせる方法

　以上の方法で作成した ER 図を，本書の本文で示した ER 図と表記を合わせるための方法を示す．本節の処置は，カジュアルウェアショップの動作上の違いはないので，必ずしも必須ではない．本文の ER 図は，データモデリングの理解を優先するためにできるだけ単純な表記を採用している．本文の ER 図に合わせたいときは，本節の操作を実施する．図 2.18 が 2.4 節および 2.5 節の方法で作成した ER 図の例で，図 2.23 が本文の表記に合った ER 図である．

(1)　リレーションシップのカーディナリティ

　図 2.18 のように親エンティティ側のカーディナリティに「○」記号があるが，これはカーディナリティに 0 が含まれる場合に表示される．この記号を取り除くために次の操作を行う．リレーションシップをダブルクリックして，プロパティ画面を表示する．図 2.19 のように，エンティティの親（左）側のカーディナリティで，リストから「1」を選択する．リレーションシップの属性が空白になった場合は，正しい属性を再設定する．設定が完了したら「適用」をクリックする．図 2.20 のメッセージが表示されたときは，「いいえ」をクリックする．

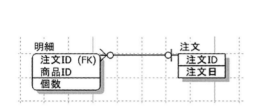
図 2.18 カーディナリティの変更前

図 2.19 カーディナリティの変更プロパティ

図 2.20 メッセージ

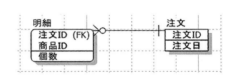
図 2.21 カーディナリティの変更後

(2) 実体の形状

図 2.21 の「明細」のような角のない四角のエンティティが存在する場合，（角のある）長方形に変更する．リレーションシップをダブルクリックしてプロパティ画面を表示する．図 2.19 のように，「依存（親→子）」がチェックされている場合は，チェックを外して「適用」をクリックする（図 2.22）．図 2.20 のメッセージが表示されたときは，「いいえ」をクリックする．図 2.23 が操作後の ER 図である．

図 2.22 実体の形状の変更プロパティ

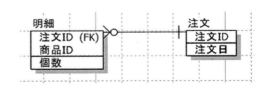
図 2.23 実体の形状の変更後

該当のエンティティに複数のリレーションシップがあるときは，すべてのリレーションシップについて以上の操作を実施する．

(3) 属性の記号

図 2.24 の「明細」の「注文 ID」ように，属性に「□」記号が表示されているときがあるので，この記号を取り除く．該当のエンティティをダブルクリックして，プロパティ画面を表示すると，「□」記号が表示されている属性（ここでは「注文 ID」）の「必須」欄にチェックが入っているので，図 2.25 のようにチェックを外して，「適用」をクリックする．図 2.23 が，操作後の ER 図である．

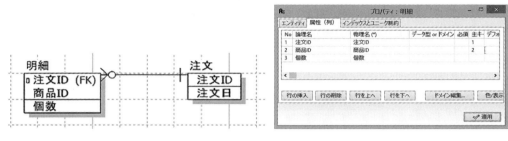

図 2.24　属性の記号の変更前　　　　図 2.25　属性の記号の変更プロパティ

2.7　図の調整

エンティティをクリックすると，図 2.26 のように周りに小さな四角が表示され，ここにカーソルを合わせると「⇔」記号が表示されるので，その方向にエンティティの大きさを変更できる．

リレーションシップをクリックすると，図 2.27 のように線上に小さな四角が表示され，線上にカーソルを合わせると「⇔」記号が表示されるので，その方向に線の位置を動かすことができる．

また，エンティティにカーソルを合わせて，左クリックのままドラッグすると，エンティティの表示位置を動かすことができ，その際にリレーションシップもエンティティに合わせて動く．

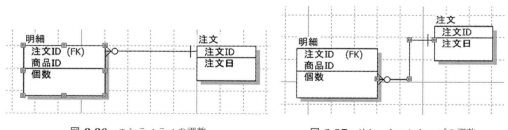

図 2.26　エンティティの調整　　　　図 2.27　リレーションシップの調整

2.8 DDLの作成

ER図から，MySQLのDDL (Data Definition Language) を作成する方法を示す．図2.28のように，「ER図」メニューから「DDLを作成する」を選択すると，図2.29のような「DDLの生成」画面が表示される．図2.29のとおり，チェック項目の中で丸枠だけにチェックし，「DBへのコメント登録」で「しない」を選択して，「DDL生成」をクリックする．

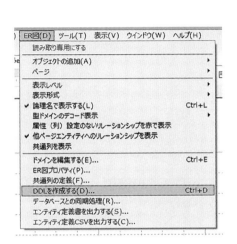

図 2.28　ER図メニュー

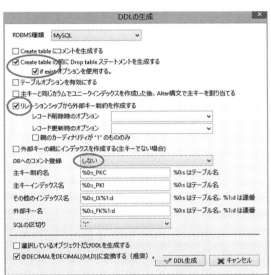

図 2.29　「DDLの生成」画面

付録 3

Meryのインストールと使用方法

3.1 Meryのインストールと設定

　Meryはテキストエディタであり，無料で利用が可能である．作者のサイトは下記でありここよりダウンロード可能である．

　　　http://www.haijin-boys.com/

　Zip形式のものをダウンロードしたら解凍し，exe形式ファイルを実行することにより起動する．起動したら，「表示」タブをクリックし，その中の「記号」メニューの中の「改行」，「タブ」，「半角空白」，「全角空白」をONとする（図3.1）．SQL文に不用意に入れた全角空白を

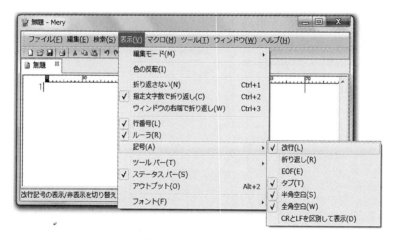

図 3.1　記号の表示設定

図 3.2　誤った全角空白が入っているSQL文の例（Meryでの表示）

入れてしまうとエラーになるが，これにより見つけやすくなる．図 3.2 に全角空白が SQL 文に入っている例を示す．

3.2 MySQL 文での利用方法

　コマンドプロンプト画面で SQL 文を編集する場合，カーソルの移動でしか修正ができない．そこで，よく利用する SQL 文は，Mery で編集し，コマンドプロンプト画面に貼り付けて使うと便利である．

付録 4
MS Access 評価版インストール方法

4.1 概要

Access 2013 評価版の入手方法，インストール方法について示す．特に，すでにインストールされている MS Office 製品に影響がないこと，および Access のみをインストールするための設定方法について記述する．評価版の使用期限は，60 日間である．

4.2 評価版の入手

以下の「Office 評価版ダウンロード」ページを表示し，手順に従って，Microsoft Office Professional Plus 2013 をダウンロードする．

https://www.microsoft.com/ja-jp/office/2013/trial/default.aspx

この手順の中で，以下のページが表示されるので，プロダクトキーを保存する（図 4.1）．

図 4.1　ダウンロード

4.3 インストール

すでにインストールされている MS Office 製品に影響がないこと，および Access のみインストールするために，インストール中に以下の設定を行う．

(1) インストールの種類

「インストールの種類」は，「ユーザー設定」を選択する（図 4.2）．

図 4.2　インストールの種類

(2) インストールオプション

「インストールオプション」タブで，Access のみインストールする設定を行う（図 4.3）．

図 4.3　インストールオプション

(3) ファイルの場所

「ファイルの場所」タブで，適当な新規フォルダ（例：c:¥Program Files¥access）を指定する（図 4.4）．

図 4.4　ファイルの場所

4.4　Access の最初の起動

Access の最初の起動時に，保存したプロダクトキーを指定する．

付録 5
MySQLの使い方

付録 5 では，本書で必要となる MySQL の基本的な使い方について説明する．なお，各章で MySQL の具体的な利用方法を示しているので併せて参照のこと．

5.1 MySQL による実装環境

本書における MySQL の実装環境を図 5.1 に示す．OS は MS Windows を前提とする．

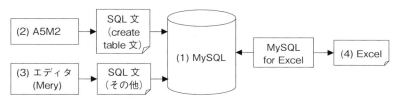

図 5.1 MySQL による実装環境

(1) MySQL：本書で使用するリレーショナルデータベース管理システムであり，SQL 文や MySQL 固有のコマンドにより操作する．なお，MySQL のインストールについては付録 1 を参照のこと．

(2) A5:SQL Mk-2 (A5M2)：データベース設計ツールであり，ツール上で作成した ER 図から，テーブルを作成する SQL 文である create table 文を自動生成する．A5M2 のインストールと使用方法については付録 2 を参照のこと．

(3) エディタ：(2) 以外の SQL 文はエディタを使用して作成することを前提としている．ただし，SQL 文の中に不用意に全角の空白を記述するとエラーになるため，例えば，Mery のように全角の空白を識別できるエディタの使用が望ましい．Mery のインストールと使用方法については付録 3 を参照のこと．

(4) MS Excel および MySQL for Excel：テーブルの検索およびデータの入力は Excel から行うため，Excel がインストールされていることを前提とする．Excel から MySQL へのアクセスは MySQL for Excel で行う．このソフトウェアは，MySQL と併せてインストールすることができる．

5.2 SQL 文の実行方法

本書では図 5.1 の (2)，(3) の SQL 文を以下の 2 つの方法で実行している．

(1) MySQL モニタにより SQL 文を対話的に実行する方法．
(2) SQL 文をファイルに記録し，「mysql」コマンドにより実行する方法．

以下では，まず，(1) の方法により MySQL の基本的な操作の流れを説明し，次に (2) の方法による操作を説明する．なお，基本的な SQL 文については本文の 2.4 節を参照のこと．

5.2.1 MySQL モニタによる実行

MySQL モニタを起動するために，コマンドプロンプトで (a) の構文の mysql コマンドを入力する．なお，以下の構文で，「[ ]」で囲んだ部分は省略可能であることを示す．ここではデータベースを選択しない場合にはデータベース名を省略する．図 5.2 に操作の事例を示す．ここで，ユーザ名はインストールの際に設定したもの（ここでは「root」）を使用する．mysql コマンドを入力するとパスワード入力要求（「Enter password」）が表示されるので，同じくインストールの際に設定したパスワードを入力する．MySQL モニタが起動され，入力要求の表示がコマンドプロンプトのフォルダの表示（ここでは「c:¥>」）から「mysql>」に変わる．MySQL モニタの終了は「quit」を入力する．なお，図 5.2 はデータベースを選択しない事例を示している．

```
mysql -u ユーザ名 -p [データベース名]                     --- (a)
```

図 5.2　MySQL モニタの起動と終了

MySQL では複数のデータベースを作成することが可能であり，MySQL モニタでは 1 つのデータベースを選択して SQL 文による操作を行う．新たにデータベースを作成する場合には，(b) の構文でデータベースを作成する．

```
create database データベース名 character set 文字コード;    --- (b)
```

リスト 5.1 に本書のデータベースである「shop_db」の作成と選択の操作を示す．リストで入力要求「mysql」の後が入力であり，他はコマンドの実行結果である．(c) でデータベースを作成しており，本書では文字コードは「sjis」で指定される Shift-JIS を選択する．(d) の「show databases」はデータベースの一覧を検索するものであり，(e) の「use」命令でデータベース「shop_db」を選択する．以降で，shop_db に対して SQL 文を実行することができる．

リスト 5.1　データベースの作成と選択

```
mysql> create database shop_db character set sjis;          ---(c)
Query OK, 1 row affected (0.02 sec)

mysql> show databases;                                       ---(d)
+--------------------+
| Database           |
+--------------------+
| information_schema |
| mysql              |
| performance_schema |
| shop_db            |
| sys                |
+--------------------+
5 rows in set (0.00 sec)

mysql> use shop_db;                                          ---(e)
Database changed
mysql>
```

次に MySQL モニタで SQL 文を実行する方法を示す．まず，本文 6.3 節のリスト 6.1 の SQL 文で「カテゴリー」テーブルを作成し，同じくリスト 6.2 の SQL 文でデータを挿入する例を示す．なお，ここでは 1 行の insert 命令で実行している．実行結果をリスト 5.2 に示す．(f) に示すように，SQL 文は複数行に渡って入力することができ，「;」+「Enter」を入力すると実行される．また，(h) のように select 命令を実行すると検索結果が表示される．

リスト 5.2　SQL 文の実行事例（6.3 節参照）

```
mysql> create table 'カテゴリー' (
    ->     'カテゴリーID' VARCHAR(1)
    ->   , 'カテゴリー名' VARCHAR(60)
    ->   , constraint 'カテゴリー_PKC' primary key ('カテゴリーID')
    -> );                                                        --- (f)
Query OK, 0 rows affected (0.42 sec)

mysql> insert into カテゴリー values('M','男性'),('W','女性'),('K','子供');
                                                                --- (g)
Query OK, 3 rows affected (0.03 sec)
Records: 3  Duplicates: 0  Warnings: 0

mysql> select * from カテゴリー where カテゴリーID='W';           --- (h)
+--------------+--------------+
| カテゴリーID | カテゴリー名 |
+--------------+--------------+
| W            | 女性         |
+--------------+--------------+
1 row in set (0.00 sec)
```

なお，コマンドプロンプトでは「↑」あるいは「↓」キーを押下することで，実行済のコマンドを再表示できるため，SQL 文の再度実行や，入力済の SQL 文を修正して実行する場合に使用する．同じく，A5M2 やエディタ（Mery など）で作成した SQL 文を実行する場合には SQL 文をコピーし，コマンドプロンプトで右クリックすると貼り付けられる．なお，OS のバージョンによっては，図 5.3 のサブ画面が表示されるので「貼り付け」をクリックする．この方法では，複数の SQL 文を一括して貼り付け，実行することができる．

図 5.3　SQL 命令の貼り付け

5.2.2　ファイルに記録された SQL 文の実行

SQL 命令がテキストファイルに記録されている場合には，(i) の構文でコマンドプロンプトから，mysql コマンドで入力するファイル名を指定して実行できる．ここで，「<」は入力ファイルを指定する記号である[1]．

---

[1]　「<」は標準入力を示す番号「0」（本書では省略）を付加して「0<」と記述してもよい．

```
mysql -u ユーザ名 -p データベース名 < ファイル名                    --- (i)
```

リスト 5.2(h) の select 命令を「c:¥test」フォルダのテキストファイル「select.sql」に記録し実行した事例をリスト 5.3 に示す．ここで，(j) の「cd」コマンドは現在のフォルダを変更するものであり，SQL 文のファイルが保存されているフォルダに変更する．(k) の「< select.sql」で入力ファイルを指定し，図 5.2 と同様に入力要求に応じてパスワードを入力する．なお，SQL ファイルに複数の SQL 文を記述した場合には，すべての SQL 文が順番に一括して実行される．また，リスト 5.3 に示されるように，MySQL モニタと異なり検索結果の罫線は表示されない．

リスト **5.3** ファイルに保存された SQL 文の実行 (c:¥test¥select.sql)

```
c:¥>cd c:¥test                                              --- (j)

c:¥test>mysql -u root -p shop_db < select.sql               --- (k)
Enter password: *****
カテゴリーID    カテゴリー名
W         女性

c:¥test>
```

(k) のコマンドをリスト 5.4 に示すようにバッチファイル（ここでは「select.bat」）に記録すると，エクスプローラーからバッチファイルをダブルクリックすることで SQL 文を実行できる．なお，バッチファイルは SQL 文のファイルと同じフォルダ（ここでは，「c:¥test」）に保存する．リスト 5.4 で「pause」は実行結果を確認するためにバッチファイルの実行を停止するコマンドである．

実行すると，図 5.4 に示す画面が表示され，mysql コマンドとパスワード入力要求が表示される[2]．パスワードを入力すると SQL 文の実行後に「pause」の入力要求が表示されるので，実行結果を確認することができる．任意のキーを押すと実行が再開されて終了する．

リスト **5.4** バッチファイルの事例 (c:¥test¥select.bat)

```
mysql -u root -p shop_db < select.sql
pause
```

---

[2] 図 5.4 に示すように実行結果では，「<」は省略した「0」が付加され「0<」となる．

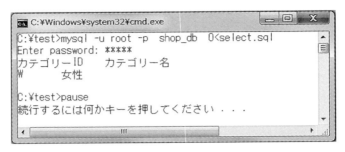

図 5.4 バッチファイルの実行結果

5.2.3 本書における SQL 文の実行方法

本書では，以下の方法で SQL 文を実行している．

(1) MySQL モニタに SQL 文を貼り付けて実行する方法．
A5M2 で作成された create table 文やデータの登録など，基本的に 1 度だけ実行する場合は，この方法で実行する．

(2) SQL 文をファイルに記録し，バッチファイルを作成して実行する方法．
繰返し実行する場合は，この方法で実行する．

5.3 データベースの保存と復元

ある時点のデータベースの状態を保存しておくと，その後のデータ操作をキャンセルして保存しておいた状態のデータベースを復元することができる．例えば，第 9 章では販売管理情報の入力を行うが，事前に入力前の状態を保存しておけば，入力前の状態を復元して入力操作をやり直すことが可能になる．

データベースを保存するにはコマンドプロンプトで，リスト 5.5(1) に示すように「mysqldump」コマンドを実行する．ここで，「>」は出力ファイルを指定する記号であり，実行結果は指定したファイル（ここでは，「dump.sql」）に SQL 文で記録される．なお，ファイルは現在のフォルダ（ここでは，「c:¥test」）に作成される．復元する場合は付録 5.2.2 項で説明したように，リスト 5.5(m) の mysql コマンドで出力ファイルの SQL 文を実行する．

なお，これらのコマンドは付録 5.2.2 項に示したバッチファイルとしても実行できる．

リスト 5.5 データベースの保存と復元

```
c:¥test>mysqldump -u root -p shop_db > dump.sql          --- (1)
Enter password: *****

c:¥test>mysql -u root -p shop_db < dump.sql              --- (m)
Enter password: *****
```

5.4 ビューによる検索

データベースからある条件でデータを検索する場合には，検索する度に，この条件を入力する必要がある．ビューは仮想的なテーブルであり，このような検索条件を，ビューを作成する際に定義することができる．ビューはテーブルと同様に検索できる．したがって，ビュー使用して，さらにビューを作成することが可能である．

リスト 5.6 にビューを作成する SQL 文の構文を示す．「drop view」文はビューがすでに存在している場合に，ビューを削除する．「create view」文はビューを作成する SQL 文であり，select 文により仮想的なテーブルの構造を定義する．ビューの列名は select 文で検索された列名となるが，この列名を変更する場合にはビュー名の後に列名を指定する．リスト 5.7 に，リスト 5.2(h) の select 文の検索結果を得るビューの作成と検索の事例を示す．ここで，テーブルの列名「カテゴリー ID」，「カテゴリー名」は各々，「ID」，「名称」に変更している．「select」文に示すように，検索条件を指定することなく必要な検索を行うことができる．

リスト 5.6　ビューを作成する SQL 文の構文

```
[drop view if exists ビュー名;]
create view ビュー名 [(列名, …)] as select 文;
```

リスト 5.7　ビューの事例

```
mysql> create view 女性カテゴリー (ID, 名称) as
    -> select カテゴリーID, カテゴリー名 from カテゴリー where カテゴリーID='W';
Query OK, 0 rows affected (0.06 sec)

mysql> select * from 女性カテゴリー;
+----+------+
| ID | 名称 |
+----+------+
| W  | 女性 |
+----+------+
1 row in set (0.06 sec)
```

5.5 MySQL for Excel による入出力

5.5.1 MySQL for Excel の起動と接続

付録 1 に示すように，MySQL をインストールすると MySQL for Excel がインストールされ，Excel から MySQL のデータ操作が可能になる．図 5.5(1) に示すように Excel の「データ」タブ，リボンの「MySQL for Excel」の順にクリックすると，MySQL for Excel のサブ画面が表示される．「Open a MySQL Connection」の「Local Connections」にある「Local instance MySQL57」（「MySQL57」は MySQL のバージョンによって異なる）をクリックす

ると，(2) に示す「Select a Database Schema」が表示される．使用するデータベース（本書では「shop_db」）をクリックすると，(3) のオブジェクト選択画面が表示され，テーブルやビューの選択が可能になる．

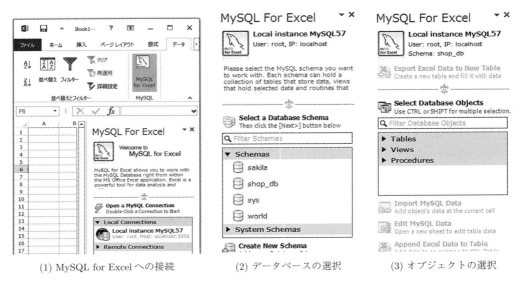

(1) MySQL for Excel への接続　　(2) データベースの選択　　(3) オブジェクトの選択

図 5.5　MySQL for Excel の起動と接続

5.5.2　データの操作

図 5.5(3) で「Tables」をクリックすると，図 5.6(1) に示すようにテーブルの一覧が表示され，その下に下記の 3 つのボタンが表示されるので，以下の操作を行う．

- (a) Import MySQL Data： MySQL のテーブルを検索し，結果を Excel シートに読み込む．テーブルを選択すると，ボタンがクリック可能になるので，Excel シート上で読み込む場所をクリックしてから，このボタンをクリックする．確認画面が表示されるので，「Import」をクリックすると図 5.6(2) に示す形式で読み込まれる．なお，検索した結果を修正してデータベースに反映する場合には，(c) を使用する．

- (b) Append Excel Data to Table： Excel シートのデータを MySQL のテーブルに登録する．テーブルを選択して，図 5.6(3) に示すようにシートから登録するデータを選択すると，ボタンがクリック可能になる．クリックすると確認画面が表示されるので，「Append」をクリックするとテーブルにデータが登録される．なお，テーブルにすでにデータが存在する場合には追加される．

- (c) Edit MySQL Data： MySQL のテーブルに対し，データの登録，更新，削除を行う．テーブルを選択するとボタンがクリック可能になる．クリックすると確認画面が表示されるので，「OK」をクリックすると Excel に新たなシートが追加され，図 5.6(4) の形式でデータが読み込まれる．データの登録はデータ行の下の行に 1 件ずつデータを追加し，更新はセルのデータを更新，削除は行を削除して，「Commit Changes」をクリッ

クする．結果が表示されるので，「OK」をクリックする．なお，データベースが他から更新された場合には「Revert Data」をクリックし，確認画面で「Refresh Data from DB」をクリックするとExcelのシートに最新の状態が反映される．また，Edit MySQL Dataを終了するには，図5.6(4)の「MySQL for Excel」を右クリックし，「Exit Edit Mode」を選択する．

なお，MySQL for Excelを起動した後でコマンドプロンプトからテーブルの作成や削除を行っても，テーブルの一覧に反映されない．この場合には，「Tables」を右クリックすると「Refresh Database Objects」が表示されるので，これをクリックして反映する．

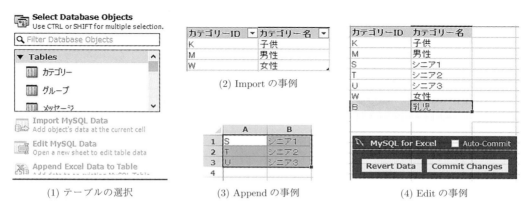

図 **5.6** MySQL for Excel によるデータ操作

5.5.3 ビューの検索

図5.5(3)で「Views」をクリックする．テーブルと同様にビューの一覧が表示されるので，「Import MySQL Data」をクリックしてビューの検索結果をExcelに読み込む．コマンドプロンプトからビューの作成や削除を行った場合には，付録5.5.2項と同様に反映する．

5.6 本書で使用している高度なSQL文

本文の第2章で基本的なSQL文について説明した．ここでは，本書で使用しているSQL文のうち，第2章の説明を越えるものを取り上げて構文を説明する．なお，本節のMySQLモニタによる実行事例ではSQL文と検索結果のみを示している．

5.6.1 文字列関数

SQL文では文字列関数を使用して，文字列を変換した結果を検索できる．文字列を結合するには，(n)のconcat関数を利用する．

```
concat(文字列 1, 文字列 2, …)                                          --- (n)
```

逆に文字列の一部を切り出す場合には (o) の substring 関数を利用する．

```
substring(文字列, 開始位置, 文字数)                                    --- (o)
```

リスト 5.8 に「カテゴリー」テーブルから，concat 関数で「カテゴリー ID」と「カテゴリー名」を「-」で結合し，substring 関数で「カテゴリー名」の 1 文字目から 1 文字だけを切り出した検索事例を示す．

リスト 5.8　文字列関数の事例

```
mysql> select concat(カテゴリー ID,'-',カテゴリー名), substring(カテゴリー名,1,1)
    from カテゴリー;
+------------------------------------+----------------------------+
| concat(カテゴリー ID,'-',カテゴリー名) | substring(カテゴリー名,1,1) |
+------------------------------------+----------------------------+
| K-子供                              | 子                         |
| M-男性                              | 男                         |
| W-女性                              | 女                         |
+------------------------------------+----------------------------+
```

5.6.2　和集合演算

2 つの select 文の結果の和集合は (p) に示す構文の union 演算子で作成できる．2 つの select 文の検索結果は，列の数とデータ型が一致している必要がある．ただし，列名は一致している必要はなく，異なる場合には検索結果の列名は先頭の select 文の列名になる．また，最後に order by 句で全体の並びを指定できる．なお，構文で select 文を囲んでいる「( )」は，order by 句の指定がない場合には省略できる．また，複数のテーブルを結合した場合には order by 句で「テーブル名.列名」の形式で列名は指定できないため，列名で別名を定義する．

```
(select 文) union (select 文) [order by 句];                          --- (p)
```

リスト 5.9 に，リスト 5.2 に示す「カテゴリー」テーブルから「カテゴリー ID」が「K」か「M」の行と，「K」だけの行のカテゴリー ID を検索し，これらの和集合をカテゴリー ID 順に並べた結果を示す．なお，「カテゴリー ID」に別名「区分」を定義して order by 句ではこれを指定している．また，和集合のため，重複した行は削除されることに注意のこと．

リスト 5.9 　 union 演算子の事例

```
mysql> (select カテゴリーID as 区分 from カテゴリー
    -> where カテゴリーID='K' or カテゴリーID='M')
    -> union (select カテゴリーID from カテゴリー where カテゴリーID='K')
    -> order by 区分;
+------+
| 区分 |
+------+
| K    |
| M    |
+------+
```

5.6.3　having 句

本文の 2.4.5 項で複数の行の集計を行う集約関数について説明し，さらに group by 句により指定した列の値ごとに集計できることを示した．ここでは，having 句により集約関数の値を使用して検索条件を指定する方法を説明する．構文を (q) に示す．select 文の where 句と order by 句の間に，group by 句，having 句の順に記述する．where 句がテーブルの 1 行ごとの列の値による検索条件を与えるのに対し，having 句は集約関数の値を使用して条件式を記述する．また，order by 句では列名に集約関数も含めることができる．

リスト 5.10 に事例を示す．(r) は第 6 章の表 6.2 の商品テーブルのデータのうち，標準価格が 2000 円以上の商品数を count 関数でサイズ別に集計したものである．(s) は having 句により商品数が 2 以上のもののみを抽出し，order by 句で商品数の少ないものから順に並べている．

```
select 列1, 列2, … from テーブル名 [where 句] [group by 句] [having 句]
[order by 句];                                              --- (q)
```

リスト 5.10 　 having 句と集約関数を使用した order by 句の事例

```
mysql> select サイズ, count(*), max(標準価格) from 商品 where 標準価格>=2000
    -> group by サイズ;                                        --- (r)
+--------+----------+---------------+
| サイズ | count(*) | max(標準価格) |
+--------+----------+---------------+
| L      |        4 |         15000 |
| M      |        3 |          3000 |
| S      |        1 |          5900 |
+--------+----------+---------------+

mysql> select サイズ, count(*), max(標準価格) from 商品 where 標準価格>=2000
    -> group by サイズ having count(*)>=2 order by count(*);   --- (s)
+--------+----------+---------------+
| サイズ | count(*) | max(標準価格) |
+--------+----------+---------------+
| M      |        3 |          3000 |
| L      |        4 |         15000 |
+--------+----------+---------------+
```

5.6.4 副問合せ

select 文の中，あるいは他の SQL 文に含まれる補助的な select 文を副問合せという．副問合せの select 文は「( )」で囲んで使用する．リスト 5.11(t) は商品テーブルから最も高い標準価格の商品を検索するものであり，副問合せで標準価格の最大値を検索したうえで，where 句を使用してこの標準価格をもつ商品を選択している．

また，外側の select 文の列名を副問合せの where 句に使用することができる．(u) では，外側の select 文の「商品」テーブルの別名を A とし，副問合せで A の「サイズ」ごとに標準価格の最大値を求めているため，最終的にサイズごとに最も高い標準価格の商品の一覧が検索されている．なお，update 文で副問合せを使用した事例は 9.2.6 項を参照のこと．

リスト 5.11　select 文の副問合せの事例

```
mysql> select * from 商品 where 標準価格=(select max(標準価格) from 商品);
                                                                    --- (t)
+--------+----------+------------------+--------+----------+
| 商品ID | グループID | 商品名           | サイズ | 標準価格 |
+--------+----------+------------------+--------+----------+
| MO01L  | MO       | ダウンジャケット | L      |    15000 |
+--------+----------+------------------+--------+----------+

mysql> select * from 商品 as A where 標準価格=
    -> (select max(標準価格) from 商品 as B where A.サイズ=B.サイズ);
                                                                    --- (u)
+--------+----------+------------------+--------+----------+
| 商品ID | グループID | 商品名           | サイズ | 標準価格 |
+--------+----------+------------------+--------+----------+
| MB15S  | MB       | チノパンツ       | S      |     5900 |
| MO01L  | MO       | ダウンジャケット | L      |    15000 |
| WT28M  | WT       | ブラウス         | M      |     3000 |
+--------+----------+------------------+--------+----------+
```

5.6.5 テーブルの外部結合

本文の 2.4.4 項で複数テーブルを結合する SQL 文を示した．この場合には指定した列の値が同じである行を結合したが，外部結合を使用すると一方のテーブルに行が存在しない場合も含めて結合することができる．(v) の「left outer join」ではテーブル 2 に行が存在しない場合，(w) の「right outer join」は逆にテーブル 1 に行が存在しない場合に使用する．

図 5.7 の女性推移ビューと男性推移ビュー（10.2.3 項参照）の外部結合を実行した事例をリスト 5.12 に示す．行の存在しないテーブルの値は null になっている．

```
select 列名1, 列名2,… from テーブル名1 left outer join テーブル名2 using (列名);
                                                                    --- (v)
```

```
select 列名1,列名2,… from テーブル名1 right outer join テーブル名2
using (列名);                                                --- (w)
```

注文日	女
2015/7/1	15000
2015/7/6	18000
2015/7/7	18200

(1) 女性推移ビュー

注文日	男
2015/7/5	6600
2015/7/7	26500

(2) 男性推移ビュー

図 5.7　外部結合の実行事例の対象ビュー

リスト 5.12　外部結合の実行事例

```
mysql> select 注文日,女,男 from 女性推移ビュー left outer join 男性推移ビュー
using (注文日);
+------------+-------+-------+
| 注文日     | 女    | 男    |
+------------+-------+-------+
| 2015-07-01 | 15000 |  NULL |
| 2015-07-06 | 18000 |  NULL |
| 2015-07-07 | 18200 | 26500 |
+------------+-------+-------+

mysql> select 注文日,女,男 from 女性推移ビュー right outer join 男性推移ビュー
using (注文日);
+------------+-------+-------+
| 注文日     | 女    | 男    |
+------------+-------+-------+
| 2015-07-05 |  NULL |  6600 |
| 2015-07-07 | 18200 | 26500 |
+------------+-------+-------+
```

5.6.6　既存のテーブルと同じ構造のテーブルの作成

既存のテーブルと同じ構造をもつ新しいテーブルを作成する場合には，(x) のように create table 文で like 句を使用する．新テーブルでは列や主キーの情報はコピーされるが，データや外部キーの情報はコピーされない．リスト 5.13 に「カテゴリー」テーブルの構造をコピーして「コピー」テーブルを作成した事例を示す．ここで「show fields」文は指定したテーブルの列の情報を取得するコマンドであり，両方のテーブルが同じ構造になっていることがわかる．

```
create table 新テーブル like 既存のテーブル;                 --- (x)
```

リスト 5.13　like 句を使用した create table の実行事例

```
mysql> show fields from カテゴリー;
+--------------+-------------+------+-----+---------+-------+
| Field        | Type        | Null | Key | Default | Extra |
+--------------+-------------+------+-----+---------+-------+
| カテゴリーID   | varchar(1)  | NO   | PRI |         |       |
| カテゴリー名   | varchar(60) | YES  |     | NULL    |       |
+--------------+-------------+------+-----+---------+-------+

mysql> create table コピー like カテゴリー;

mysql> show fields from コピー;
+--------------+-------------+------+-----+---------+-------+
| Field        | Type        | Null | Key | Default | Extra |
+--------------+-------------+------+-----+---------+-------+
| カテゴリーID   | varchar(1)  | NO   | PRI |         |       |
| カテゴリー名   | varchar(60) | YES  |     | NULL    |       |
+--------------+-------------+------+-----+---------+-------+
```

付録6
MS Access の使い方

付録6では，Access の使い方について説明する．各章で Access を使うときの詳細な使い方について記載しているので必要に応じて参照のこと．

6.1 データベースの作成

Access を起動して，「空のデスクトップデータベース」をクリックする（図 6.1 参照）．データベースを作成するフォルダとデータベースの名前を指定して，「作成」をクリックする（図 6.2 参照）．これにより新規のデータベースが作成される．

図 6.1 空のデスクトップデータベース指定

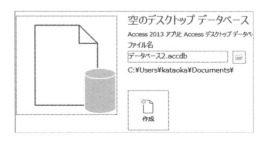

図 6.2 フォルダと名前の指定

6.2 テーブル新規作成

(1) データベース新規作成時

データベース新規作成時は，テーブルが1つできているので，「上書き保存」マーク（四角の箱マーク（フロッピーディスク））をクリックしテーブル名を入力して保存する（図 6.3 参照）．「カテゴリー」という名称で保存した例を図 6.4 に示す．

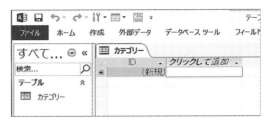

図 6.3 保存マークとテーブル名入力　　　図 6.4 新規テーブル作成例

(2) データベースへのテーブルの追加

テーブルを追加するときは,「ホーム」の隣の「作成」をクリックする（図 6.5 参照).「テーブル」を選択し，保存マークをクリックしテーブル名を入力する．

図 6.5 テーブルの新規作成　　　図 6.6 デザインビュー表示方法

6.3 テーブルのデザインビュー表示

表示するテーブルを開いた後,「ホーム」をクリックし，表示されたメニューの中の「表示」の下の ▼ をクリックして表示されたサブメニューの中の「デザインビュー (D)」をクリックする（図 6.6 参照).

6.4 テーブルのフィールド作成

対応のテーブルを開きその後,「デザインビュー」を表示する．新たに作成した，テーブルの先頭には,「フィールド名」が「ID」,「データ型」が「オートナンバー」のフィールドができている．これをそのまま利用するときは，その次のフィールドから設定する．

先頭のフィールドから入力するときは，これを変更する．先頭に「グループ ID」を設定した例を図 6.7 に示す．

フィールドを設定したときは，そのフィールドの「データ型」をクリックしてデータ型を選択し「フィールドプロパティ」から，「フィールドサイズ」の設定を合わせて行う．

また，先頭フィールドは，通常「主キー」となっており，図6.7に示すようにインデックスは「はい（重複なし）」となっている．他のフィールドを主キーとするときは，そのフィールドを右クリックして，表示されたメニューで，「主キー」を選択する．これにより元のフィールドは，「主キー」でなくなる．2つのフィールドを共に「主キー」に設定する方法については，付録6.18節参照のこと．フィールドの外部キーの設定は，付録6.5節のテーブル間のリレーションシップ設定で行う．

なお，「データ型」に「通貨型」および「数値型」を選択したときは，「フィールドサイズ」の設定は不要である．最後は「上書き保存」で終了する．

図 6.7　フィールド設定例

図 6.8　「リレーションシップ」のクリック

6.5　テーブル間のリレーションシップ設定

リレーションシップ（関連）を設定するため，1つのテーブルの主キーと他のテーブルの外部キーとなるフィールドを連結する．最初に「データベースツール」の「リレーションシップ」をクリックする（図6.8参照）．ここで，図6.9のようなリレーションシップを付けるテーブル選択画面が表示される．図6.9では，1つのテーブルが選択されているが，リレーションシップを付ける他のテーブルを，コントロールキーを押しながらクリックすることにより選択する．ここで「追加」をクリックすることにより選択したテーブルが画面に表示される（図6.10参照）．すでに，テーブルが表示されている場合は，追加するもののみ選択する．

リレーションシップの設定は，一方の親テーブルの主キーを他方の子テーブルの外部キーにドラッグする方法で行う．この事例では，「カテゴリー」テーブルの「カテゴリーID」を「グループ」テーブルの「カテゴリーID」にドラッグする．このとき，図6.11の画面が表示され

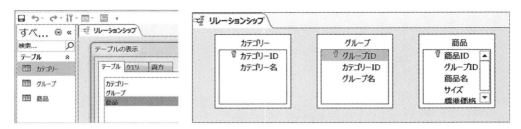

図 6.9　リレーションテーブル選択画面　　　図 6.10　選択テーブル表示画面

るが,「参照整合性 (E)」を選択する．また，親テーブルのレコードを削除したとき，それとリレーションシップが存在する子供のレコードを同時に削除するときは,「レコードの連鎖削除 (D)」も選択する．

このようにして，3 つのテーブルにリレーションシップを付けた例を図 6.12 に示す．この事例では,「グループ」テーブルの「グループ ID」がさらに,「商品」テーブルの「グループ ID」に連結されている．

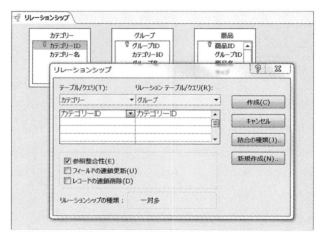

図 6.11　リレーションシップ設定画面

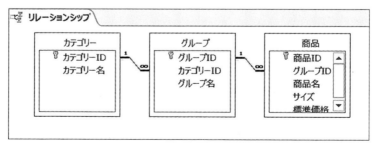

図 6.12　リレーションシップ完成画面

6.6 テーブルのフォーム作成とレイアウト調整

テーブルのフォームは，テーブルのフィールドに値を入力しやすくする様式を提供するものである．フォームを作成するテーブルを開いた後，「作成」の「フォームウィザード」をクリックする（図 6.13 参照）．フォームに含めるフィールドの選択画面が表示される．「>」で個々のフィールドを，「>>」ですべてのフィールドを選択できるが，通常はすべてのフィールドを選択する（図 6.14 参照）．

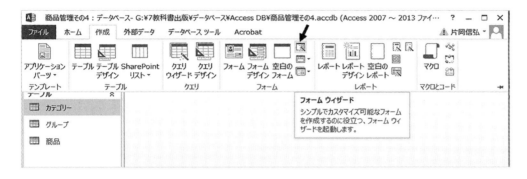

図 6.13 「フォームウィザード」のクリック

次の画面でフォームのレイアウトは，「単票型式」を選択し，さらに次の画面で，フォーム名を指定（図 6.15 参照）して完了である．

図 6.14 フィールド選択画面   図 6.15 フォーム名指定画面

図 6.16 に完成したカテゴリーフォームの例を示す．このフォームでは，カテゴリー ID やカテゴリー名の領域は，テーブル作成時に指定したフィールドの長さに合わせた大きさに設定されている．

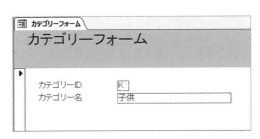
図 6.16　完成したカテゴリーフォーム

図 6.17　タイトル部分調整済みフォーム

このとき，図 6.16 のように，フォームヘッダー部分が広すぎる場合は，カテゴリーフォームのタブを右クリックして，デザインビューを選択し，タイトル枠の縮小や縦サイズの縮小を行うことができる（図 6.17 参照）．

6.7　クエリ作成

クエリは，複数のテーブルの任意のフィールドを選択し，これを 1 つのテーブルとして表すものである．

「作成」で，「クエリデザイン」をクリックする（図 6.18 参照）．対象とするテーブルを選択し「追加」をクリックする（図 6.19 参照）．画面上にテーブルが表示されたら「閉じる」をクリックする．クエリで抽出するフィールドを画面の下側で設定する．図 6.20 では，商品テーブルから「商品 ID」，「グループ ID」，「商品名」，「サイズ」，「標準価格」を選択し，グループテーブルから「グループ名」を選択している．最後に適当な名前を付けて保存する．図 6.20 の事例では「商品クエリ」としている．最後にできあがったクエリをクリックして，結果を確かめる．「商品クエリ」の列を図 6.21 に示す．

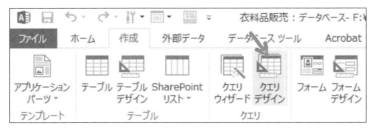
図 6.18　クエリデザイン

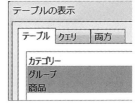
図 6.19　テーブル選択

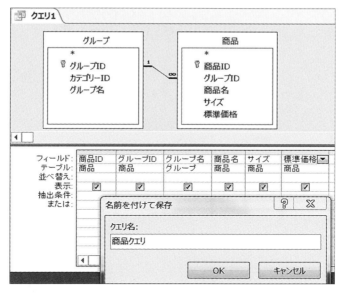

図 **6.20**　フィールド選択とクエリ名の決定

商品クエリ

商品ID	グループID	グループ名	商品名	サイズ	標準価格
KB55S	KB	ボトムス	ハーフパンツ	S	¥1,800
KB56L	KB	ボトムス	デニム	L	¥2,900
KB57M	KB	ボトムス	デニム	M	¥2,900
KO41L	KO	アウター	ポンチョ	L	¥1,700
KT48M	KT	トップス	カットソー	M	¥2,900
MB15S	MB	ボトムス	チノパンツ	S	¥5,900
MO01L	MO	アウター	ダウンジャケット	L	¥15,000
MT08M	MT	トップス	Tシャツ	M	¥1,500
WB35S	WB	ボトムス	ショートパンツ	S	¥1,700
WO21L	WO	アウター	テーラードジャケット	L	¥4,000
WT28M	WT	トップス	ブラウス	M	¥3,000
*					

図 **6.21**　作成された商品クエリ

6.8 拡張フォームの作成（クエリに対するフォーム）

付録 6.6 節では，フォームはテーブルに対して作成したが，ここでは，クエリに対するフォームの作り方を「商品クエリ」を例に説明する．

- 「商品クエリ」を選び，「作成」で，「フォームウィザード」をクリックする（図 6.22）．
- 「>>」ですべてのフィールドを選択（図 6.23 参照）する．
- 次の画面では，「by 商品」を選択する．
- その次の画面で「単票型式」（デフォルト）を選択する．
- さらにその次の画面でのフォーム名を「商品拡張フォーム」とし「完了」とする．

できたフォームを図 6.24 に示す．第 6 章図 6.14 の商品フォームに比べて「グループ名」が追加されていることがわかる．このフォームでは，未入力レコードで，グループ ID を入力す

ると，グループ名が自動的に表示される．できたフォームの標準価格のフィールドが大きすぎる場合は，「デザインビュー」で開き，タイトルの幅やフィールドサイズを変更することが可能である．

なお，フォームの作成は，複数のテーブルやクエリに対して行うことが可能であり，フィールドの選択画面で，対象のテーブルやクエリを変えてフィールドを選択していけばよい．

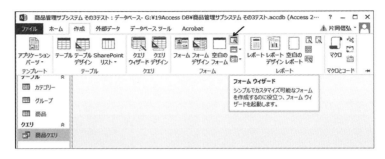

図 6.22　フォームウィザードのクリック

図 6.23　全フィールドの選択

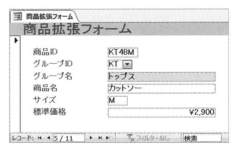

図 6.24　完成した商品拡張フォーム

6.9　項目へのプルダウンメニュー設定

ここでは，商品拡張フォームのグループ ID を，プルダウンメニューにより選択する方法を説明する．

- 商品拡張フォームを「デザインビュー」で開く．
- グループ ID の右のフィールドを右クリックする．「コントロールの種類の変更」で，「コンボボックス」を選ぶ（図 6.25 参照）．
- 「フォームデザインツール」の中の「デザイン」の「プロパティシート」のクリックでこれを表示する（または F4 のクリック）．
- 「グループ ID」の「データ」タブの「値集合ソース」の「…」をクリックする（図 6.26

6.9 項目へのプルダウンメニュー設定 ◆ 239

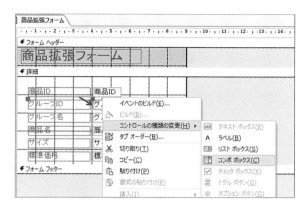

図 6.25 コンボボックスの選択

参照).
- 表示されたクエリ作成画面で,「グループ」テーブルを表示の後,「グループID」と「グループ名」を選択する（図 6.27 参照).

ここで,クエリを閉じる.閉じるときに「変更」を保存する.

図 6.26 値集合ソースの選択

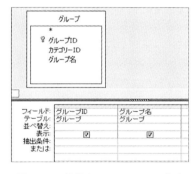

図 6.27 値集合ソースのクエリ作成

次にコンボボックスの表示方法を指定する.プロパティシートの先頭が「グループID」になっていることを確認したうえで,「書式」に対して下記を設定する（図 6.28 参照).

- 「列数」を「2」（「グループID」と「グループ名」）
- 「列幅」を「2;5」（「グループID」と「グループ名」）
- 「リスト幅」を「7」（列幅の 2+5）

次にグループ名を非入力フィールドとするためのグループ名のプロパティシートに下記の処置を行う.

- 「書式」の「背景色」に「テキスト (淡色)」を選択する（図 6.29 参照).

- 「データ」の「編集ロック」に「はい」を選択する（図 6.30 参照）.
- 「その他」の「タブストップ」に「いいえ」を選択する（図 6.31 参照）.

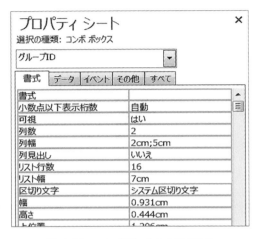

図 **6.28** コンボボックスの出方指定

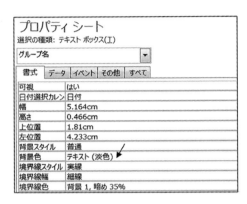

図 **6.29** 「背景色」選択

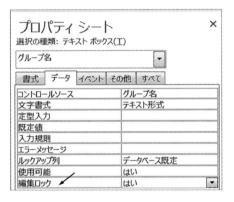

図 **6.30** 「編集ロック」の選択

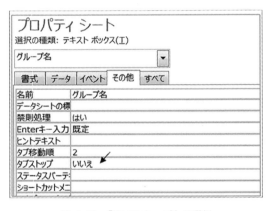

図 **6.31** 「タブストップ」の選択

図 **6.32** 完成した商品拡張フォーム

商品ID	グループID	商品名	サイズ	標準価格
MB15S	MB	チノパンツ	S	5900
MO01L	MO	ダウンジャケット	L	15000
MT08M	MT	Tシャツ	M	1500

図 **6.33** 「商品–男性」Excel ファイル

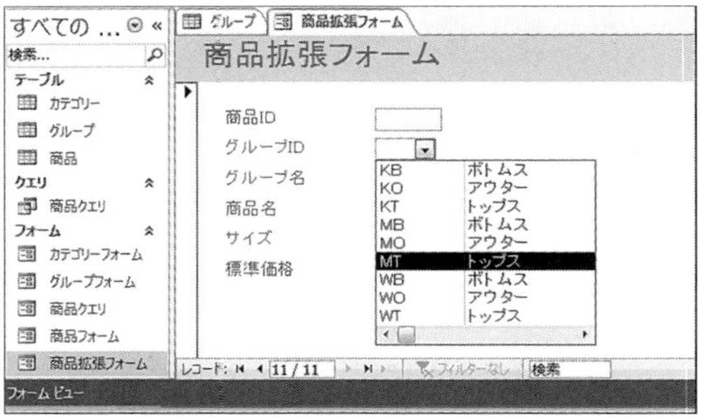

以上により完成である．新規の商品を登録するときは，未入力レコードに移動し，「グループID」をクリックするとグループIDとグループ名がプルダウンメニューで表示されるため，これから選択すればよい（図 6.32 参照）．

6.10　Excel シートからのインポートによる新規テーブル作成

「商品–男性」の Excel シートにより新たに「商品–男性」テーブルを作成する手順を示す．Excel シートの内容は図 6.33 のものである．「外部データ」タブをクリックし，「Excel」をクリックする（図 6.34 参照）．

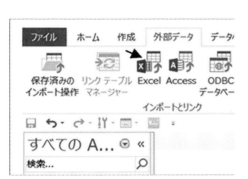

図 6.34　Excel シートの選択

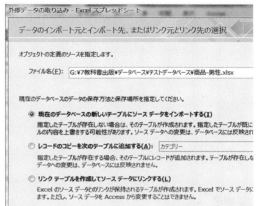

図 6.35　インポートファイルの選択

ここで，インポートするファイルの選択画面となるので，ファイルを指定する．また，「現在のデータベースの新しいテーブルにソースデータをインポートする (I)」を選択する（図 6.35 参照）．「OK」をクリックし，次に「先頭行をフィールド名として使う (I)」を選択する（図 6.36 参照）．

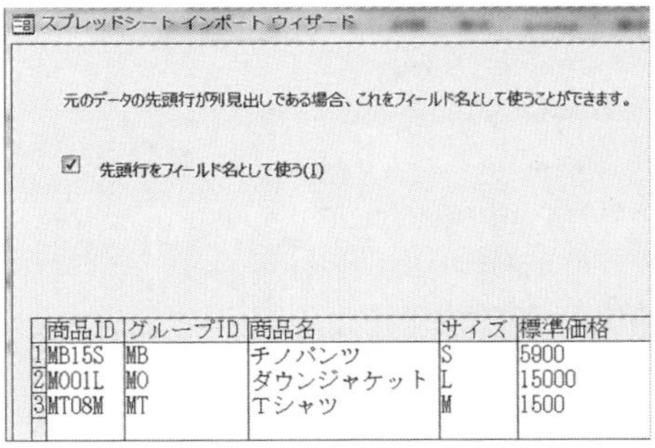

図 6.36　先頭行フィールド名利用の選択

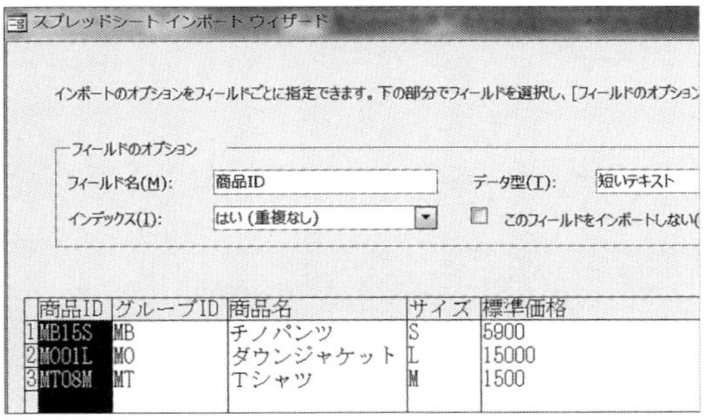

図 6.37　商品 ID 設定画面

「次へ」に進むことにより各フィールドの設定を行う．図 6.37 では，商品 ID のフィールドの設定画面を示している．「商品 ID」を主キーとするため，インデックスを設定する場合は，重複なしに設定する．次の図 6.38 で主キーの設定を行っている．最後に，テーブル名を指定（図 6.39 参照）し完了となる．

インポートされたテーブルの各フィールドの属性は，インポート時に指定したものとなっているが，フィールドサイズは，デフォルト値（短いテキストなら 255）となっているため，デザインビューで開き，必要に応じて設定する必要がある．

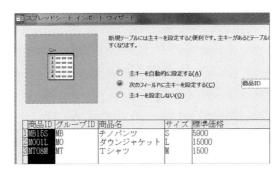

図 **6.38**　主キーの指定

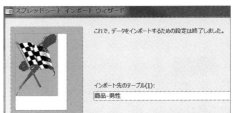

図 **6.39**　インポート先テーブルの指定

6.11 既存のテーブルに Excel シートからデータを追加

先ほど作成した「商品–男性」テーブルに「商品–男性追加」Excel シートよりデータを追加する例を示す．Excel シートの内容を図 6.40 に示す．

A	B	C	D	E
商品ID	グループID	商品名	サイズ	標準価格
MT07L	MT	Tシャツ	L	¥1,500
MT09S	MT	Tシャツ	S	¥1,500

図 **6.40**「商品–男性追加」Excel シート

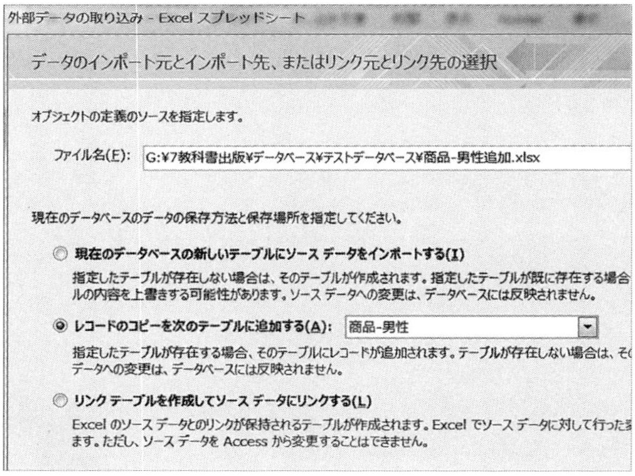

図 **6.41**　インポートファイルの指定

付録 6.10 節と同様に「外部データ」タブから，「Excel シート」をクリックする．「商品–男性追加」のシートを指定し，「レコードのコピーを次のテーブルに追加する (A)」を選択し（図 6.41 参照），追加先として先ほど作成した「商品–男性」を選択する．この場合，追加されるレコードは，「商品–男性」と同じフィールドをもっていることが必要である．最後に，インポートする先のテーブルを再確認して完了である（図 6.42 参照）．インポートされた結果を図 6.43 に示す．

図 6.42　インポート先のテーブル確認　　図 6.43　2 件のデータが追加されたテーブル

6.12　レポート作成

レポートとして，一覧を作成したいテーブルやクエリを開き，「作成」タブの「レポートウィザード」をクリックする（図 6.44 参照）．次の画面でレポートの対象とするフィールドを選択するが，今回は，「>>」で全フィールドを選択（図 6.45 参照）し，「次へ」いく．次の画面のレポートのレイアウトを選択する（図 6.46 参照）．各フィールドで均一に並べるか，上下関係のある構造を取るかの指定である．この例は，すべてのフィールドを均一に並べることを指定している．

次にフィールドの並べ替えとソートする方式を指定する（図 6.47 参照）．次の画面でレイアウトの指定を行うがここでは，表形式を指定している（図 6.48 参照）．

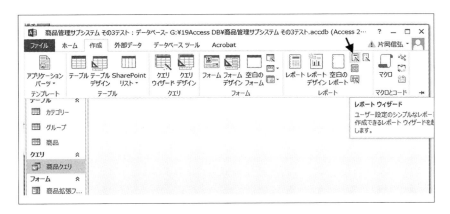

図 6.44　レポートウィザード

図 6.45 フィールドの選択

図 6.46 レイアウトの選択

図 6.47 フィールドの並べ順の指定

図 6.48 表のレイアウト指定

図 6.49 レポート名指定

次のレポート名指定で「商品レポート」を指定した例を図 6.49 に示す．必要に応じて「フォームのデザインを編集する (M)」を選択し，フォームのデザインを整える．ヘッダーのグループ名，標準価格のフィールドが大きすぎるので縮めた例を図 6.50 に示す．ヘッダー部を右クリックすることで背景色の選択も可能である．また，最終的に完成した商品レポートを図 6.51 に示す．

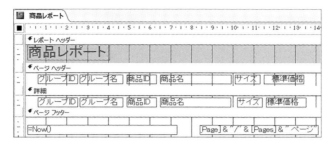

図 6.50 フォームのデザインを整えた例

図 6.51 完成した商品レポート

6.13 テーブルのレコード一覧フォーム作成

1つのテーブルのレコード一覧を表示するフォームの作成方法を次に示す．一覧が表示されているため新しいデータを入力するとき他のデータの参照が容易となる．

- レコードの一覧を表示するテーブルを選択した後，「作成」タブの「フォームウィザード」をクリックする（図 6.52 参照）．
- 選択すべきフィールドが表示されるので必要なフィールドを選択する．事例では，全部のフィールドを選択している．このとき，対象のテーブルが，目的のものであることを確認しておく（図 6.53 参照）．
- 「フォームレイアウト」選択では，「表形式 (T)」を選択する（図 6.54 参照）．
- 次のフォーム名指定では，「商品一覧」と指定する．また，「フォームを作成した後に行うことを選択してください」では，「フォームのデザインを編集する (M)」を選択し（図 6.55 参照），フォームの編集を行う（図 6.56 参照）．編集方法は，付録 6.6 節「テーブルのフォーム作成とレイアウト調整」参照．図 6.57 に商品レコード一覧表示フォーム作成例を示す．

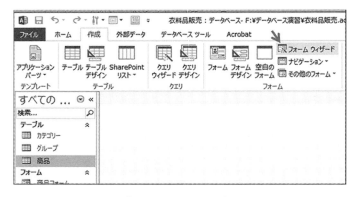

図 6.52 「フォームウィザード」のクリック

図 6.53 全フィールド選択

図 6.54 「表形式 (T)」の選択

図 6.55 「フォームデザインを編集」の選択

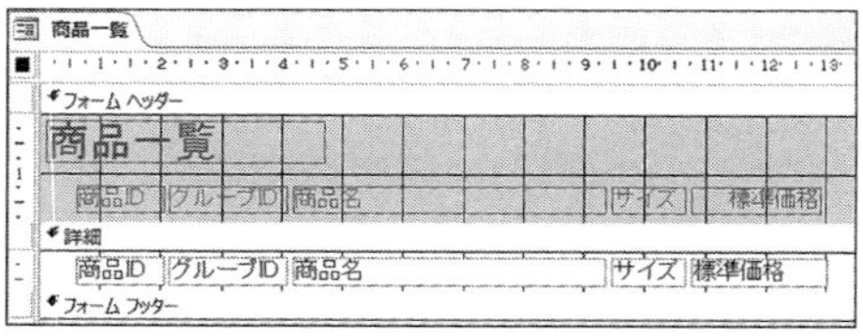

図 6.56 レイアウト編集画面

図 6.57 商品レコード一覧表示フォーム作成例

6.14 レコード一覧表示フォームと関連する他のフォームの連携作成

1つのレコード一覧表示フォームから関連する他のフォームを開く方法を次に示す．

- レコード一覧表示フォームを「デザインビュー」で開く（付録 6.3 節参照）．表示例を図 6.58 に示す．
- 「フォームデザインツール」の「デザイン」をクリックし，コントロールの一覧の三角（図 6.59 参照）をクリックするとサブメニューが開く．
- 表示されたサブメニューから「コントロールウィザードの使用 (W)」をオンにした後，ボタンのアイコン xxxx をクリックし（図 6.60 参照），そのボタンを貼り付ける場所をクリックする．（事例では，「商品 ID」の左側，図 6.61 では「コマンド 19」と表示されている．）
- コマンドボタンウィザードが表示されるので，「フォームの操作」と「フォームを開く」を選択する（図 6.61 参照）．
- 開くフォームを選択する．ここでは，「商品フォーム」を選択する（図 6.62 参照）．
- 表示するのは，すべてのレコードではなく，関連するレコードなので，「特定のレコードを表示する」を選択する（図 6.63 参照）．
- 2つの表を関係付けるフィールドを指定する．例では，商品 ID 同士を関係付けている（図 6.64 参照）．

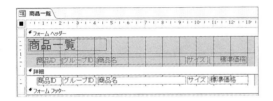

図 6.58 「デザインビュー」での表示

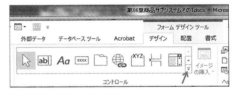

図 6.59 デザインサブメニューを開く

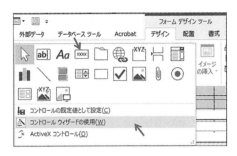

図 6.60 コマンド選択

図 6.61 「フォームの操作」と「フォームを開く」の選択

図 6.62 商品フォームの選択

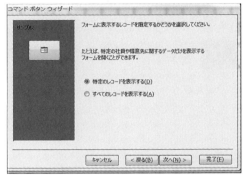

図 6.63 「特定のレコードを表示する」の選択

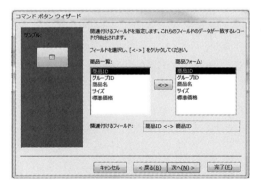

図 6.64 2つの表を関係付けるフィールドの指定

図 6.65 「ピクチャ (P)」の選択

- ボタンに表示するのは「ピクチャ (P)」を選択（図 6.65 参照）して次へを選択．
- ボタン名として「btnOpen」と指定する（図 6.66 参照）．

以上でコマンドの貼り付けが終了した状態（図 6.67 参照）となる．

- レコード一覧表示フォームにコマンドが貼り付いた状態を図 6.68 に示す．
- 特定項目のコマンドをクリックして，そのレコードの詳細を表示した状態を図 6.69 に示

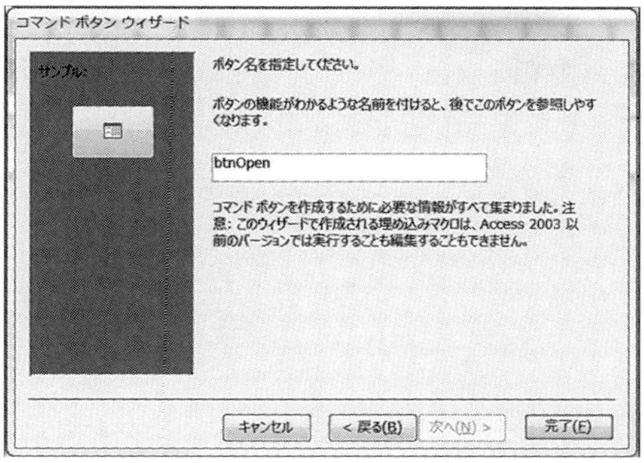

6.15 メインメニュー作成 ◆ 249

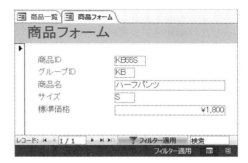

図 6.66　ボタン名の変更 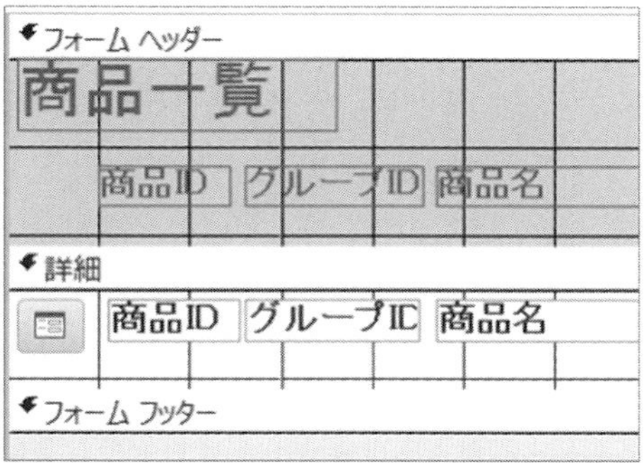　　　　　　　図 6.67　ボタンの貼り付いたフォーム

図 6.68　コマンドが貼り付けられた状態　　　図 6.69　レコードの詳細表示

す．ここでは，レコードの一覧表示フォーム作成時，すべてのフィールドを選択しているため，一覧表示と詳細表示の内容が同じとなっているが，フィールド項目が多い場合には，代表的なもののみ一覧で表示し，詳細で全フィールドを表示させることにより一覧と詳細を使い分けることが可能となる．

　一覧表示画面でレコードの項目の内容を更新した場合は，左端のレコードセレクターを上下に移動させることにより更新が完了し，レコードの詳細表示画面にも反映される．また，逆にレコード詳細表示画面の項目内容を更新した場合は，画面の一番下のレコード移動ボタンにより他のレコードに移動させることにより更新が完了し，一覧表示画面でレコードに反映される．

6.15　メインメニュー作成

　「作成」で「空白フォーム」を指定し，これを「主メニュー」名で保存する．これを「デザインビュー」で開く．

- 「フォームデザインツール」の「書式」の「背景のイメージ」で適当な画像を背景としてセットする（省略可）．

- 「デザイン」で「ボタン」を貼り付ける（付録 6.14 節参照）．「フォームの操作」と「フォームを開く」を選択し，「次へ」で開くフォームを指定する．開くフォームを例えば「H–行事一覧」とする．対象は，「すべてのレコードを表示する」を選択する．ボタンの表示は「文字列」を選択し，「文字列」として例えば「スケジュール調整」と記入（図 6.70 参照）し完了する．文字列の位置を適切に調整し，また，文字サイズは，「フォームデザインツール」の「書式」を開いて文字フォントを調整する．できあがった主メニュー例を図 6.71 に示す．

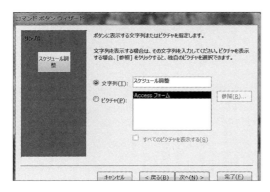
図 6.70　文字列の指定

図 6.71　主メニュー例

6.16　レコードの操作ボタン設定

　追加，保存，削除ボタンの設定方法を以下に示す．この事例では，付録 6.6 節のテーブルのフォームに追加，保存，削除ボタンを設置する．商品フォームに「レコードの追加」，「レコードの削除」，「レコードの保存」のボタンの設置例を示す．これらの操作は，6.4.3 節の「テーブルのデータの追加，更新，削除」で記載した方法でも可能であるが，よりわかりやすくするため操作ボタンを設置する方法である．

　まず，商品フォームをデザインビューで開く．フォームデザインツールをクリックし，開いたメニューの中から，ボタンのアイコン XXXX をクリックし（図 6.72 参照），これを商品フォームの適切な位置に貼り付ける（再度クリックする）．コマンドボタンウィザードが開くので，「レコードの操作」と「レコードの削除」を選択する（図 6.73 参照）．ここでは，貼り付けた場所に「コマンド 15」と表示されている．「次へ」で「文字列」を選択することにより「コマンド 15」と表示されていたものが「レコードの削除」に変わる．これを図 6.75 に示す．

　同様のやり方で，「レコードの保存」，「レコードの追加」のボタンを追加したものが，図 6.76 である．

図 6.72　コマンドのクリック

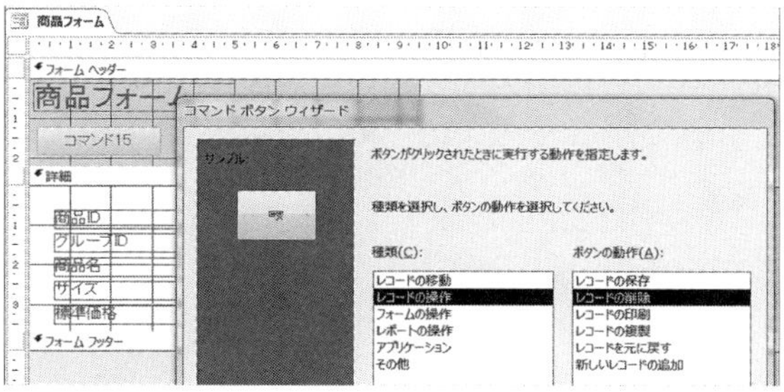

図 6.73　コマンドの操作の選択

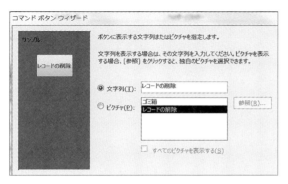

図 6.74　文字列（レコードの削除）の選択

図 6.75　「レコードの削除」ボタンの設定

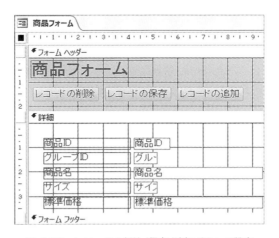

図 6.76　レコードの削除/保存/追加ボタンの設定

6.17　フィルターの設定によるレコードの選択

フィルターの設定により特定レコードを表示する方法を示す．図 6.77 に示す在庫拡張フォー

ムは，複数の倉庫に在庫が存在する．全部のレコード数は，21件であり，「前のレコード」，「次のレコード」，または，画面一番下の欄のレコード移動ボタンにより移動させることができる．特定倉庫の在庫のみをチェックしたいときは，図 6.78 に示すように倉庫を選択後，「フィルター」をクリックし，対象とする倉庫を選択すると以降のレコード表示は，選択した倉庫に関するもののみとなる．

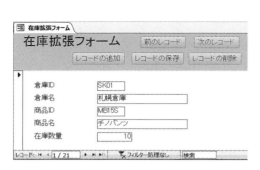

図 6.77　在庫拡張フォーム

図 6.78　フィルターの設定

6.18　テーブルに対する複数の主キー (PK) の設定方法

テーブルに主キーを設定する場合は，図 6.79 に示すように，テーブルをデザインビューで開き，主キー設定フィールドを右クリックで選択し「主キー」を設定する．科目 ID フィールドも共に主キーの設定をする場合は，同様の操作を行うと最初に設定した「成績 ID」の主キー設定がリセットされてしまう．このような場合は，コントロールキーを押して 2 つのフィールドを同時に選択した後，もう一方の「主キー」を設定する．これを図 6.80 に示す．

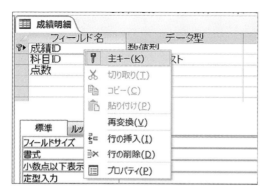

図 6.79　主キーの設定

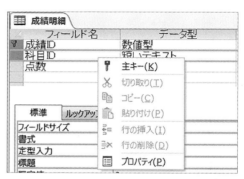

図 6.80　他の主キーの設定

6.19 サブフォームの追加方法

サブフォームウィザードを使用して既存のフォームにサブフォームを追加する方法を示す．例として貸出フォームに，貸出明細フォームを追加する事例を示す．

- 貸出フォームをデザインビューで開く（図 6.81 参照）．
- ［デザイン］タブの［コントロール］グループで，下向き矢印をクリックし（図 6.81 参照），［コントロール］ギャラリーを表示し，［コントロール ウィザードの使用］が選択されていることを確認する（図 6.82 参照）．
- 表示されているメニューの中から「サブフォーム/サブレポート」をクリック（図 6.82 参照）し，フォーム上のサブフォームを配置する場所をクリックする．
- サブフォームウィザードが起動するのでこれの操作指示に従う（図 6.83 参照）．
- 完成したサブフォーム付きの貸出フォームを図 6.84 に示す．

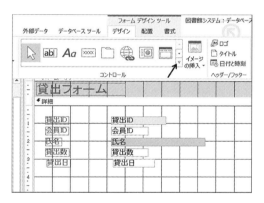

図 6.81　フォームのデザインビュー表示

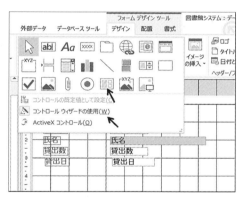

図 6.82　サブフォームメニューのクリック

図 6.83　サブフォームウィザード起動

図 6.84　完成したサブフォーム付きフォーム

参考文献

[1] 白鳥則郎（監修），『データベース—ビッグデータ時代の基礎』，未来へつなぐデジタルシリーズ 26，共立出版 (2014)．

[2] 増永良文，『リレーショナルデータベース入門』，サイエンス社 (2003)．

[3] 日本 MySQL ユーザ会，http://www.mysql.gr.jp/

[4] 丸の内とら著，『小さな会社の Access データベース作成・運用ガイド』，翔泳社 (2013)．

[5] 神長裕明，郷健太郎，杉浦茂樹，高橋正和，藤田茂，渡辺喜道，『ソフトウェア工学の基礎』，未来へつなぐデジタルシリーズ 13，共立出版 (2012)．

[6] 堀江美彦，『SQL 辞典 第 2 版』，秀和システム (2011)．

[7] 筒井彰彦，『10 日でおぼえるデータモデリング入門教室』，翔泳社 (2003)．

[8] 伝助スケジュール調整サービス，http://www.densuke.biz/

[9] E. F. Codd, "A Relational Model of Data for Large Shared Data Banks", Communication of the ACM, Vol.13, No.6, pp.377–387, (June 1970).

[10] 山田祥寛，『MySQL5 逆引き大全』，秀和システム (2010)．

[11] 真野正，『実践的データモデリング入門』，翔泳社 (2003)．

[12] 林優子，『プロとしてのデータモデリング入門』，ソフトバンククリエイティブ (2006)．

[13] 渡辺幸三，『業務別データベース設計のためのデータモデリング入門』，日本実業出版社 (2001)．

[14] 渡辺幸三，『業務システムモデリング練習帳』，日経 BP 社 (2006)．

[15] 羽生章洋，『楽々 ERD レッスン』，翔泳社 (2006)．

[16] 平井明夫，『BI システム構築実践入門』，翔泳社 (2005)．

[17] 平井明夫，『BI システム構築実践入門 e コマースデータ活用編』，翔泳社 (2007)．

[18] NTT データ技術開発本部ビジネスインテリジェンス推進センタ，『BI（ビジネスインテリジェンス）改革』，エヌティティ出版 (2009)．

用語解説表

ソートキー	用語	解説
A	A5:SQL Mk-2	データベース開発支援のために開発されたフリーのツールで，SQL 作成や ER 図作成を支援する．A5M2 とも呼ばれる．
A	A5M2	A5:SQL Mk-2 のこと．
D	DBMS	データベースマネジメントシステム．
E	ER 図	Entity Relationship Diagram のことであり，データモデルを実体 (entity) と関連 (relationship) で表現したもの．実体はテーブルを，関連はテーブルの間の関係を表現する．
M	MySQL	1995 年に，フィンランドの Michael Widenius 氏が開発したフリーソフトのリレーショナルデータベース．PostgreSQL と並ぶオープンソースリレーショナルデータベースの代表的存在．
M	MS Access	Microsoft 社のデータベース管理ソフトウェア．同社のオフィスソフト Microsoft Office の一部を構成する．単体で完結したリレーショナルデータベースソフトとして利用できる．
M	Mery	フリーのテキストエディタであり，設定により半角，全角空白の表示が可能である．
M	MySQL for Excel	MySQL で登録したデータを Excel でアクセスしたり，Excel から MySQL の DB に登録したりするツール．
S	SQL	Structured Query Language のことであり，リレーショナルデータベースに格納されたデータの操作を行うための言語．ANSI (アメリカ規格協会) や ISO (国際標準化機構) によって標準規格化されている．
え	エンティティ	実体のこと．実際に存在する具体的な「もの」や「こと」のこと．
か	外部キー	他のテーブル (リレーション) の主キーを値にもつ属性．
か	外部キー制約	参照整合性制約のこと．
か	関連	実体と実体の関係のこと．
き	キー制約	リレーションのキーとなる属性において，同じ値が重複して現れることがないという制約．主キーにはキー制約と実体整合性制約が課せられる．
け	結合演算	複数のテーブル (リレーション) から 1 つのテーブルを作り出す演算．
さ	参照整合性制約	外部キーの値は，空値の場合を除いて参照先のテーブル (リレーション) の主キーの値に一致しなければならないという制約．
さ	最適化	業務の視点からデータベースを適切な構造にすること．
し	射影演算	テーブル (リレーション) の中から必要な列だけを指定してデータを取り出す演算．
し	実体関連図	ER 図のこと．
し	主キー	テーブルの中でレコードを一意に識別するための属性．
し	従属関係	テーブル (リレーション) の任意の行のある属性 {A} の値が決まると属性 {B} の値が決まる関係のこと．
し	実体整合性制約	属性値が空値であってはならないという制約．主キーにはキー制約と実体整合性制約が課せられる．
せ	選択演算	テーブル (リレーション) から条件式を満たすレコード (タプル) を取り出す演算．

せ	正規化	テーブルの属性に,繰返しや複数の属性値をもつものがないようにテーブルを分離すること.正規化することで,データの更新や削除が容易に行えるようになり,データを効率的に管理できるテーブル構造となる.
せ	整合性制約	現実世界のデータをデータベースに正しく反映させるために,データベースに課せられた制約.
そ	属性	実体に属する具体値が共通にもつデータであり,データ自体は個々の具体値ごとに,固有の内容をもつ.
た	第1正規形	テーブルの属性に,繰返しがなく,各々の属性値は1つの値となっているテーブル構造.
た	第2正規形	第1正規形でかつ主キーの一部の属性だけで値の決まる非キー属性がないテーブル構造.
た	第3正規形	第2正規形でかつ主キー以外の属性によって値が決まる非キー属性のないテーブル構造.
た	多重度	2つの実体の間の関係の数を示すもので「1対多」「1対1」「多対多」が存在する.
て	定型データ	伝票等に記載された「商品名」「単価」「販売個数」などデータの内容が事前に定義されているもの.
て	テスト	ソフトウェアが設計書通りに正しく動作することを検証し,さらに要件定義書に示された要件を全て網羅していることを確認すること.
て	データベース	複数のアプリケーションソフトまたはユーザによって共有されるデータの集合のこと.
て	データモデル	実世界のデータに関する側面をモデル化したもの.データベースはデータモデルとして表現できる.
て	データモデリング	実世界のデータに関する側面をモデル化すること.
て	データフロー図	システムをモデル化する手法の1つで,データの流れをキーとして,データと処理の流れを視覚的に図式化したもの.
と	ドメイン制約	属性値が,その属性のドメインに含まれる値でなければならないという制約.
ひ	非定型データ	非構造化データとも呼ばれ,文書,画像,動画,音声ファイルなどが相当し,中味を全てチェックしないと内容が確認できない点が特徴である.
ら	リレーショナルデータモデル	データ間の関係によって構造を定義し,その関係の組を集合として扱うことで情報を表現し,集合としての演算を行うことを特徴としているデータベース管理方式.
り	リレーション	リレーショナルデータベースでの1つのテーブルのこと.
り	リレーショナル代数	単一または複数のテーブル(リレーション)に対して定義された演算体系で,集合論に基づいた演算と,リレーショナルデータモデル特有の演算が存在する.
り	リレーションシップ	リレーショナルデータベースでの関連のこと.

索　引

数字

1 対 1 .... 31, 34, 46
1 対多 31, 41
1 対多対 1 48
1 対多対多 47
1 対多の連鎖 47

A

alter table 18
and 演算子 19
attribute 30
avg 22

B

BI 169

C

cardinality 31
char_length 111
concat 112, 225
count 22
create database 218
create table 16, 229
create view 25, 109, 223
cube 174

D

DDL 15
delete 24
dimension 174
DML 15
drop table 18

E

entity 30
ER 図 30, 64

F

FK 31

G

group by 22, 112, 124, 125

H

having 112, 227

I

insert 17
instance 30
is null 111, 123

J

join 123

L

left outer join 123, 125, 228
like 108, 229

M

max 22
min 22
MySQL for Excel 105, 123, 223
mysqldump 222
MySQL モニタ 218

O

OLAP 169
or 演算子 19

P

pause 221

R
- RDBMS 15
- relationship 30
- right outer join 228

S
- select 18
- show fields 229
- SQL 15
- substring 111, 226
- sum 22

U
- union 124, 226
- update 23
- use 219
- using 21

W
- where 19

あ行
- 異音同義語 33
- イベント 32
- インデックス機能 115
- 運用テスト 155, 156
- 運用方式 155
- 親の実体 31, 34, 37, 41
- オンライン分析処理 169

か行
- 会員テーブル 161
- 会員フォーム 165, 166
- 概念スキーマ 1, 3
- 外部キー 13, 37
- 外部キー制約 13
- 外部結合 126, 228
- 外部スキーマ 1, 3
- カジュアルウェアショップシステム . 4, 6, 66, 80, 155
- カテゴリーテーブル 66, 72, 77
- 関数従属性 57
- 関連 30, 34
- キー 13
- キー制約 13, 93
- キューブ 174
- 行 11, 16
- 業務 31
- 業務の視点 29

- 空値 13
- クエリ 18
- 具体値 30, 31
- グループテーブル 66, 73
- グループフォーム 77
- クロス集計クエリ 129
- クロス集計表 129, 172
- 経営資源 31
- 結合 14
- 更新可能ビュー 26
- 更新時異常 60
- 候補キー 13, 37
- 子の実体 31, 34, 37, 41
- コマンドプロンプト 218
- コンボボックス 115

さ行
- 在庫拡張フォーム 164, 165
- 在庫管理サブシステム 7, 8, 132
- 在庫テーブル 133
- 在庫フォーム 149
- 最適化 47, 54, 63
- サブフォーム 116
- 参照整合性制約 13, 94, 98
- 次元 174
- 次数 12
- 自然結合 14, 61
- 実装の視点 29
- 実体 30, 31
- 実体関連図 30
- 実体整合性制約 13, 94
- 実体の入れ子構造 43
- 支払テーブル 158
- 支払フォーム 163
- 射影 13
- 集計値 52
- 住所入力支援ウィザード 115
- 集約関数 22, 227
- 主キー 13, 37
- 商品拡張フォーム 86, 87, 90
- 商品管理サブシステム 6, 8, 66, 67, 80
- 商品テーブル 66, 73, 77
- 商品フォーム 77, 79
- 情報無損失分解 61
- 所要量計算システム 181, 184
- 推移的関数従属性 59
- スケジュール調整システム 181
- スライシング 176
- 正規形 55
- 成績管理システム 181, 194
- 選択 14
- 倉庫テーブル 133, 158, 162

倉庫フォーム 147
属性 11, 30, 36
属性の繰返し 41

た行

第 1 正規化 43
第 1 正規形 12, 56
第 2 正規化 46
第 2 正規形 57
第 3 正規化 46
第 3 正規形 58
ダイシング 175
代替キー 13
多次元分析 174
多重度 31, 34
多対 1 対多 50
多対多 31, 34, 50, 62
タブル 11
単一主キー 43
注文テーブル 157, 160–162
注文フォーム 163–166
定義域 12
定型検索 168
データ操作言語 15
データ定義言語 15
データフロー図 104
データ分析 174
データベース 11
データベース管理システム 1, 2
データモデリング 28
データモデル 29
データモデルパターン 40
テーブル 15
テストケース 155, 156
テストデータ 155, 156
問合せ 18
同音異義語 33
導出属性 53, 64
図書館システム 181, 190
ドメイン制約 94
ドリルアップ 178
ドリルスルー 179
ドリルダウン 177

な行

内部スキーマ 1, 3
濃度 12

は行

バッチファイル 84, 112, 221
販売管理サブシステム 7, 8, 91

非キー属性 57
ビジネス・インテリジェンス 169
非第 1 正規形 12, 56
非定型検索 169
非定型レポート 169
非入力フィールド 120
ピボットグラフ 173
ピボットテーブル 169
ビュー 25, 109, 123
フォーム 114
複合キー 13
複合主キー 43
副問合せ 228
部分一致 19
別名 21

ま行

マクロ 119
明細テーブル 157, 160, 162

ら行

履修管理システム 181, 188
リソース 32
リレーショナル代数 13
リレーショナルデータベース 3, 4
リレーショナルデータベース管理システム 15
リレーショナルデータモデル 11
リレーショナルモデル 10
リレーションシップ図 31
列 11, 16
レポート 126

わ行

和集合演算 226

Memorandum

Memorandum

Memorandum

Memorandum

著者紹介

片岡信弘（かたおか のぶひろ）　（執筆担当章 1，6，7，13 章，15.1 節，付録 3，6，用語集）

略　歴：1968 年 3 月 大阪大学大学院修士課程修了
　　　　1968 年 4 月 三菱電機入社
　　　　2000 年 4 月-2009 年 3 月 東海大学 教授
　　　　現在 東京電機大学 非常勤講師　博士（情報科学）（東北大学）

主　著：『イノベーションを加速するオープンソフトウェア』（共著）静岡学術出版 (2008)，『Web サービス時代の経営情報技術』（共著）電子情報通信学会 (2009)，『インターネットビジネス概論』未来へつなぐデジタルシリーズ 1（共著）共立出版 (2011)，『ソフトウェアシステム工学入門』未来へつなぐデジタルシリーズ 22（共著）共立出版 (2014) ほか

学会等：情報処理学会員，日本品質管理学会員，電子情報通信学会フェロー

宇田川佳久（うだがわ よしひさ）　（執筆担当章 2，11，12 章，15.3 節）

略　歴：1982 年 3 月 東京大学大学院工学系研究科博士課程修了（博士（工学））
　　　　1982 年 4 月 三菱電機株式会社情報電子研究所入所
　　　　1995 年 6 月-1998 年 3 月 旧通商産業省 CALS 技術研究組合 出向
　　　　2010 年 4 月-現在 東京工芸大学工学部 教授

主　著：『オブジェクト指向データベース入門』（株）ソフト・リサーチ・センター (1992)，『CALS の実践』共立出版 (1997)，『データベース』未来へつなぐデジタルシリーズ 26（共著）共立出版 (2014)

学会等：情報処理学会員，電子情報通信学会員

工藤　司（くどう つかさ）　（執筆担当章 5，8，9，10 章，15.2 節，付録 1，5）

略　歴：1980 年 3 月 北海道大学大学院修士課程修了
　　　　1980 年 4 月 三菱電機入社
　　　　2005 年 3 月 三菱電機インフォメーションシステムズ
　　　　2010 年 4 月-現在 静岡理工科大学 教授　博士（工学）（静岡大学）

受賞歴：IWIN 2007 Best Paper Award 受賞（2007 年）など

主　著：『インターネットビジネス概論』未来へつなぐデジタルシリーズ 1（共著）共立出版 (2011)，『ソフトウェアシステム工学入門』未来へつなぐデジタルシリーズ 22（共著）共立出版 (2014)，『データベース』未来へつなぐデジタルシリーズ 26（共著）共立出版 (2014)

学会等：情報処理学会員，電子情報通信学会員，プロジェクトマネジメント学会員

五月女健治（さおとめ けんじ）　　（執筆担当章 はじめに，3，4，14章，
　　　　　　　　　　　　　　　　　　　15.4，15.5節，付録2，4）

略　　歴：1979年3月 大阪大学卒業
　　　　　1979年4月 三菱電機入社
　　　　　2003年5月-現在 法政大学 教授　博士（工学）（静岡大学）
主　　著：『JavaCC コンパイラ・コンパイラ for Java』テクノプレス (2003)，『yacc/lex プログラムジェネレータ on UNIX』テクノプレス (1996)，『bison/flex プログラムジェネレータ on GNU』啓学出版 (1994)，『C言語プログラミング入門』啓学出版 (1983)，『インターネットビジネス概論』未来へつなぐデジタルシリーズ1（共著）共立出版 (2011)，『ソフトウェアシステム工学入門』未来へつなぐデジタルシリーズ22（共著）共立出版 (2014) ほか
学会等：情報処理学会員

未来へつなぐデジタルシリーズ 34
データベース応用
——データモデリングから実装まで——
Applications of Databases
— Data Modeling and Implementation —

2016 年 8 月 15 日 初 版 1 刷発行

著 者 片岡信弘
　　　　宇田川佳久　ⓒ 2016
　　　　工藤 司
　　　　五月女健治

発行者 南條光章

発行所 共立出版株式会社
郵便番号 112–0006
東京都文京区小日向 4–6–19
電話　03–3947–2511（代表）
振替口座　00110–2–57035
URL http://www.kyoritsu-pub.co.jp/

印　刷　藤原印刷
製　本　ブロケード

一般社団法人
自然科学書協会
会員

検印廃止
NDC 007.609
ISBN 978–4–320–12354–0

Printed in Japan

JCOPY ＜出版者著作権管理機構委託出版物＞
本書の無断複製は著作権法上での例外を除き禁じられています。複製される場合は，そのつど事前に，出版者著作権管理機構（TEL：03-3513-6969，FAX：03-3513-6979，e-mail：info@jcopy.or.jp）の許諾を得てください．

編集委員会：白鳥則郎(編集委員長)・水野忠則・高橋 修・岡田謙一

未来へつなぐ デジタルシリーズ

全40巻刊行予定！

21世紀のデジタル社会をより良く生きるための"知恵と知識とテーマ"を結集し，今後ますますデジタル化していく社会を支える人材育成に向けた「新・教科書シリーズ」。

【各巻】 B5判・並製本・税別本体価格／以下続刊（価格は変更される場合がございます）

❶ **インターネットビジネス概論**
片岡信弘・工藤 司他著‥‥‥206頁・本体2,600円

❷ **情報セキュリティの基礎**
佐々木良一監修／手塚 悟編著 244頁・本体2,800円

❸ **情報ネットワーク**
白鳥則郎監修／宇田隆哉他著‥‥208頁・本体2,600円

❹ **品質・信頼性技術**
松本平八・松本雅俊他著‥‥‥216頁・本体2,800円

❺ **オートマトン・言語理論入門**
大川 知・広瀬貞樹他著‥‥‥176頁・本体2,400円

❻ **プロジェクトマネジメント**
江崎和博・髙根宏士他著‥‥‥256頁・本体2,800円

❼ **半導体LSI技術**
牧野博之・益子洋治他著‥‥‥302頁・本体2,800円

❽ **ソフトコンピューティングの基礎と応用**
馬場則夫・田中雅博他著‥‥‥192頁・本体2,600円

❾ **デジタル技術とマイクロプロセッサ**
小島正典・深瀬政秋他著‥‥‥230頁・本体2,800円

❿ **アルゴリズムとデータ構造**
西尾章治郎監修／原 隆浩他著 160頁・本体2,400円

⓫ **データマイニングと集合知**
石川 博・新美礼彦他著‥‥‥254頁・本体2,800円

⓬ **メディアとICTの知的財産権**
菅野政孝・大谷卓史他著‥‥‥264頁・本体2,800円

⓭ **ソフトウェア工学の基礎**
神長裕明・郷 健太郎他著‥‥202頁・本体2,600円

⓮ **グラフ理論の基礎と応用**
舩曵信生・渡邉敏正他著‥‥‥168頁・本体2,400円

⓯ **Java言語による オブジェクト指向プログラミング**
吉田幸二・増田英孝他著‥‥‥232頁・本体2,800円

⓰ **ネットワークソフトウェア**
角田良明編著／水野 修他著‥192頁・本体2,600円

⓱ **コンピュータ概論**
白鳥則郎監修／山崎克之他著‥276頁・本体2,400円

⓲ **シミュレーション**
白鳥則郎監修／佐藤文明他著‥260頁・本体2,800円

⓳ **Webシステムの開発技術と活用方法**
速水治夫編著／服部 哲他著‥238頁・本体2,800円

⓴ **組込みシステム**
水野忠則監修／中條直也他著‥252頁・本体2,800円

㉑ **情報システムの開発法：基礎と実践**
村田嘉利編著／大場みち子他著 200頁・本体2,800円

㉒ **ソフトウェアシステム工学入門**
五月女健治・工藤 司他著‥‥180頁・本体2,600円

㉓ **アイデア発想法と協同作業支援**
宗森 純・由井薗隆也他著‥‥216頁・本体2,800円

㉔ **コンパイラ**
佐渡一広・寺島美昭他著‥‥‥174頁・本体2,600円

㉕ **オペレーティングシステム**
菱田隆彰・寺西裕一他著‥‥‥208頁・本体2,600円

㉖ **データベース ─ビッグデータ時代の基礎─**
白鳥則郎監修／三石 大他編著 280頁・本体2,800円

㉗ **コンピュータネットワーク概論**
水野忠則監修／奥田隆史他著‥288頁・本体2,800円

㉘ **画像処理**
白鳥則郎監修／大町真一郎他著 224頁・本体2,800円

㉙ **待ち行列理論の基礎と応用**
川島幸之助監修／塩田茂雄他著 272頁・本体3,000円

㉚ **C言語**
白鳥則郎監修／今野 将編集幹事 192頁・本体2,600円

㉛ **分散システム**
水野忠則監修／石田賢治他著‥256頁・本体2,800円

㉜ **Web制作の技術 ─企画から実装，運営まで─**
松本早野香編著／服部 哲他著 208頁・本体2,600円

㉝ **モバイルネットワーク**
水野忠則・内藤克浩監修‥‥‥274頁・本体3,000円

㉞ **データベース応用 ─データモデリングから実装まで─**
片岡信弘・宇田川佳久他著‥‥288頁・本体3,200円

http://www.kyoritsu-pub.co.jp/ 共立出版 https://www.facebook.com/kyoritsu.pub